ティンバーメカニクス
木材の力学理論と応用

日本木材学会 木材強度・木質構造研究会 編
編集代表　中村　昇・山﨑真理子・村田功二

海青社

❶ 実大材の強度収集データと解析

　建築構造に用いられるいわゆる実大材(timber)は、かつては無欠点小試験体のデータを元に欠点の影響を考慮して設計用強度が検討されてきた。1970年代にカナダで始められたIn-Grade Testingにより実大材による強度評価の関心が高まり、わが国では1987年以降は　公的な検討には実大材の強度データを取り入れている。

　現在、各地の試験研究機関などで試験された20,000体におよぶ実大材の強度データが収集・蓄積されていると推測されている。

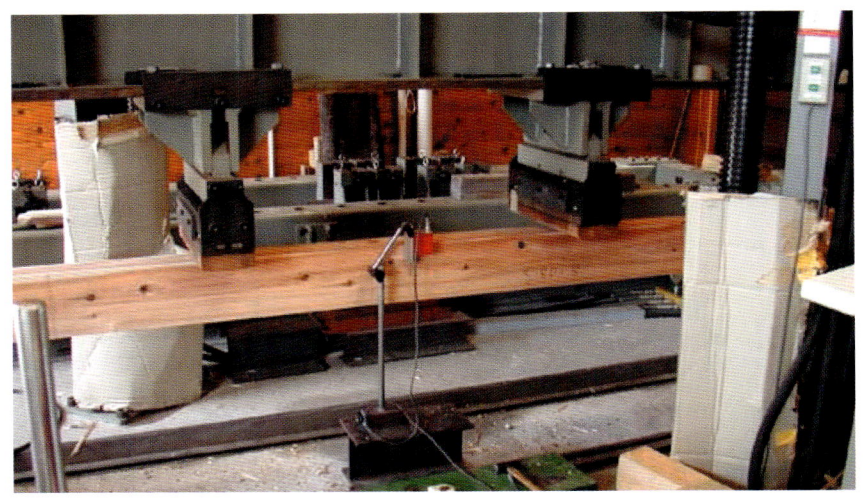

▲スギの実大曲げ試験(4点荷重法)

▲スギの実大曲げ試験(破壊の様子)

写真提供：山﨑真理子

❷ エンジニアードウッドの強度設計

　製材品の強度保証が選別によるのに対して、ラミナや単板といったエレメントを再構成した木質材料の多くは材料強度の設計が可能である。さらに、エレメントの強度特性の平均値やばらつきを考慮すると、材料強度の信頼性も推定できる。例えば、集成材は様々な設計法が提案されてきたが、最近わが国ではモンテカルロシミュレーションを用いて基準強度が算定された異樹種集成材が製品化されている。確率・統計論に基づいて設計された集成材の製品化は世界的に例がなく、世界の最先端を行く技術と言える。

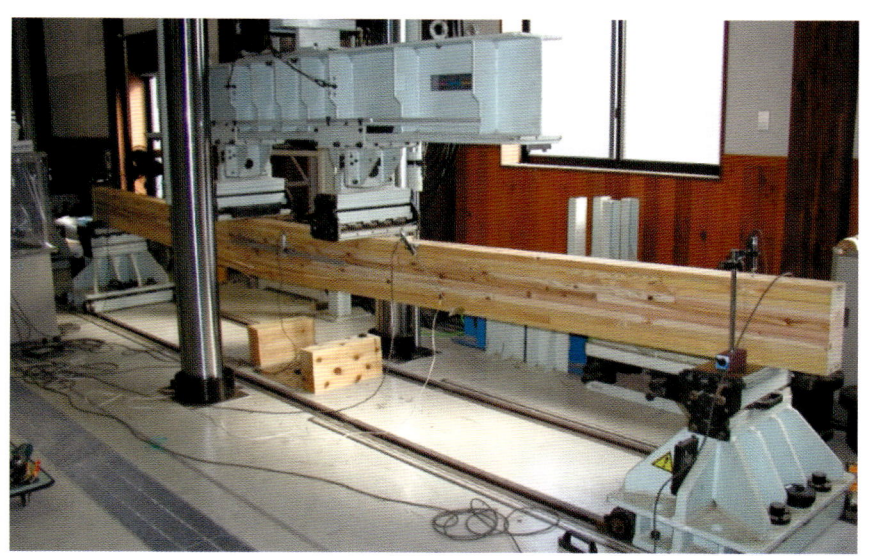

▲集成材の強度試験

▲集成材の曲げ破壊

写真提供：園田里見、村田功二

❸ フィンガージョイント(集成材)の強度試験

集成材の縦継ぎ部分は強度低下の因子となる。十分な強度を得るためには、接着強度だけでなく、フィンガーの最適な長さ、形状を確保する必要がある。

▲フィンガージョイントの引張試験による破断

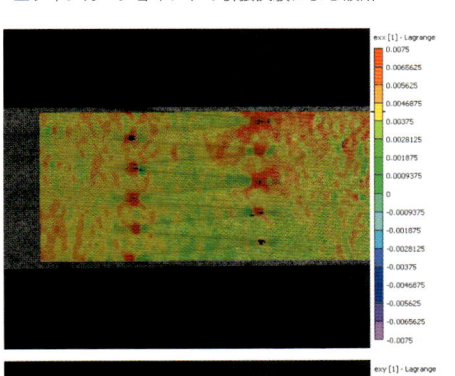

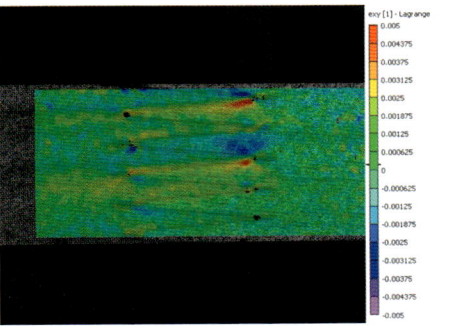

【デジタル画像相関法によるひずみ解析】

フィンガーの基部で、大きな引張ひずみ及びせん断ひずみが確認できる。基部に応力が集中し、破壊の起点となっている可能性がある。

◀軸方向ひずみ(荷重方向)

◀せん断ひずみ

写真提供：平松　靖、宇京斉一郎

❹ 有節材の曲げ破壊試験

　無欠点の木材の曲げ破壊は、まず圧縮側で破壊が生じて中立軸が移動し、最終的には引張側の破壊で破断に至るとされる。しかし有節材の場合には、その通りにはならない。下の例では、節の上側に大きな引張ひずみとせん断ひずみが観察される。中立軸近くの内側に生じたせん断破壊が起点となって破断に至った可能性もある。

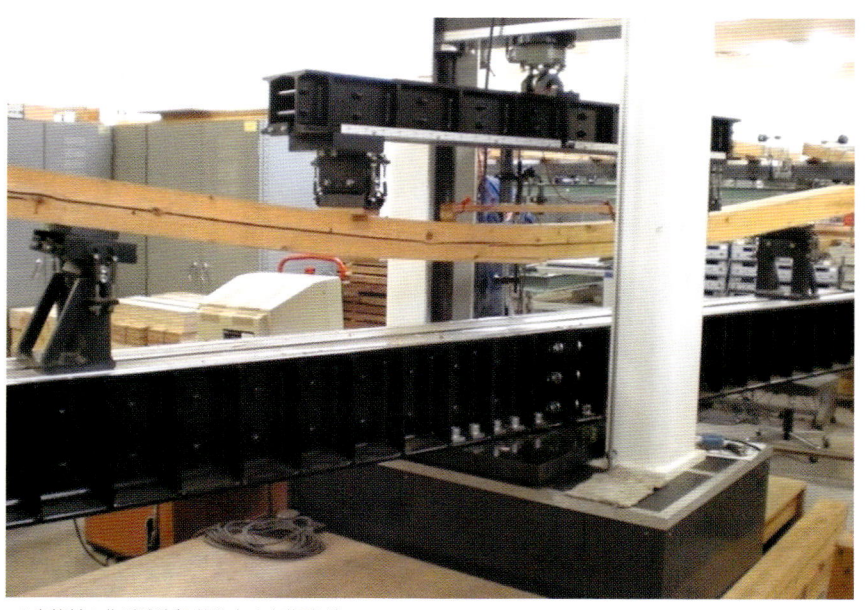

▲有節材の曲げ試験（3等分点4点荷重法）

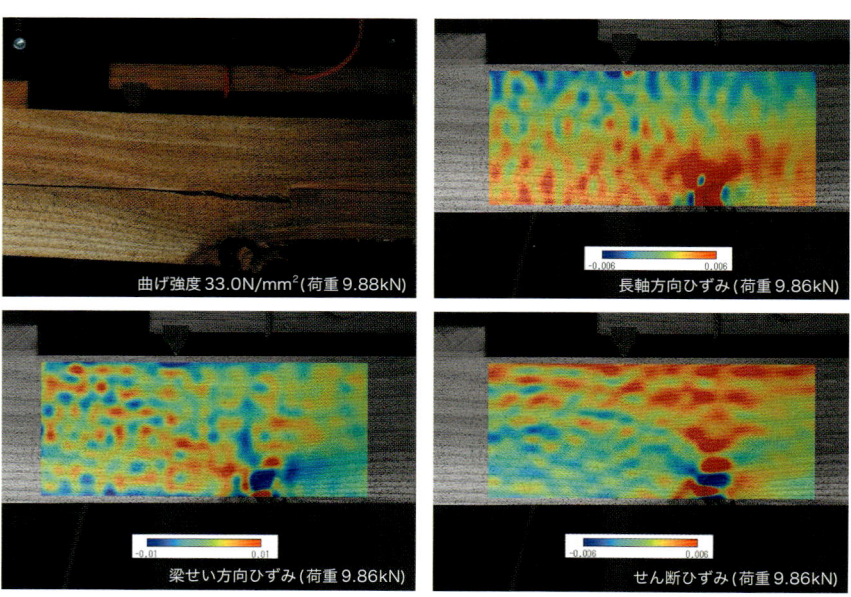

曲げ強度 33.0N/mm²（荷重9.88kN）

長軸方向ひずみ（荷重9.86kN）

梁せい方向ひずみ（荷重9.86kN）

せん断ひずみ（荷重9.86kN）

▲節周辺の破壊形態と破壊直前のひずみ分布

写真提供：永井博昭、村田功二

❺ 有節材の引張破壊試験

節は代表的な木材の強度低減因子である。節の周辺には木理が変化している領域があり、節ばかまと呼ばれる。破壊はこの部分から生じる場合が多い。

▶実大木材横型引張試験
（前川試験機製作所製 HZS-200LB4）
試験体断面：105mm × 50mm

▲最大荷重：113.4kN（引張強度：21.6N/mm^2）

【デジタル画像相関法によるひずみ解析】

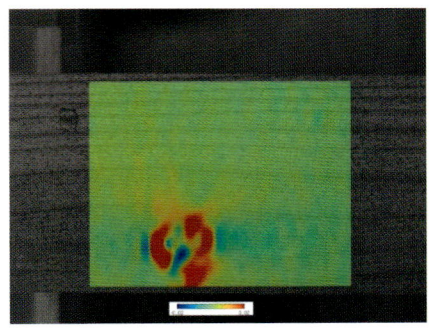

▲長軸方向ひずみ（荷重方向）（荷重112.2kN）

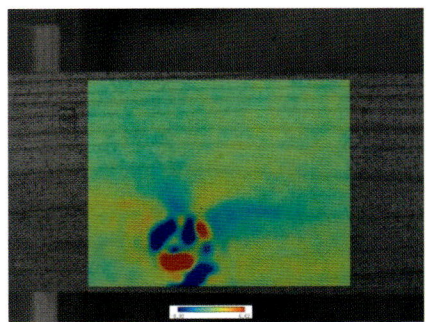

▲せん断ひずみ（荷重112.2kN）

材縁にかかる節ばかまで、破壊直前におおきな引張ひずみ（左）とせん断ひずみ（右）が観察された。ここから破壊が開始したと考えられる。

写真提供：永井博昭、村田功二

❻ くさび型割裂試験のひずみ解析とき裂の進展

くさび型割裂試験(Wedge splitting test)ではき裂を安定的に進展させることが可能である。デジタル画像相関法(DIC)で観察すると、き裂の応力集中、また対照的に試験体材端での圧縮応力の発生を観察することができる。ひずみ分布のシフト量を評価することでき裂の進展を考察することも可能である。

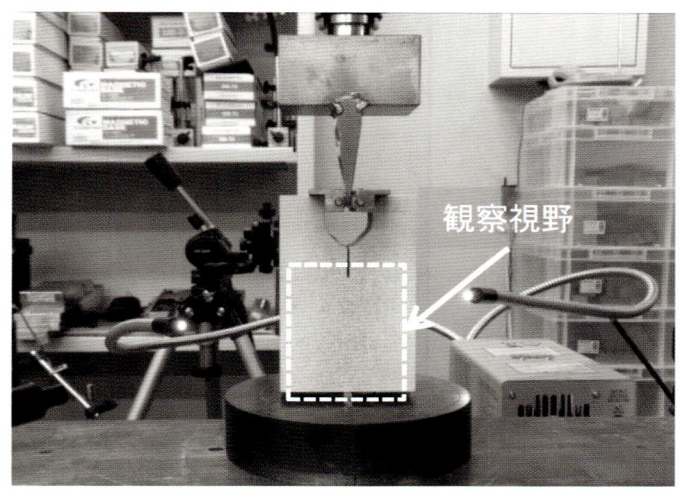

▲くさび型割裂試験とDIC解析のための動画撮影の様子

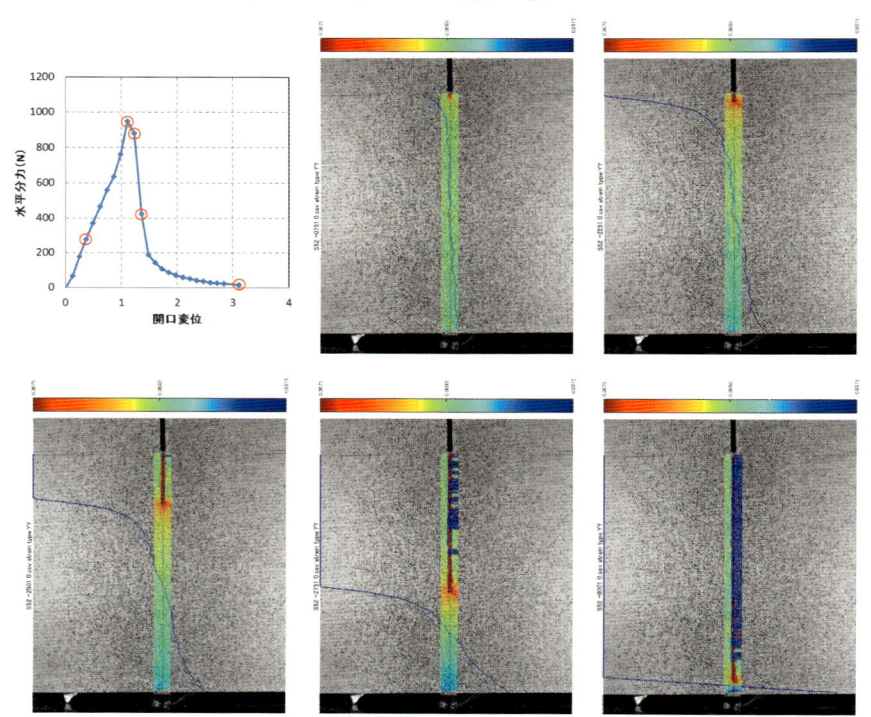

▲DICでの観察による破断面上の繊維直交ひずみの変化(き裂の進展)

写真提供:宇京斉一郎

⑦ 古材の強度⑴

　一般に、相当年数にわたって経年使用された木材あるいは伐採後相当の年月が経過した木材を古材と呼ぶ。古材についての厳密な定義はまだ存在しないが、概ね百年程度以上を経た木材を指すことが多い。古材では、老化現象によりその化学成分が変化し、生物劣化を受けずとも力学性能が変化することが知られている。

▲清水寺・阿弥陀堂の解体修理

写真提供：村田功二

❽ 古材の強度(2)

　解体前に強度性能や劣化状態に関する非破壊検査を行い、問題の無い材料は再使用された。建物のプランが既存のものから変更され、規模も大きくなったため、新材を組み合わせながらの改築作業が進められる。

▲古材を再使用した改築(善光寺・大勧進萬善堂)

　築110年長野市善光寺大勧進萬善堂で使用されていた小屋梁．使用されていた状態で負荷を与えた。負荷点直下の切り欠き部より破壊が開始する。

▲古材の実大曲げ試験

写真提供：山﨑真理子

❾ 複合応力や疲労による木材の破壊

軸力とねじりの複合加力試験を行うことにより、複合応力状態における木材の力学性能を評価できる。せん断に対する直交異方性を考慮するために、LT面とLR面のそれぞれに3軸ひずみゲージを添付し、各面の軸ひずみとせん断ひずみを測定する。

▲軸力・ねじり複合加力試験

構造用木質パネルの面内せん断試験（ASTM D2719, Method C）に準じた疲労試験であるが、せん断負荷のためのスチールレールと試験体の固定方法、及び試験体の大きさがやや異なる。

▲OSBの面内せん断疲労試験

写真提供：山﨑真理子，杉本貴紀

❿ 構造物内における部材のヤング率測定

【応力波法による非破壊試験】

構造物内における応力伝播速度を測定し、繊維方向の伝播速度から材料のヤング率を求めることができる。また、半径方向に応力波を伝播させることにより、内部欠陥の診断も可能である。

応力波伝播試験には共鳴式のハンディータイプ・伝播時間測定器(FAKOPP, Hungary)が用いられている．発・受信一対のセンサーを材表面に対して45度に打込み測定している．

写真提供：山﨑真理子

⓫ 生物劣化と強度

　木材の強度に影響を与える生物劣化としては、腐朽とシロアリおよび甲虫による被害などが挙げられる。腐朽やシロアリ（地下シロアリ）による生物劣化は、木材と適当な水分と温度、そして酸素の条件が揃うことで進行する。そのため、これらの生物劣化を防ぐためには、木材への水分の供給を絶つことが重要となる。特に、木造住宅における供給水分としては、雨水や水回りの給排水管からの漏水や、屋根やベランダなどからの雨漏り、窓や防水シートなどの結露水、そして床下からの湿気などがある。これらの水分を頼りに腐朽やシロアリによる生物劣化が発生し、主要な構造部材である柱や梁などに損傷を与える。

▲柱筋交いのシロアリ食害及び腐朽による被害
　（東北地方太平洋沖地震）

▶小屋裏でのシロアリによる被害

写真提供・森　拓郎

⑫ 生物劣化と強度の関係

　生物劣化を受けた材料は、強度が低下することは容易に想像がつく。しかし、被害度と残存強度の関係は明らかにされておらず、その評価指標も確立されていないのが現状である。そのため、残存耐力を推定できること、それに伴い、取り替えるべきなのか、補強でまかなうべきなのかを判断すること、補強を採用する場合にはどのような方法が良いのかを示すこと、すなわち、木材の生物劣化と強度の関係を明らかにすることは急務である。

▲シロアリ食害後の接合部実験

▲腐朽処理後の木ねじの引抜試験体

写真提供：森　拓郎

⓭ 貫構造のめり込み(1)

神社・仏閣、古民家、町家などの伝統木造建築物の仕口(接合部)詳細は多種にわたる。これらのめり込み抵抗のメカニズムを考える上で、最も基本的な仕口が十字通し貫構造である。さらにこの貫構造の回転めり込みによる復元力特性を評価する上で、基本となるのが等変位めり込みである。

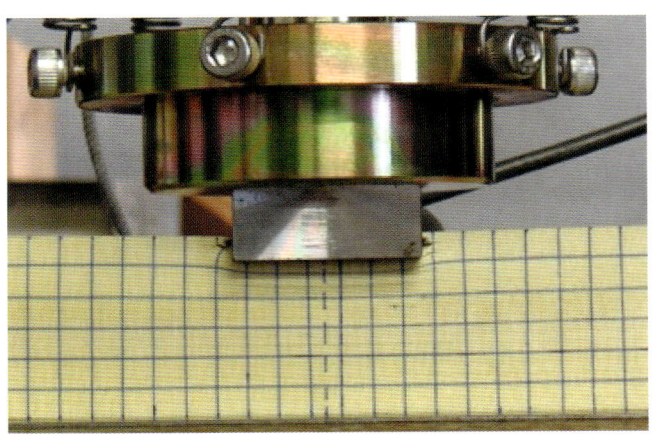

▲均等(等変位)めり込み実験

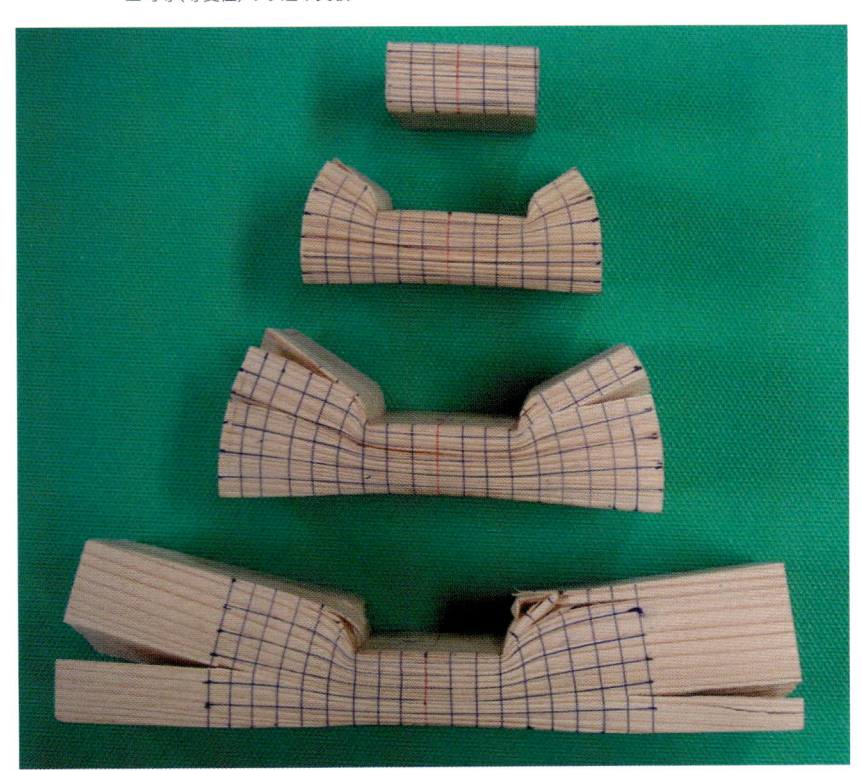

▲長さの異なる試験体の大変形横圧縮試験後の状況。試験体寸法は載荷前 30 mm 角で、長さ/高さ比は上から 1, 2, 3, 5 である

写真提供：棚橋秀光

⑭ 貫構造のめり込み(2)

等変位めり込みの定式化として稲山の提案式と棚橋らによるEPM（弾塑性パステルナーク・モデル）式がある。いずれもめり込み変位を指数関数で近似しているが、パラメータの扱いは異なる。回転めり込みでは、剛性増大率や塑性化のメカニズムの扱いなどで相違点がある。

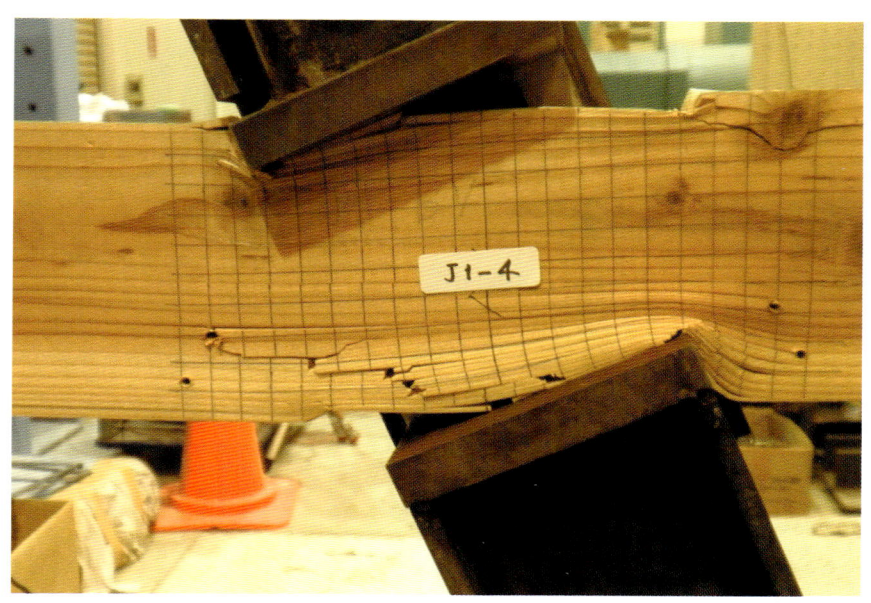

▲通し貫仕口実験の回転めり込み状況

▲回転めり込み実験

写真提供：棚橋秀光

⑮ I-beamのせん断試験

　I-beamは、上下弦材(フランジ)と腹部面材(ウェブ)をI字形に組み立てた木質構造材料である。フランジが曲げ性能、ウェブがせん断性能を分担するように力学的役割が明確かつ合理的であり、各部の材料強度に応じた断面設計により、所定性能の横架材を少ない材積で効率的に製造することができる。

▲I-beamのせん断試験(ウェブの水平せん断破壊)

▲製材と合板を組み合わせたI-beam

写真提供：大橋義徳

まえがき

　木材や木質材料の力学的性能に関する解析は、古くから行なわれてきた。実験的研究から木材固有の性質を見出し、そこに理論的背景を構築し、汎用性を持たせてきたと考えられる。例えば、せいや幅が大きくなったり、長さが長くなったりすると強度が小さくなるが、これは「寸法効果」として製材の基準強度に取り入れられている。この「寸法効果」に関する理論は脆性的な破壊理論であるが、統計的強度理論とも呼ばれており最弱リンク理論に基づいている。しかし、「最弱リンク理論に基づく強度は、指数関数タイプの累積確率関数で表されること、また、一様あるいは異なる応力状態にある材料の強度はその体積に依存する」という、約80年前の文献により示されたものである。また、もう半世紀以上も前になるが、その名もWood氏が、当初は破壊しない応力であっても、継続的にかけ続けるといつかは破壊するというマジソンカーブを導いた。これは、荷重継続時間の影響と呼ばれ、その後木材をクラックを有する線形粘弾性体とし、クラックの先端が開口していく時間を推定する理論を用いて解析されたり、ダメージが累積されることによりついには破壊してしまうというダメージ累積理論を用いて解析されたりしている。マジソンカーブは、欠点のない小さな試験体を用いて実験されたものであるが、理論は実大材にも適用・解析されている。

　また、合成高分子系の接着剤が開発され、集成材を始めとした様々な木質材料が製造されてきた。そもそも木材は材質にバラツキを有しており、思いのままに設計するということが難しい材料である。しかし、木材から小片や繊維等の比較的小さなエレメントを作成することにより均一化し、それらを接着剤で結合することにより、バラツキをコントロールし工業材料としてきた。木質材料の中で、集成材に関しては、ラミナの強度分布を基に確率統計学を用いた強度設計理論が確立されており、実際に異なった樹種にこの理論を適用し、設計された集成材が製造されている。このような設計理論は、今後構造用単板積層材にも用いられる可能性がある。

さらに、木材や木質材料は構造材料として用いられることが多いが、構造物を構成するためには、接合が必ず必要である。最近では、接合金具を用いたものや接着剤を用いたものなど、様々な接合部が開発されている。接合部の性質は、部材と接合具の性質により決定されることは自明である。接合部の強度についても、木材特有の性質を用いて理論解析されてきたものも少なくない。例えば、木材のめり込み強度を用いたヨーロッパ型降伏理論は設計規準に取込まれている。

　以上のように、木材や木質材料の強度は多くの研究者により力学的に理論付けされ、それをもとに工学的に考察されたものを規基準や実務設計に適用してきた。「ティンバーエンジニアリング」は、洋書にも和書にも書名として多数使われているが、本書は木材の力学に主眼をおき、「ティンバーメカニクス」とし、既往の文献をもとに、これまでの理論をまとめ、学生や実務者の方に資することを目的に編集されたものであり、ここに刊行されたことは編集者一同望外の喜びである。また、執筆者に対し、厚く御礼を申し上げる次第である。

2015 年 9 月

編集者代表
中村　昇

ティンバーメカニクス
木材の力学理論と応用

| 目　　　次 |

本文中で☞を肩付した用語は巻末の
「索引・用語解説」に解説を掲載した

目次

まえがき 1

第1章 木材の成り立ちと強度のクライテリア 11

1.1 木材および構成要素の弾性特性 11
- 1.1.1 細胞を構成する化学物質のヤング率 11
- 1.1.2 木材の細胞構造と力学特性 12
- 1.1.3 木材の弾性特性 12
- 1.1.4 構造用木材 15

1.2 木材強度に及ぼす含水率の影響 15

1.3 寸法効果 18
- 1.3.1 寸法効果とは 18
- 1.3.2 最弱リンク理論に基づく寸法効果 19
- 1.3.3 木材における寸法効果 21
- 1.3.4 き裂先端の応力緩和領域の影響 23

1.4 木材および木質材料の破壊条件および材料非線形特性 25
- 1.4.1 破壊条件 26
- 1.4.2 材料非線形発生後の木材および木質材料の変形挙動 28

1.5 複合応力による木材の破壊 29

1.6 有節材の強度 33
- 1.6.1 日本農林規格 33
- 1.6.2 節径比や節面積比の影響 34
- 1.6.3 有節材の強度予測 37

1.7 木質構造を対象とした有限要素解析 38
- 1.7.1 有限要素解析の現状 38
- 1.7.2 異方弾性体の基礎方程式(S.A.アムバルツミャン 1975) 39
- 1.7.3 異方性における降伏条件 40
- 1.7.4 有限要素解析の応用事例 41

第2章　時間軸を考慮した力学的性質の変化 …… 50

2.1　レオロジー的性質 …… 50
- 2.1.1　粘弾性(レオロジー)の基礎 …… 50
- 2.1.2　レオロジーのモデル化 …… 51
- 2.1.3　ボルツマンの重ね合わせの原理 …… 52
- 2.1.4　木材のクリープ …… 53
- 2.1.5　ひずみ速度一定および応力速度一定で負荷されたときの応力－ひずみ曲線(桑村 2011) …… 54
- 2.1.6　木材の応力緩和は線形粘弾性か非線形粘弾性か？ …… 56

2.2　木材の疲労強度 …… 57
- 2.2.1　疲労挙動と実験に基づくモデル化 …… 57

2.3　古材の強度 …… 63
- 2.3.1　古材無欠点小試験片の力学性能 …… 63
- 2.3.2　古材実大材の曲げ強度 …… 66
- 2.3.3　古材のめり込み・横圧縮特性 …… 66

2.4　生物劣化と強度 …… 70
- 2.4.1　生物劣化の要因 …… 70
- 2.4.2　生物劣化と強度の関係 …… 71

第3章　水・熱と木材の物理的性質 …… 79

3.1　水分と木材 …… 79
- 3.1.1　様々な水分状態の木材 …… 79
- 3.1.2　収縮・膨潤およびその異方性 …… 81
- 3.1.3　含水率と木材の力学的性質 …… 82

3.2　熱と木材 …… 84

3.3　水分及び熱と木材 …… 86

3.4　木材の乾燥 …… 87
- 3.4.1　天然乾燥と人工乾燥 …… 87
- 3.4.2　乾燥スケジュール …… 88

3.4.3　高温乾燥による木材の物理的性質の変化 88
3.5　木材の熱力学的性質 89
　3.5.1　木材の物理的性質への履歴の影響 89
　3.5.2　木材の物理的性質の変化に対する熱力学的考察 91

第4章　破壊力学と木材 98

4.1　線形破壊力学 98
4.2　非線形破壊力学 103
　4.2.1　き裂先端付近の塑性域とき裂先端開口変位（CTOD） 103
　4.2.2　J積分 105
　4.2.3　仮想き裂モデル（Fictitious Crack Model） 106
4.3　破壊力学の設計への応用 109
　4.3.1　破壊力学を応用した設計方法・耐力式 109
　4.3.2　構造計算への適用例 111
4.4　破壊力学とひずみ解析 115
　4.4.1　応力塗膜法 115
　4.4.2　光弾性皮膜法 115
　4.4.3　デジタル画像相関法（DIC） 118
　4.4.4　デジタルスペックル写真法（DSP） 119

第5章　無欠点小試験体からの各種許容応力度の誘導 129

5.1　ASTMによる許容応力度の誘導方法 130
5.2　我が国の曲げ、縦圧縮、縦引張りの基準強度の誘導方法 135
5.3　我が国のせん断、めり込み基準強度の誘導方法 137
　5.3.1　せん断の基準強度 137
　5.3.2　めり込みの基準強度 138
5.4　我が国の許容応力度の誘導方法 139

第6章　実大材からの各種基準強度の誘導 144

6.1　実大材の強度収集データと解析 145

6.1.1　実大材の強度データの収集 145
　　6.1.2　統計的解析方法 146
　6.2　機械等級区分材における基準強度の算定 152
　　6.2.1　非正規同時確率密度関数による基準強度の算定（中村ら 2007）.... 153
　6.3　各種係数に関する研究の進展 156
　　6.3.1　荷重継続時間影響（Duration of Load Effect: DOL）係数 156
　　6.3.2　寸法効果（Size Effect）係数 163

第 7 章　テーパー梁に関する理論 170

　7.1　初等力学解析による解析 170
　7.2　梁に関する理論 172
　　7.2.1　ひずみの仮定 173
　　7.2.2　変位成分とひずみ分布 174
　　7.2.3　平面保持の法則は成り立たないのか？ 175
　7.3　応力関数による応力の算定（桑村 2009）... 176

第 8 章　エンジニアードウッドの強度設計 185

　8.1　集成材の断面設計理論 185
　　8.1.1　クライテリアとシミュレーション 185
　　8.1.2　破壊クライテリア 192
　　8.1.3　集成材の JAS 規格のクライテリア 195
　　8.1.4　集成材の強度シミュレーション 195
　8.2　集成材の日本農林規格（JAS 規格）... 198
　　8.2.1　集成材の JAS 規格の変遷 198
　　8.2.2　構造用集成材の基準強度の算出 199
　8.3　単板積層材（LVL）におけるエレメントの推定 200
　　8.3.1　エレメントの強度分布推定手法 201
　　8.3.2　破壊クライテリア 201
　　8.3.3　ヤング係数分布の推定手法 202
　　8.3.4　強度分布の推定手法 202

8.3.5　推定された分布 203

第9章　木質構造接合部の強度特性 209

9.1　弾性床上の梁理論によるピン接合部の剛性 209
　　9.1.1　弾性床上の梁理論 209
　　9.1.2　ピン接合部の剛性係数 211
9.2　ヨーロッパ型降伏理論 213
　　9.2.1　はじめに 213
　　9.2.2　材料と接合具の降伏モード 215
　　9.2.3　鋼板を側材とする1面せん断接合形式における降伏耐力 216
　　9.2.4　木材－木材の1面せん断接合形式における降伏耐力 217
　　9.2.5　2面せん断接合形式 220
9.3　貫構造のめり込み 221
　　9.3.1　等変位(均等)めり込み 222
　　9.3.2　回転めり込み 225

第10章　接着接合を用いた複合材の強度理論 232

10.1　I-beam 232
　　10.1.1　I-beamの概要と特徴 232
　　10.1.2　I-beamの応力計算法 233
　　10.1.3　I-beamのたわみ計算法 236
10.2　Glued-In Rod(GIR)の強度に関する理論的解析 237
　　10.2.1　棒とシェアラグ層による破壊力学モデル(Johan *et al.* 1996) 238
　　10.2.2　ティモシェンコ梁理論によるシェアラグ層破壊モデル 244
　　10.2.3　その他の解析 253

APPENDIX 257

1.　JIS Z 2101 257
2.　ASTM 258

3. 構造用木材の強度試験マニュアル(平成23年3月(財)日本住宅・木材技術センター)... 265
4. ISO 13910: 2005 (E) Structural timber – Characteristic values of strength-graded timber – sampling, full-size testing and evaluation................................ 266
5. 破壊力学に適用する破壊エネルギーを求めるための試験....................... 266

索引・用語解説 269

コラム
  1：木材を力学的に視る楽しさ 48
  2：木材とその老化──木材だって年をとる？── 77
  3：曲木とわっぱ 96
  4：航空機と木材──その1 127
  5：係数には要注意 142
  6：いかなる式にもきちんとした理由がある！ 168
  7：航空機と木材──その2 182
  8：わが国で木質新軸材料は開発されるであろうか？ 207
  9：航空機と木材──その3 230
 10：力学性能から見た生産と利用とのマッチング 255

第 1 章　木材の成り立ちと強度のクライテリア

　木材の本質は、構造的な不連続性を有した不均質性である。このような木材の持つ特徴や性質は、化学的な構成成分と言った非常にミクロなレベルから、連続体挙動として扱えるマクロな塊としての木材のレベルまで、様々に概念化されたりモデル化されたりする。しかし、工学的な視点から木材を扱う技術者は、木材や木質材料の性質に関して、解析的な簡便性のために仮定を設けるのが普通である。つまり、木材は、物理的な構造や性質が明確に方向に依存している、連続した弾性体と仮定する。もっとも、それがどのような状況でも成り立つということではない。つまり、節、年輪の変動、丸太の細りや曲りのような構造上局部的な乱れがあれば仮定は成り立たなくなるし、応力の変化や置かれた温度や湿度が変われば歪みが蓄積されるが、その挙動は非線形である。本節では、連続体としての木材を中心に、力学的性質に影響を及ぼす水分や節の扱いについて紹介する。

1.1　木材および構成要素の弾性特性

1.1.1　細胞を構成する化学物質のヤング率

　木材は樹種によってその力学特性が大きく異なるが、その主成分は多糖類であるセルロースとヘミセルロースおよび高分子フェノール物質であるリグニンである。

　セルロース結晶は鎖状（伸びきり鎖結晶）で、水分変化に影響を受けづらく、直交異方性を示すが面内等方性である。伸びきり鎖結晶の長手方向のヤング率は約 140 GPa である（Cave 1976; Smith *et al*. 2003）。ヘミセルロースも鎖状を基本としているが、結晶構造を取りづらく、水分変化の影響が顕著である。また、弾性特性はセルロース同様に面内等方性であり、気乾状態における長手方向の

ヤング率は約 20 GPa である (Cave 1976; Smith *et al.* 2003)。リグニンもヘミセルロースと同様に水分変化の影響が顕著である。また、セルロースやヘミセルロースと異なり等方性で、気乾状態におけるヤング率は約 5.5 GPa である (Cave 1976; Smith *et al.* 2003)。

　以上のような弾性特性を有するセルロース、ヘミセルロースおよびリグニンが主成分となり、木材の細胞壁および細胞間層を構成している。細胞壁はセルロース結晶が集合してできたミクロフィブリルが細胞軸に対して緩やかな傾斜角（フィブリル傾角）を持って配列し、その周囲に準結晶状態のセルロースおよびヘミセルロースが存在する。さらにその外側がリグニンによって固められることで形成されている。細胞壁はリグニンが多く含まれる細胞間層によって接着されている。

1.1.2　木材の細胞構造と力学特性

　木材の主成分であるセルロース、ヘミセルロースおよびリグニンは、軸方向に長い紡錘状の細胞を形成し、木材の構成要素となる。木材の異方性はこうした構成要素の配列によって生じる。

　木材の細胞壁は、本来的に軸方向の強度および弾性率が大きい。さらに、紡錘状の構造によって強度や弾性特性が上昇する。木材の繊維方向の強度やヤング率が半径方向や接線方向に比べて大きいのはこのような細胞の配列による。また、放射組織についても同様のことが当てはまるため、半径方向の力学特性が接線方向よりも高い原因となっている。また、細胞壁が厚くなることによって密度が大きくなり、強度や弾性率が大きくなる。このことは密度の大きい晩材の方が密度の小さい早材よりも力学特性に優れていることを意味している。

1.1.3　木材の弾性特性

　以上のような構造を有する木材は、欠点や材質の不均一がなければ巨視的に繊維方向（L 方向）、半径方向（R 方向）および接線方向（T 方向）を主軸とした直交異方性材料であると見なすことが可能である。異方性主軸方向の応力とひずみの関係は、フック（R. Hooke）の法則で以下のように表すことができる (Adams *et al.* 2003)。

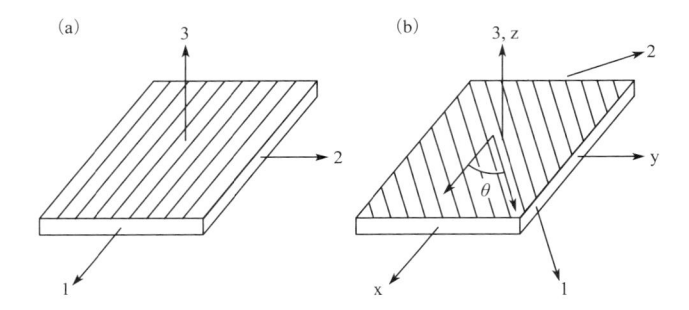

図 1-1-1 平面応力状態における異方性主軸と幾何学主軸の定義
(a) 異方性主軸と幾何学主軸が一致している場合、(b) 異方性主軸と幾何学主軸に傾斜角 θ がある場合
Fig. 1-1-1 Definitions of the directions of orthotropic and geometrical symmetries for a material under the plane stress condition.
(a) On-axis condition; (b) Off-axis condition. θ = off-axis angle.

$$\{\varepsilon_{ij}\} = [C]\{\sigma_{ij}\} \tag{1.1.1a}$$

さらに詳細に記すと

$$\begin{Bmatrix} \varepsilon_1 \\ \varepsilon_2 \\ \varepsilon_3 \\ \gamma_{23} \\ \gamma_{31} \\ \gamma_{12} \end{Bmatrix} = \begin{bmatrix} C_{11} & C_{12} & C_{13} & 0 & 0 & 0 \\ C_{12} & C_{22} & C_{23} & 0 & 0 & 0 \\ C_{13} & C_{23} & C_{33} & 0 & 0 & 0 \\ 0 & 0 & 0 & C_{44} & 0 & 0 \\ 0 & 0 & 0 & 0 & C_{55} & 0 \\ 0 & 0 & 0 & 0 & 0 & C_{66} \end{bmatrix} \begin{Bmatrix} \sigma_1 \\ \sigma_2 \\ \sigma_3 \\ \tau_{23} \\ \tau_{31} \\ \tau_{12} \end{Bmatrix} \tag{1.1.1b}$$

である。ここで添字 1、2、3 は**図 1-1-1** (a) のように異方性の主軸方向を示している。ここで

$$\begin{cases} C_{11} = \dfrac{1}{E_1}, C_{22} = \dfrac{1}{E_2}, C_{33} = \dfrac{1}{E_3} \\ C_{12} = -\dfrac{\nu_{12}}{E_1} = -\dfrac{\nu_{21}}{E_2}, C_{13} = -\dfrac{\nu_{13}}{E_1} = -\dfrac{\nu_{31}}{E_3}, C_{23} = -\dfrac{\nu_{23}}{E_2} = -\dfrac{\nu_{32}}{E_3} \\ C_{44} = \dfrac{1}{G_{23}}, C_{55} = \dfrac{1}{G_{31}}, C_{66} = \dfrac{1}{G_{12}} \end{cases} \tag{1.1.2}$$

である。

材料が十分に薄い場合、$\sigma_3 = \tau_{23} = \tau_{31} = 0$ である平面応力状態と見なすことが可能である。この場合、(1.1.1b)式は以下のように簡略化される。

$$\begin{Bmatrix} \varepsilon_1 \\ \varepsilon_2 \\ \gamma_{12} \end{Bmatrix} = \begin{Bmatrix} C_{11} & C_{12} & 0 \\ C_{12} & C_{22} & 0 \\ 0 & 0 & C_{66} \end{Bmatrix} \begin{Bmatrix} \sigma_1 \\ \sigma_2 \\ \tau_{12} \end{Bmatrix} \tag{1.1.3}$$

ひずみ成分から応力成分を得るために、(1.1.3)式は以下のように変換される。

$$\begin{Bmatrix} \sigma_1 \\ \sigma_2 \\ \tau_{12} \end{Bmatrix} = \begin{bmatrix} D_{11} & D_{12} & 0 \\ D_{12} & D_{22} & 0 \\ 0 & 0 & D_{66} \end{bmatrix} \begin{Bmatrix} \varepsilon_1 \\ \varepsilon_2 \\ \gamma_{12} \end{Bmatrix} \tag{1.1.4}$$

ここで

$$\begin{cases} D_{11} = \dfrac{E_1}{1 - \nu_{12}\nu_{21}} \\ D_{22} = \dfrac{E_2}{1 - \nu_{12}\nu_{21}} \\ D_{12} = \dfrac{\nu_{12} E_2}{1 - \nu_{12}\nu_{21}} = \dfrac{\nu_{21} E_1}{1 - \nu_{12}\nu_{21}} \\ D_{66} = G_{12} \end{cases} \tag{1.1.5}$$

である。

図 1-1-1(b)のように、平面応力状態にある材料の幾何学主軸と異方性主軸に傾斜がある場合、応力-ひずみ関係は以下のように変換される。

$$\begin{Bmatrix} \varepsilon_x \\ \varepsilon_y \\ \gamma_{xy} \end{Bmatrix} = \begin{bmatrix} \overline{C_{11}} & \overline{C_{12}} & \overline{C_{16}} \\ \overline{C_{12}} & \overline{C_{22}} & \overline{C_{26}} \\ \overline{C_{16}} & \overline{C_{26}} & \overline{C_{66}} \end{bmatrix} \begin{Bmatrix} \sigma_x \\ \sigma_y \\ \tau_{xy} \end{Bmatrix} \tag{1.1.6}$$

または

$$\begin{Bmatrix} \sigma_x \\ \sigma_y \\ \tau_{xy} \end{Bmatrix} = \begin{bmatrix} \overline{D_{11}} & \overline{D_{12}} & \overline{D_{16}} \\ \overline{D_{12}} & \overline{D_{22}} & \overline{D_{26}} \\ \overline{D_{16}} & \overline{D_{26}} & \overline{D_{66}} \end{bmatrix} \begin{Bmatrix} \varepsilon_x \\ \varepsilon_y \\ \gamma_{xy} \end{Bmatrix} \tag{1.1.7}$$

ここで $m = \cos\theta$、$n = \sin\theta$ とすると

$$\begin{cases}
\overline{C_{11}} = C_{11}m^4 + (2C_{12} + C_{66})m^2n^2 + C_{22}n^4 \\
\overline{C_{22}} = C_{11}n^4 + (2C_{12} + C_{66})m^2n^2 + C_{22}m^4 \\
\overline{C_{12}} = (C_{11} + C_{22} - C_{66})m^2n^2 + C_{12}(m^4 + n^4) \\
\overline{C_{16}} = 2(C_{11} - C_{12})m^3n + 2(C_{12} - C_{22})mn^3 - C_{66}mn(m^2 - n^2) \\
\overline{C_{26}} = 2(C_{11} - C_{12})mn^3 + 2(C_{12} - C_{22})m^3n + C_{66}mn(m^2 - n^2) \\
\overline{C_{66}} = 4(C_{11} - C_{12})m^2n^2 - 4(C_{12} - C_{22})m^2n^2 + C_{66}(m^2 - n^2)^2
\end{cases} \quad (1.1.8)$$

$$\begin{cases}
\overline{D_{11}} = D_{11}m^4 + 2(D_{12} + 2D_{66})m^2n^2 + D_{22}n^4 \\
\overline{D_{22}} = D_{11}n^4 + 2(D_{12} + 2D_{66})m^2n^2 + D_{22}m^4 \\
\overline{D_{12}} = (D_{11} + D_{22} - 4D_{66})m^2n^2 + D_{12}(m^4 + n^4) \\
\overline{D_{16}} = (D_{11} - D_{12})m^3n + (D_{12} - D_{22})mn^3 - 2D_{66}mn(m^2 - n^2) \\
\overline{D_{26}} = (D_{11} - D_{12})mn^3 + (D_{12} - D_{22})m^3n + 2D_{66}mn(m^2 - n^2) \\
\overline{D_{66}} = (D_{11} + D_{22} - 2D_{12} - 2D_{66})m^2n^2 + D_{66}(m^4 + n^4)
\end{cases} \quad (1.1.9)$$

である。

1.1.4 構造用木材

　木材はその寸法が大きくなるにしたがい、節、繊維の乱れ、材質不均一および割れなどの欠陥が内在する可能性が大きくなる。こうした欠陥に応力が集中することが多いため、寸法の小さいものに比べて強度が低下する。このため、実際の構造物に木材および木質材料を使用することを想定し、実大サイズの強度特性を評価することが重要である。

　また、木材素材を大きな部材として使用することは実用上困難を伴うため、LVLや合板のように積層構造を有する木質材料を使用することが多い。しかし、こうした複合材料の力学特性は、それを構成する木材素材の力学特性と大きく異なる点が多く、その評価の際には注意が必要である。

1.2　木材強度に及ぼす含水率の影響

　木材の含水率 u は、一般に乾量を基準としてその材内に含まれる水分を質量

百分率あるいは質量比で表す。

$$u = \frac{m - m_0}{m_0} \times 100\ \%$$

ここで、m：水分を含んだ状態の木材の質量、m_0：全乾状態の木材の質量

　木材は、伐倒直後には含水率が60〜200%程度もあるが、天然乾燥あるいは人工乾燥により含水率が低下し、じきに平衡含水率に達する。平衡含水率は日本では15%、欧州など日本より乾燥した地域では12%程度である。このように、木材の含水率は大きく変化するが、強度性能もこれに応じて大きく変化する。

　自由水は木材の強度性能に影響しないため、繊維飽和点（fiber saturation point: FSP）以上では含水率が変化しても強度性能が変化することはない（**図 1-2-1**）。これに対して、結合水の増減は木材の強度性能に大きく影響し、一般に、含水率の低下とともに強度性能が急激に増加する。これは、**図 1-2-2** に示すように、結合水が細胞壁内から抜けだして組織の凝集力が増加するためである。

　含水率の変化に最も左右される強度性能は縦圧縮強さであり、含水率1%の増減に伴う強さの減増割合は6%である（Forest Products Laboratory 1955）。これに比べて、横圧縮強度における含水率の影響は小さい。曲げ強度では、含水率1%の増減に伴う強さの減増割合は4%であり、含水率5%をピークとして含水率の低下に応じて曲げ強度は低下する。また、静的曲げおよび動的曲げの仕事量は、繊維飽和点以下で含水率の増加に伴い僅かに増加する。これは、外力に対する抵抗力は含水率の増加に伴い低下するものの、たわみが増加するためである。縦引張強度およびせん断強度では、含水率1%の増減に伴う強さの減増割

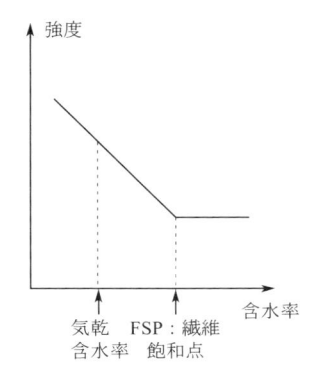

図 1-2-1　含水率と強度の関係の模式図
Fig. 1-2-1　Schematic of relation between moisture content and strength.

1.2 木材強度に及ぼす含水率の影響

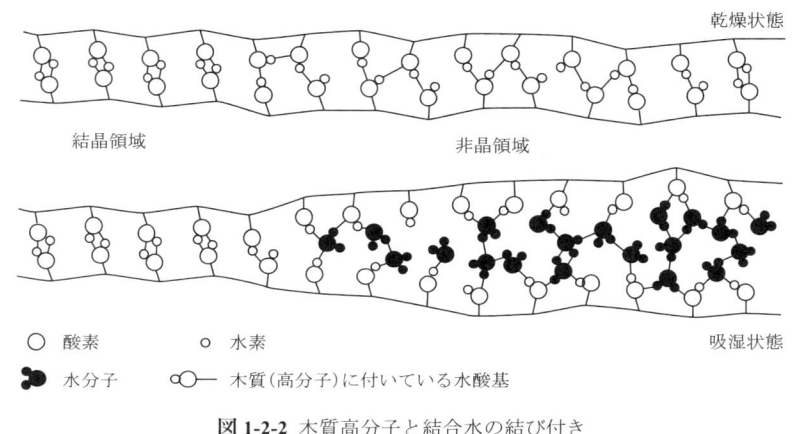

図 1-2-2 木質高分子と結合水の結び付き
Fig. 1-2-2 Bonding of bound water with wood polymer.

合はそれぞれ 1〜3％、3％であり、圧縮強度や曲げ強度と比べて含水率の影響が小さい。

繊維方向の強度性能について、繊維飽和点の含水率 u_1 と気乾含水率 u_2 に対応する強度性能をそれぞれ σ_1、σ_2 とすると、繊維飽和点以下の含水率 u_3 の時の強度性能 σ_3 は次式で表すことができる（Forest Products Laboratory 1955）。

$$\log \sigma_3 = \log \sigma_1 + \left(\frac{u_1 - u_3}{u_1 - u_2}\right) \cdot \log \frac{\sigma_2}{\sigma_1}$$

また、構造部材として使用する木材の強度性能を保証するために行われる実大試験においては、実験値における含水率の影響を勘案するために各地域の平衡含水率に対応して含水率補正を施す。強度性能の含水率補正には、一般にASTM D-1990 で規定された次式を用いる。同規格は、In-Grade Test された目視等級区分材の実験結果から得られた 5 ％下限値に適用されるもので、目標とする含水率への調整を行なうものである。ただし、含水率が 23 ％以上をすべて生材と見なし、5 ％以下の含水率の調整は避けるべきとしている。

①曲げ強さ（MOR）、縦引張強さ（UTS）、縦圧縮強さ（UCS）

MOR $\leq 16.6 \mathrm{N/mm}^2$、UTS $\leq 21.7 \mathrm{N/mm}^2$、UCS $\leq 9.6 \mathrm{N/mm}^2$ の時は調整せず、MOR $> 16.6 \mathrm{N/mm}^2$、UTS $> 21.7 \mathrm{N/mm}^2$、UCS $> 9.6 \mathrm{N/mm}^2$ の時は次式を用いる。

表 1-2-1 含水率係数
Table 1-2-1 Constants for use in equation (1-2-1) and (1-2-2).

項目	α	β
曲げ強さ	16.6	40
縦引張強さ	21.7	80
縦圧縮強さ	9.6	34
弾性係数	1.857	0.0237
横圧縮強さ	1.000	0
せん断強さ	1.33	0.0167

$$P_2 = P_1 + \frac{P_1 - \alpha}{\beta - u_1} \times (u_1 - u_2) \tag{1.2.1}$$

②弾性係数、横圧縮強さ、せん断強さ

$$P_2 = P_1 \times \frac{\alpha - \beta \cdot u_2}{\alpha - \beta \cdot u_1} \tag{1.2.2}$$

ただし、含水率 u_1(%)および u_2(%)に対応する強度性能をそれぞれ P_1、P_2 とする。また、α、β は**表 1-2-1** に示された、強度種類に応じて決定される係数である。

1.3 寸法効果

1.3.1 寸法効果とは

材料強度は、通常ある寸法の試験体を用いて試験を行い、その最大荷重を試験体の断面積で除して得られる。材料強度に任意の断面寸法をかけて、その寸法で耐えうる荷重が得られれば実用的である。しかし現実には、材料強度は試験した寸法の影響を受け、一般的に、寸法が大きいものほど強度が小さくなる傾向が認められる。これを寸法効果(size effect)と呼ぶ。寸法効果を理論的に説明する試みとして、材料内の強度のバラつきを前提とした確率論的なモデル化が行われ、ワイブル(Weibull 1939)によってその理論的な基礎が築かれた。また試験体が小さくなると確率的なモデルから逸脱し、非線形の寸法効果がみられる。

1.3 寸法効果

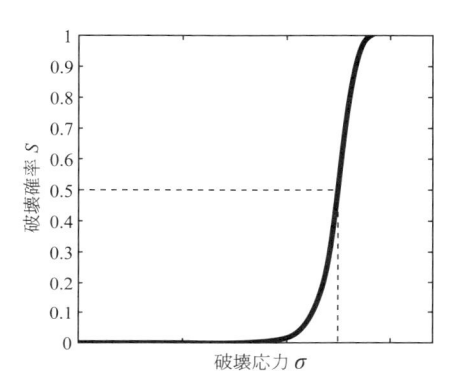

図 1-3-1 破壊応力と破壊確率の関係
Fig. 1-3-1 Relationships between ultimate stress σ and fracture probability S.

1.3.2 最弱リンク理論に基づく寸法効果

　棒状の物体の両端を引っ張って破断させる試験を考える。この試験を複数回実施すると破壊応力はばらつき、破壊応力 σ と破壊確率 S との間には**図 1-3-1**に示すような累積分布の関係が得られる。この関係から、例えば半数の試験体は耐えるが、半数は破壊する応力が推定できる。今、単位長さの棒について破壊確率 S の分布がわかっている場合、長さ L の棒の破壊確率 F は、単位長さの生存確率の積で(1.3.1)式のように表される。

$$1 - F = (1 - S)^L \tag{1.3.1}$$

　単位断面積の場合、長さ L を体積 V と置き換えても良く、さらに両辺の対数をとると(1.3.1)式は

$$\log(1 - F) = V \log(1 - S) \tag{1.3.2}$$

となる。ここで(1.3.2)式の右辺を

$$-B = V \log(1 - S) \tag{1.3.3}$$

とおくと、破壊確率 F は

$$F = 1 - \exp(-B) \tag{1.3.4}$$

となり、指数型分布関数となることがわかる。微小体積 dV について(1.3.3)式より

$$dB = -dV \log(1 - S_v) \tag{1.3.5}$$

が成立する。ここで S_v は単位体積の破壊確率であり応力 σ に依存する関数である。$n(\sigma) = -\log(1-S_v)$ とおくと

$$dB = n(\sigma)dV \tag{1.3.6}$$

物体内で応力分布がある場合、積分して

$$B = \int_V n(\sigma)\,dV \tag{1.3.7}$$

物体全体の B を求めることができる。$n(\sigma)$ は材料によって決まる関数であるが、ワイブルは経験的に

$$n(\sigma) = \left[\frac{\sigma - \sigma_1}{\sigma_0}\right]^m \tag{1.3.8}$$

という形の関数を提案した。(1.3.8)式を(1.3.7)式、(1.3.4)式に代入し

$$F = 1 - \exp\left(-\int_V \left(\frac{\sigma - \sigma_1}{\sigma_0}\right)^m dV\right) \tag{1.3.9}$$

で表される累積分布関数 (cumulative distribution function: CDF) がワイブル分布と呼ばれており、任意の応力分布に対応している。σ_0 は尺度パラメータと呼ばれ、分母 σ_0 が分子 $(\sigma - \sigma_1)$ と等しいとき破壊確率 F が 0.63 となることから、物理的には63%の材料が破壊に至る応力値を意味する。m は形状パラメータと呼ばれ、この値が大きい程寸法効果は小さい。σ_1 は位置パラメータと呼ばれ、物理的には母集団における最小強度をあらわす。$\sigma_1=0$ のとき、ワイブル分布は2つのパラメータに依存する形となる(2P ワイブル分布と呼ぶ)。材料が 2P ワイブル分布に従うとき、異なる体積 V_1、V_2 について、同じ破壊確率では(1.3.9)式の積分内で

$$\int_{V_1}\left(\frac{\sigma}{\sigma_0}\right)^m dV = \int_{V_2}\left(\frac{\sigma}{\sigma_o}\right)^m dV \tag{1.3.10}$$

が成立する。体積 V_1、V_2 における最大応力をそれぞれ $\hat{\sigma}_1$、$\hat{\sigma}_2$ とすると、

$$\int_{V_1}\left(\frac{\sigma}{\sigma_0}\right)^m dV = \phi_1 V_1 \left(\frac{\hat{\sigma}_1}{\sigma_0}\right)^m,\quad \int_{V_2}\left(\frac{\sigma}{\sigma_0}\right)^m dV = \phi_2 V_2 \left(\frac{\hat{\sigma}_2}{\sigma_0}\right)^m \tag{1.3.11}$$

と表すことができる(例えば Barrett 1974)。係数 ϕ_1、ϕ_2 は物体内の応力分布および形状パラメータ m によって決まる定数である。ここで、V_1、V_2 の応力分布が

相似形である場合$\phi_1 = \phi_2$が成立し、(1.3.10)式に(1.3.11)式を代入して整理すると

$$\frac{\hat{\sigma}_1}{\hat{\sigma}_2} = \left(\frac{V_2}{V_1}\right)^{\frac{1}{m}} = \left(\frac{V_2}{V_1}\right)^k \tag{1.3.12}$$

という関係が成立する。ここでkは寸法効果パラメータであり、形状パラメータmの逆数に等しい。構造用材は幅・梁せい・長さのみが変化し、曲げや引張に関しては応力分布が相似形となるため、ASTM D 245、ASTM D 1990、EN384では(1.3.12)式に類する式を用いて寸法調整が行われる。このように強度が確率的に最も弱い要素(リンク:鎖のひとつの輪)によって決まるモデルを「最弱リンク理論」と呼ぶ。

1.3.3 木材における寸法効果
1.3.3.1 引張、曲げ

ボハナン(Bohannan 1966)は無欠点のベイマツ試験体を用いて、(1.3.12)式で表されるような体積ではなく、梁せいとスパンが寸法効果に寄与する(すなわち、梁の幅方向の寸法効果への影響が小さい)ことを導き、スパン/梁せい比が同じ場合の梁せいの比(d_1/d_2)に対する寸法効果パラメータkが0.11となることを明らかにした。

節や局所的な繊維の乱れといったマクロな欠点を含まない、いわゆる無欠点小試験体を対象とした場合と、それらの欠点を含む実大材を対象とした場合とでは、寸法効果の傾向は異なり、一般的にマクロな欠点を含む実大材のほうが寸法効果は大きくなる傾向が認められる。バレットら(Barrett *et al.* 1995)は、カナダ木材審議会(Canadian Wood Council)がカナダ産の針葉樹(実大材)を対象に実施した試験プロジェクトのデータをもとに解析を行い、スパン/梁せい比が同じ場合の曲げの寸法効果パラメータを0.45と報告している。日本農林規格や旧建設省告示においては(1.3.12)式のような形ではなく、寸法区分ごとに寸法調整係数が与えられており、この係数を基準となる寸法の強度に掛けることで寸法効果が加味されている。例として、枠組壁工法構造用製材の基準強度に掛かる寸法調整係数と、逆算される寸法効果パラメータを**表1-3-1**に示す。引張強度および曲げ強度に対しては同じ寸法調整係数(寸法効果パラメータ)が適用されている。

表 1-3-1 枠組壁工法構造用製材の基準強度にかかる寸法調整係数と寸法効果パラメータ(寸法調整係数は建設省告示 第 2465 より抜粋)
Table 1-3-1 Size adjustment factors and corresponding size effect parameters for the strength of dimension lumber.

寸法型式	公称寸法 幅 inch	規定寸法 幅	寸法調整係数			寸法効果パラメータ		
			圧縮	引張	曲げ	圧縮	引張	曲げ
204	4	89	1	1	1	—	—	—
206	6	140	0.96	0.84	0.84	0.10	0.43	0.43
208	8	184	0.93	0.75	0.75	0.10	0.42	0.42
210	10	235	0.91	0.68	0.68	0.10	0.42	0.42
212	12	286	0.89	0.63	0.63	0.11	0.42	0.42

※寸法効果パラメータは、公称寸法幅を基に(1.3.12)式より求めた。

1.3.3.2 圧縮、横引張、せん断

　繊維方向の圧縮の破壊モードは引張とは異なり、寸法効果は引張に比べて顕著でない。大河平ら(1989)が無欠点小試験体を用いて検討した例では、寸法効果パラメータは-0.006(論文の数値を基に計算)となり寸法効果は認められなかった。一方、先述のカナダ木材審議会のデータにおいては材の幅に対する寸法効果パラメータ 0.11 という値が報告されており(Barrett et al. 1995)、我が国の枠組壁工法用構造用製材の寸法調整係数においても繊維方向の圧縮については、寸法効果パラメータに換算して 0.10 が与えられている。

　横引張についても寸法効果がみられ、バレット(Barrett 1974)は体積と横引張強度との間に寸法効果パラメータ $k=0.13\,(m=7.68)$ という値を得ている。大河平ら(1988)も、半径方向引張、接線方向引張のそれぞれについて $k=0.14\,(m=7.2)$、$k=0.13\,(m=7.8)$ と、バレットとほぼ同等の値を報告している。

　繊維に平行方向のせん断強度に関しても、寸法効果が確認されている。フォースキー(Foschi 1976)らは、曲げ試験から求めたせん断強度から、寸法効果パラメータ $k=0.18\,(m=5.53)$ を得ている。鈴木ら(1985)は、ねじり試験から、$k=0.09$〜$0.10\,(m=9.26$〜$10.8)$ を得ている。また、井道ら(2004)は JIS のブロックせん断試験をスケールアップした試験を行い、せん断面積が大きくなるとせん断強度が小さくなることを確認している。

1.3.4 き裂先端の応力緩和領域の影響

線形破壊力学(LEFM: linear fracture mechanics)によれば、き裂先端では理論的に応力が無限大になる。しかし、実際には何らかの機構により応力が緩和している領域がある。この領域は材料の組織構造に依存した大きさがあるとされており、破壊進行領域(FPZ: fracture process zone)と呼ばれている。試験体の大きさが小さい時にはFPZの存在が無視できなくなり、寸法効果が生じる。バジャン(Bažant 1984, 1997)は非線形破壊挙動による寸法効果を考慮して、荷重を断面積で割った公称材料強度σ_Nは下記の式に従うとした。

$$\sigma_N = \frac{Bf'_t}{\sqrt{1+D/D_0}} \tag{1.3.13}$$

ここでf'_tは材料の強度、Dは試験体の大きさ、Bは無次元の定数、D_0は長さの次元をもった定数である。アイヒャー(Aicher 2010)は、このバジャンの非線形寸法則に基づいてオウシュウスプルース材の横引張強度の寸法効果を評価し、FPZの長さを求めた。梁せいが異なる試験体を使ったSENB試験の結果から、**図1-3-2**の結果を得た。そして(1.3.13)式より(1.3.14)式を導き、バジャン則の定数を求めた。

$$Y = C + D \cdot A、Y = 1/\sigma_N^2、C = 1/Bf'_N、A = C/D_0 \tag{1.3.14}$$

解析の結果、Bf'_N=1.535MN/m^2、D_0=16.0 mm となり、**図1-3-3**の関係を得た。

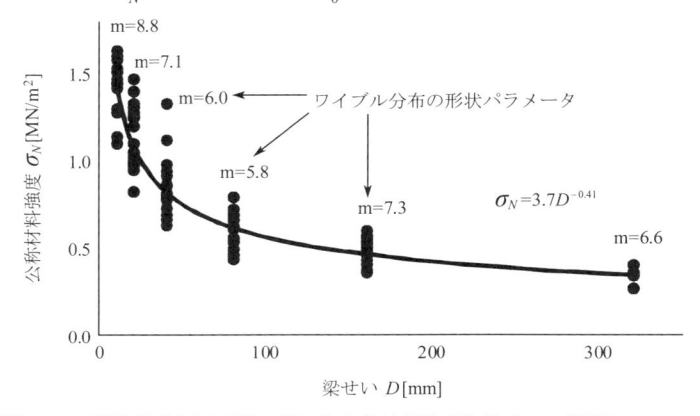

図 1-3-2 破壊荷重を断面積で除した公称材料強度と梁せいの関係(Aicher 2010)
Fig. 1-3-2 Relationship between beam depth D and nominal bending strength σ_N obtained by dividing the bending strength with the fracture area (Aicher 2010).

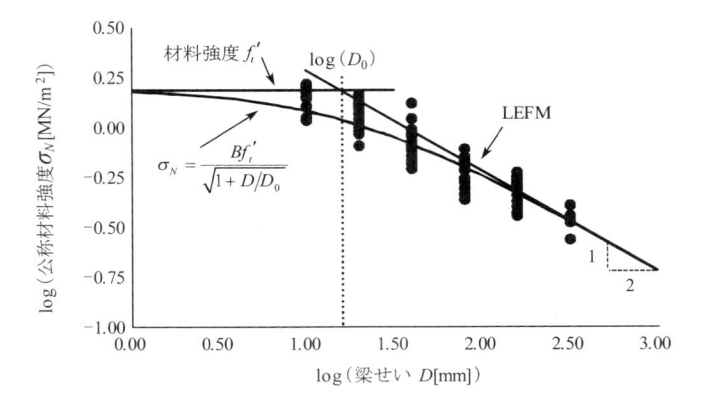

図 1-3-3 公称曲げ強度と梁せいの関係における実験結果と Bažant の非線形寸法効果則による近似式（Aicher 2010）
Fig. 1-3-3 Experimental data for the relationship between beam depths and nominal strengths and approximation of the results by Bažant's nonlinear size effect law.

そして FPZ の長さを 2.1 mm と見積もった。これらより試験体寸法が大きい時には従来の線形破壊力学の寸法効果則に従い、試験体が小さくなると逸脱することが確認できる。

異なるアプローチで非線形の寸法効果を説明した例もある。増田（1986, 1996）は「ある有限の小領域においてその平均応力が破壊条件式を満たす場合に破壊に至る」とする有限小領域理論（FSAFC: finite small area fracture criteria）を提唱した。

$$f_A^2 = \xi_X \left(\frac{\bar{\sigma}_X}{\sigma_{Xcr}}\right)^2 + \xi_y \left(\frac{\bar{\sigma}_Y}{\sigma_{Ycr}}\right)^2 + \left(\frac{\bar{\tau}_{XY}}{\tau_{XYcr}}\right) \geq 1 \qquad (1.3.15)$$

ここで ¯ は小領域の平均応力、添え字 cr は破壊応力、係数 ξ は引張応力のとき ξ=1、圧縮応力のとき ξ=0 である。DCB（double cantilever beam）試験体でモード I 破壊試験を行い、き裂先端のひずみ分布を画像相関法（DIC: digital image correlation）で測定を行い、さらに FSAFC 理論に基づき最適な有限小領域を検討した（Masuda *et al.* 1999, 岩渕・増田 2000, 岩渕 2000）。ひずみ測定の結果、き裂先端に約 2 mm 程度のユニットのひずみ拡大領域が観察された。さらに実際に破壊が起こる時には塑性域に達している部分があるとし、塑性を考慮した有限要素法解析を試みた。そして平均応力ではなく、平均ひずみがある条件に達

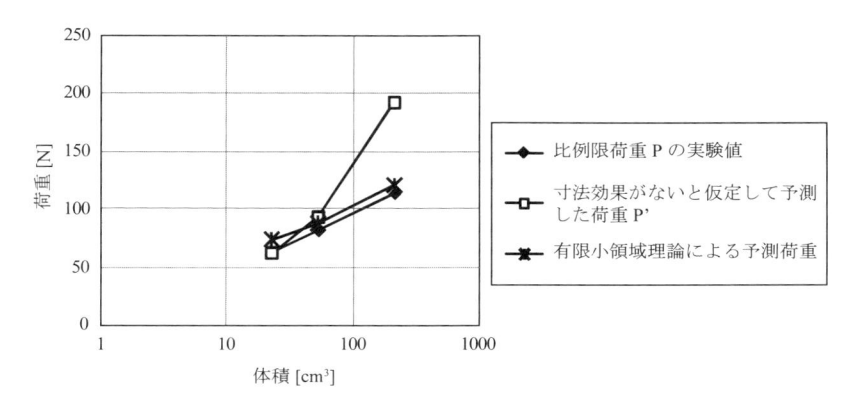

図 1-3-4 有限小領域理論による寸法効果の説明（□は破壊荷重が寸法に比例すると仮定した場合の値）

Fig. 1-3-4 Size effect explained by Finite Small Area Fracture Criteria theory (FSAFC), where ◆ indicates experimental data of proportional limit loads, □ indicates theoretical estimation of the limit loads based on the assumption that the loads is in proportion to the specimen size, × indicates theoretical estimation of the limit loads based on FSAFC.

した時に破壊に至ると仮定して最適な有限小領域を検討した。その結果、1.5～2 mm（繊維方向）×0.25～0.5 mm（繊維直交方向）の有限小領域で平均ひずみが0.5～0.6％に達した時に破壊が進行すると結論づけた。さらに FSAFC 理論に従うと寸法効果についても説明が可能であるとした（図 1-3-4）。

1.4 木材および木質材料の破壊条件および材料非線形特性

　木材や木質材料を実際の構造部材に使用する場合、その内部には一般的に応力が複合して発生し、単純な応力状態では予測が難しい変形や破壊を発生することが多い。したがって、応力が複合した際の変形や破壊挙動を把握することは非常に重要である。本項では複合応力状態で破壊を発生する応力状態を示した木材および木質材料の破壊条件および材料非線形発生後の変形挙動について述べる。

1.4.1 破壊条件

材料が複合応力状態にある際の破壊が発生する条件を数式で記述したものが破壊条件あるいは破損則である。平面応力状態における異方性主軸方向の応力をそれぞれσ_x, σ_y, τ_{xy}, ひずみをε_x, ε_y, γ_{xy}とすると、破壊条件は以下のように上記の3つの応力成分あるいはひずみ成分の関数がある臨界値に達したときに破壊が発生するとしたものが一般的である。

$$\begin{cases} f(\sigma_x, \sigma_y, \tau_{xy}) = C \\ g(\varepsilon_x, \varepsilon_y, \gamma_{xy}) = C' \end{cases} \tag{1.4.1}$$

ここでcおよびc'は定数である。木材や木質材料のような直交異方性材料の破壊条件は多く存在するが、本項ではもっとも汎用的に使用されている最大応力説および相互作用説について述べる。

最大応力説は、各応力成分のいずれかが対応する強度値に至ったときに破壊が発生するとする破壊条件であり、以下の式で示される (Jenkin 1920)。

$$\begin{cases} \sigma_x = X^t, -X^c \\ \sigma_y = Y^t, -Y^c \\ \tau_{xy} = \pm S \end{cases} \tag{1.4.2}$$

x軸方向およびy軸方向をそれぞれ繊維方向および繊維に直角な方向と定義すると、X^t、X^cは繊維方向の引張強度および圧縮強度、Y^t、Y^cは繊維に垂直な方向の引張強度および圧縮強度、Sはxy平面におけるせん断強度である。

一方、相互作用説では3つの応力成分が互いに影響を与える破壊条件である。代表的な条件としてヒル (R. Hill) 型の破壊条件およびツァイ (Tsai, S. W.)–ウー (Wu, E. M.) の破壊条件について記す。

ヒル型の破壊条件では、応力成分が以下の2次式を満足したときに破壊するとする (Nahas 1986; Hinton and Soden 1998)。

$$\frac{\sigma_x^2}{X^2} + \frac{\sigma_y^2}{Y^2} + \frac{\tau_{xy}^2}{S^2} - p\frac{\sigma_x \sigma_y}{XY} = 1 \tag{1.4.3}$$

ここでXはX^tあるいは$-X^c$、YはY^tあるいは$-Y^c$である。また、pは実験的に決定される定数で、さまざまに提案されている。木材素材では$p = 0$としたノリス–マッキノンの条件 (Norris and McKinnon 1945) および$p = 1$としたノリスの条件 (Norris 1962) がよく知られている。これに対しツァイ–ウーの条件は圧縮

1.4 木材および木質材料の破壊条件および材料非線形特性

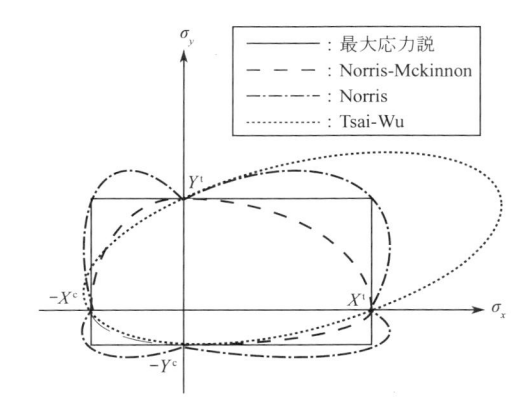

図 1-4-1　$\tau_{xy} = 0$ における各破壊条件の比較
Fig. 1-4-1　Comparison of the failure criteria under the condition of $\tau_{xy} = 0$.

と引張に関する挙動の違いを一義的に表現できる破壊条件で、以下の式で表される (Tsai and Wu 1971)。

$$F_{xx}\sigma_x^2 + F_{yy}\sigma_y^2 + F_{ss}\tau_{xy}^2 + 2F_{xy}\sigma_x\sigma_y + F_x\sigma_x + F_y\sigma_y = 1 \tag{1.4.4}$$

ここで

$$F_{xx} = \frac{1}{X^t X^c}, F_{yy} = \frac{1}{Y^t Y^c}, F_{ss} = \frac{1}{S^2}, F_x = \frac{1}{X^t} - \frac{1}{X^c}, F_y = \frac{1}{Y^t} - \frac{1}{Y^c} \tag{1.4.5}$$

である。また、F_{xy} は以下に記す off-axis 試験等の複合加力試験の結果から決定される。**図 1-4-1** に $\tau_{xy} = 0$ とした際の破壊条件の比較を示す。

　こうした破壊条件は経験則であり、他にも多数の条件が提案され、その適合性が検討されている (Nahas 1986; Hinton and Soden 1998)。

　後述するように、複合応力状態における強度特性を検討する試験方法はさまざま存在するが、異方性主軸に対して傾いた方向に単軸引張力(あるいは圧縮力)を負荷する試験 (off-axis 試験) は、角度を変化させることによって容易に応力状態を変えることが可能であるため、複合応力状態における破壊試験としてもっとも頻繁に行われる。異方性主軸 (x 軸) と荷重の方向のなす角が θ のとき、単軸応力 F_θ で破壊が発生したとすると、異方性主軸方向の応力はそれぞれ以下のように表される。

$$\begin{cases} \sigma_x = F_\theta \cos^2\theta \\ \sigma_y = F_\theta \sin^2\theta \\ \tau_{xy} = F_\theta \cos\theta \sin\theta \end{cases} \tag{1.4.6}$$

である。(1.4.6)式を(1.4.3)式に代入し、さらに $p = XY/S^2 - 2$ とおくと、F_θ と θ の関係は以下のハンキンソンの式で表される(Hankinson 1921)。

$$F_\theta = \frac{XY}{X \sin^2\theta + Y \cos^2\theta} \tag{1.4.7}$$

この式の $\sin^2\theta$ および $\cos^2\theta$ をより一般化して $\sin^n\theta$ および $\cos^n\theta$ とすることもある。ここで n は実験的に求める定数で、1.5～3.0(引張)、2.5～3.0(圧縮)、1.8～2.3(曲げ)という値が得られている。ハンキンソンの式の他にも F_θ と θ の関係を与える式がいくつか提案されているが(Osgood 1928; Ashkenazi 1965; Kazemi Najafi et al. 2007)、適合性のよさや簡便さから現在でもハンキンソンの式が用いられることが多い。

1.4.2　材料非線形発生後の木材および木質材料の変形挙動

負荷直後の木材や木質材料の応力-ひずみ関係は線形弾性力学の理論に基づいて定式化することが一般的であるが、材料非線形が発生した後の応力-ひずみ関係の定式化にはいくつかの方法が提案されている。木材や木質材料の巨視的な非線形挙動は、しばしば金属やコンクリートの弾塑性的挙動に類似している。こうした材料の微視的な変形挙動は互いに大きく異なるが、巨視的な応力解析では金属塑性学で培われてきた数理的弾塑性力学の考え方(Hill 1950)が有効であることが示唆されている。

図 1-4-2 に一般的な材料の応力-ひずみ関係を示す。非線形開始点(Y)以前の応力-ひずみ関係は線形弾性力学で定式化することが可能であり、応力 $\{\sigma_{ij}\}$ とひずみ $\{\varepsilon_{ij}\}$ には以下のフックの法則が成立する。

$$\{\sigma_{ij}\} = \lceil D^e \rceil \{\varepsilon_{ij}\} \tag{1.4.8}$$

ここで $[D^e]$ は弾性変形の剛性マトリクスで、応力やひずみに関係なく独立した弾性定数で構成されている。一方、材料非線形発生後の応力-ひずみ関係は、以下のように応力増分 $\{d\sigma_{ij}\}$ とひずみ増分 $\{d\varepsilon_{ij}\}$ によって定式化される。

$$\{d\sigma_{ij}\} = \lceil D^{ep} \rceil \{d\varepsilon_{ij}\} \tag{1.4.9}$$

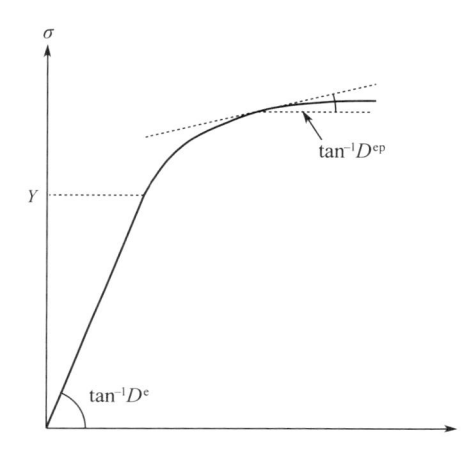

図 1-4-2 応力−ひずみ関係
Fig. 1-4-2 Stress-strain relationship.

ここで$[D^{ep}]$は弾塑性変形の剛性マトリクスで、応力状態$\{\sigma_{ij}\}$に依存する。有限要素法等で弾塑性解析を実施する際には、解析する対象に一定の応力増分あるいはひずみ増分を与えて応力状態を求め、その応力状態に対応する剛性マトリクス$[D^{ep}]$を作成する。剛性マトリクスを更新した後、所定の変形あるいは外力に至るまで同様の手順を繰り返す(Yamada and Yoshimura 1968; Shih and Lee 1978; Kharouf et al. 2003)。

以上に述べた材料非線形解析では、精度を上げるために応力あるいはひずみの増分値を十分に小さくする必要があるが、増分値を小さくすると計算手順が増加し、解析に多大な時間が必要になる。しかし近年では、ハードウェアおよびソフトウェアの発展によってこうした問題点も克服され、多くの解析プログラムで容易に弾塑性解析が可能となった。こうしたプログラムを用いて木材および木質材料の材料および構造非線形挙動の解析例も増えてきている(Moses and Prion 2004; Oudjene and Khelifa 2009; Hong et al. 2011)。

1.5 複合応力による木材の破壊

前節で説明したように、複合応力を受ける材料の強度を表す降伏あるいは破壊条件は、材料の基礎的性質として理論的にも、また実用的にも重要なものである。このような応力座標上に表示された曲面あるいは曲線を定式化した、い

わゆる降伏条件として、例えば鋼に関してはミーゼス–ヘンキー（Mises-Henckey）（せん断ひずみエネルギー説）あるいはトレスカ（Tresca）（最大せん断応力説）の降伏条件が実際の多くの金属材料の降伏現象をよく表現できるものとなっており、実用式として定着している。また、土質材料についてはモール–クーロン（Mohr-Coulomb）の内部摩擦説を適用することが多い（谷川 1991）。一方、多種多様の曲面構造物を扱うコンクリート分野では、様々な複合応力状態における破壊強度がコンクリート構造物の安全性に関与するため、あらゆる複合応力下における破壊条件を合理的に表示し得るような汎用式を構築する必要があり、複合加力試験が頻繁に行われている（土木学会文献調査委員会 1964）。また、複合応力状態におかれることが多い骨、繊維強化複合材料などに関しても同様であり、複合応力下における静的あるいは疲労特性を言及した研究は精力的に実施されている（たとえば、Hayes 1977; Cezayirlioglu 1985; Owen 1978; Amijima 1991; Fujii 1992）。

これに対して、代表的な構造材料の一つである木材・木質材料では、複合応力が作用する場合の力学挙動についての研究がまだ少ない。これは、せん断に対する木材の抵抗性が他の強さに比べて小さく、そのために、木材をせん断力がクリティカルに作用するような場面で用いることが比較的少なかったためである（関谷1939）。また、複合応力を作用させる力学試験として、前節で述べたoff-axis試験のほかに軸力とねじりを同時に作用させる試験方法があるが、この試験方法の場合には、かなり複雑な試験装置が必要であり、加えて、複合加力試験の典型的な試験片形状、たとえば薄肉円筒の様な試験片形状に木材を加工することが極めて困難であるといったことも研究蓄積が限られる原因であろう。しかし、たとえば在来軸組構法における柱–土台接合部のほぞ・ほぞ孔の部分には軸力とねじりが同時に作用することが考えられる（中井1995）。さらに、近年、土木・建築分野における木質構造の技術的進展は著しく、木材についても様々な応力が複合した場合の力学挙動を把握しておく必要が生じている。

そこで、本節では、特に軸力とねじりの複合応力下における木材の破壊強度について、これまでの研究事例を紹介する。木材の複合加力試験を行った研究には、コバーツとクルーガーの研究（Kobertz and Krueger 1976）、吉原らの研究（折口1997; 佐々木1995）、山﨑と佐々木の研究（Yamasaki and Sasaki 2000–2008）

がある。折口 (1997) は圧縮–ねじり複合応力下における木材の降伏挙動について、シトカスプルースおよびカツラの角棒試験体 (断面 15 mm 角、長さ 80 mm) を対象に繊維方向 (L 方向) を圧縮方向および中心軸とした圧縮–ねじり複合加力試験を行い、木材の直交異方性を考慮した解析を行っている。降伏強度について以下の 3 種の降伏条件との適合性を調べた結果、いずれの樹種ともジェンキン (Jenkin) の降伏条件はよく適合せず、概略ヒル型の降伏条件に近い降伏挙動を示しているとした。

- ヒル型の降伏条件 (Hill 1948)

$$\left(\frac{\sigma}{F_A}\right)^2 + \left(\frac{\tau}{F_S}\right)^2 = 1$$

- ゴールデンブラット–コプノフの降伏条件 (Gol'denblat and Kopnov 1971)

$$\left(\frac{\sigma}{F_A}\right)^m + \left(\frac{\tau}{F_S}\right)^n = 1$$

- ジェンキンの降伏条件 (Jenkin 1920)

$$\mathrm{Max}\left(\frac{\sigma}{F_A}, \frac{\tau}{F_S}\right) = 1$$

ただし、より正確な降伏挙動を記述するためには、ゴールデンブラット–コプノフの降伏条件のようなより多くのパラメータを持つ、他の降伏条件を検討する必要があるとし、ヒル型の降伏条件に完全には一致しないことを指摘している。また、ねじりと圧縮の負荷順番を変える、すなわち載荷経路の違いが降伏曲面に及ぼす影響について、実験データの回帰により決定されるゴールデンブラット–コプノフの降伏条件のパラメータを用いて検討し、いずれの樹種の場合もあまり影響を受けないことを示した。

山﨑と佐々木は、中実丸棒 (標点間の断面直径 20 mm、長さ 330 mm；ブナおよびベイヒ) および角棒 (断面 17.5 mm 角、長さ 300 mm；ヒノキおよびブナ) を試験片として用い、軸力として引張も含めた静的および動的軸力・ねじり複合加力試験を行い、複合応力下の木材の力学挙動について弾性挙動 (Yamasaki and Sasaki 2003)、降伏強度 (Yamasaki and Sasaki 2004)、破壊挙動 (山﨑 2001)、疲労挙動 (Sasaki and Yamasaki 2002; Yamasaki and Sasaki 2008) を実験的に調べた。その中で、複合応力下における木材の破壊曲面について、既往の破壊条件での表

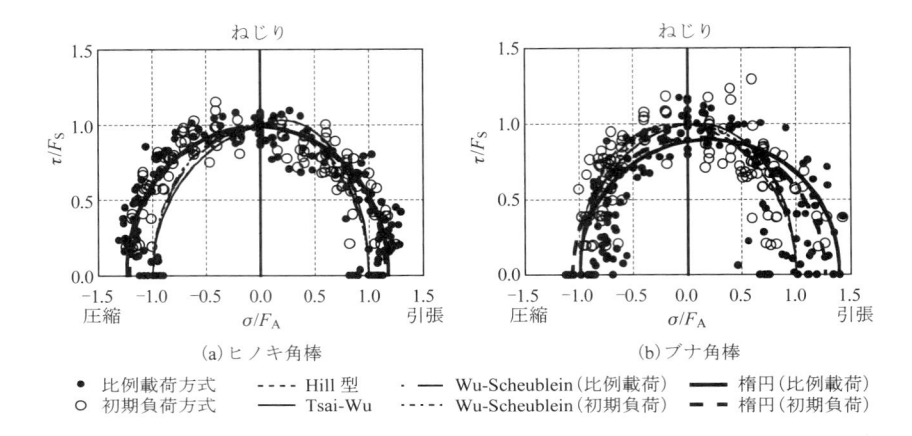

図 1-5-1 複合応力下における木材の無次元化破壊曲面
Fig. 1-5-1 Dimensionless failure surfaces under combined axial–shear stress.

現には一長一短があるものの、ツァイ–ウーの破壊条件は引張と圧縮を一括して表現でき、かつ実験データに対する回帰パラメータを持たない点で概ね適当であることを示している。

・ツァイ–ウーの破壊条件（Tsai and Wu 1971）

$$\left(\frac{\sigma}{F_A}\right)^2 - \frac{\sigma}{F_A}\cdot\frac{\tau}{F_S} + \left(\frac{\tau}{F_S}\right)^2 = 1$$

・ウー–ショイブランの破壊条件（Wu and Scheublein 1974）

$$\left(\frac{1}{F_{At}} - \frac{1}{F_{At}}\right)\sigma - \frac{1}{F_{At}F_{Ac}}\sigma^2 + \left(\frac{\tau}{F_S}\right)^2 = 1$$

ただし、折口らと同様に、木材の破壊曲面はこれらの既存の破壊条件と十分には一致しておらず、理論的な条件ではないが、無次元化した平面で楕円形状になることを示した。なお、負荷手順の影響については、折口らと同様に載荷方式、載荷経路の影響はないとしている。

破壊曲面における樹種特性について**図 1-5-1**を詳細にみると、圧縮が支配的な複合応力状態において、(a)に示すヒノキの場合、実験値は各種破壊条件の軌跡に対して外側に位置しているが、(b)のブナでは内側に位置する結果となっている。また、引張–せん断複合応力下においてブナは強度のばらつきが大きい。

これらのことから、特に軸力が支配的な応力下でわずかにねじりが作用する状態では、樹種によって力学挙動が異なることが分かる。

破壊性状については、引張－せん断複合応力状態では破断とき裂、圧縮－せん断複合応力状態では座屈とき裂が共に生じる。いずれの複合応力状態の場合も、軸力に対する破壊性状とねじりに対する破壊性状の現れ方は、樹種、載荷方式の違いなく、作用した2つの荷重の割合に応じて変化する。木材はこれらの巨視的な破壊が生じるのとほぼ同時に最大荷重に達し、これが破壊点と判断される。繊維強化複合材料などの他の工業材料の場合には、き裂が生じた後、破断に至るまでそのき裂が進展するといった破壊形態を示すことが多く、このような破壊性状は木材の特徴である。

1.6 有節材の強度

木材は鋼やコンクリートなどの他の建築材料と異なり、階層的高次構造を有し、組織の配列に起因した異方性を有する生物材料である。そのため生物材料特有の欠点を有し、構造用材料で利用する上で最も影響が大きいものに節の存在があげられる。断面が大きい構造材では節が含まれることは避けられず、強度の変動が大きくなり、場合によっては材料の信頼性を損なうことにもつながる。そのため日本農林規格（JAS）やASTM規格などでは、目視区分による等級区分が規定されている。また、かつては節を断面欠損として考えた強度予測が検討されたが、近年は等価き裂長さを利用した破壊力学の適用も試みられている。

1.6.1 日本農林規格

製材の日本農林規格（JAS）が2007年（H19）に制定され、それまでの針葉樹の構造用製材、造作用製材、下地用製材、広葉樹製材の区別が廃止された。製材工場においてほぼ同一の製造条件で製造され、試験方法等共通部分が多いことから、これらのJAS規格を統合し利用者の利便性を図ることが目的である。その他に枠組壁工法構造用製材や集成材などのJAS規格があり、それぞれに節の評価に関する規定がある。JAS規格では、節の存在する材面の幅に対する節の

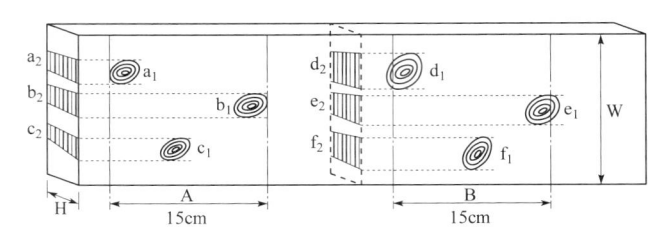

図 1-6-1 集中節径比（集成材の日本農林規格）
Fig. 1-6-1 Group knots ratio (JAS for glulam).

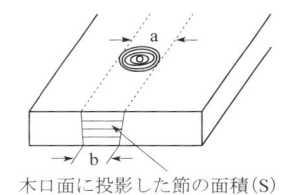

図 1-6-2 節相当径比（集成材の日本農林規格）
Fig. 1-6-2 Projected knot area ratio (JAS for glulam).

径を百分率で表した「節径比」や、15 cm の長さの材面に存在する節に係る径比の合計である「集中節径比」で評価される（**図 1-6-1**）。

$$A の集中節径比(\%) = (a_1 + a_2 + b_1 + b_2 + c_1 + c_2)/2W \times 100$$

$$B の集中節径比(\%) = (d_1 + d_2 + e_1 + e_2 + f_1 + f_2)/2W \times 100$$

ここで、AまたはBのいずれか大きい方を集中節径比とする。また枠組壁工法構造用製材や集成材などの JAS 規格で、機械区分（MRS 区分）されたものについては「節相当径比」による区分が規定されている。節相当径比の評価方法は以下である（**図 1-6-2**）。

$$相当径比(\%) = \frac{S}{木口面の断面積} \times 100$$

1.6.2 節径比や節面積比の影響

実大材の強度に最も大きな影響を及ぼす因子は節であり、古くは節を材料の断面欠損と見なして強度低減を計算する方法がとられてきた。しかし、実際にはそう簡単ではないことが指摘されている。節の影響は引張で特に大きく、引張強度では少数の生節で 45〜55%、多数の生節では 80〜90%低下するとされて

1.6 有節材の強度

いる(渡辺 1978)。圧縮強度では少数の生節で8〜15%、多数の生節で15〜25%程度減少するとされる。森(1938)によれば、有節材の引張強度(σ_m)と無節材の引張強度(σ_0)との比は節径(φ)と材径(b)との比のみに支配され、樹種及び節の品質(節はすべて抜節と見なす)には無関係とし、以下の式で表せるとした。

$$\frac{\sigma_m}{\sigma_0} = 1 - \frac{\varphi}{b} \tag{1.6.1}$$

また、曲げをうける木材梁では、節の位置によって曲げ強度に及ぼす節の影響が異なる(渡辺 1978)。節が引張域にあるならば曲げ強度が相当に減少し、圧縮域にある節の影響はそれに比べて少ない。中立軸付近にあって水平せん断応力を受ける節の影響はほとんどないとされる。スパン中央部にある1個の大節は、合計が同じ大きさの径となる同じ群に属する小節群よりも曲げ強度が低下するといわれる。北原(1947)は有節材の引張強度σはa/xで表され、生節では$a = 110.24$、半死節で$a = 112.11$、死節では$a = 114.52$であり、生節と死節の強度の優劣はつけがたいとした。ここでxは材幅(b)から節幅(φ)を引いた値と材幅の比$(b-\varphi)/b$ である。しかし、佐々木ら(1962)は、有節材薄板の引張試験で、ぜい性塗膜法により測定した節周辺の歪み分布より(1.6.1)式の適用には否定的な結論に至り、(1.6.1)式の適用には厚さの制限が必要であるとした。中村

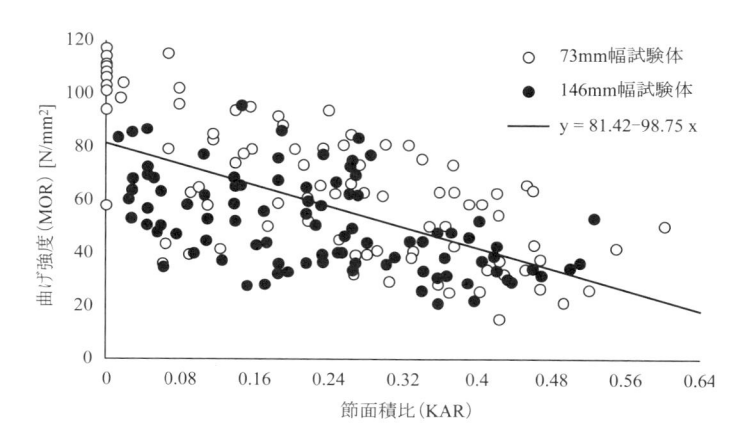

図 1-6-3 　MOR にあたえる節面積比(KAR)の影響(Dinwoodie 2000)
Fig. 1-6-3　Effect of Knot-Area-Ratio (KAR) on Modulus of Rupture (MOR).

(1972)は集成材ラミナの曲げ試験を行い、節の位置で強度が違うこと、生節と死節で曲げ強度に違いがないこと、板目板では節を断面欠損と仮定した場合より実際の強度が大きく下回る場合があることなどから、節を単に断面欠損として一様に仮定して強度比を決めることは危険であるとしている。

節径比は節のある面の材幅と節の径の比率であるが、北米を中心に節面積比(KAR: knot area ratio)での評価も見られる(**図 1-6-3**)。節面積比は材の断面に対するその断面に存在する節の断面積の比率である。枠組壁工法用構造用製材及び枠組壁工法用たて継ぎ材や集成材の JAS 規格でも節面積比の考え方が導入されている(相当節径比)。製材の JAS 規格では節径比が採用され、北米の規格とは異なるため、ラムら(Lam *et al.* 2005)は日本の軸組み構造材を目的とした KAR 値によるカナダ産ベイマツ材の評価適性を検討している。

畑山(1984)は節を単に断面欠損として扱うことを疑問視し、節周辺の繊維走向に注目した。4 種の針葉樹材の引張試験から節周辺の繊維走向傾斜θ(deg)の分布に以下の一般式を導いた。

$$\theta = \frac{15\sqrt{N^\phi \phi}}{\sqrt{x}} - \phi - 5, \quad 0 \leq \theta \leq 90 \tag{1.6.2}$$

ここで、N は樹種および節の品質(生節、死節)によって決まる定数($0.90 \leq N \leq 1.30$)、ϕ は節の平均接線径(cm)、x は節の端からの水平距離(cm)である。ハンキンソン式にこれを適用し、以下の引張強度の一般式を得た。

$$\sigma_{t\theta} = \frac{0.1\sigma_{t0}}{\sin^{1.4}\theta + 0.1\cos^{1.4}\theta} \tag{1.6.3}$$

ここで、σ_{t0} は繊維走向傾斜 0°のときの基準縦引張強度である。ミツハシら(Mitsuhashi *et al.* 2008)は、畑山の実験式と KAR 値の概念を融合して、節周辺の繊維傾斜による強度低下を考慮した節面積低減因子(ARF: area reduction factor)を考案した。

$$\sigma_t = \text{ARF}\,\sigma_{t0} A \tag{1.6.4}$$

$$\text{ARF} = \frac{\int k(\theta)dA}{A} \tag{1.6.5}$$

$$k(\theta) = \frac{0.1}{\sin^{1.4}\theta + 0.1\cos^{1.4}\theta} \tag{1.6.6}$$

ここで A は挽き板の断面積である。

1.6.3 有節材の強度予測

　畑山(1984)の予測式は実際の強度値とかなりよく一致したが、節周りの応力分布の仮定への疑問や、複数の節が関与して破壊した材や節の材縁からの距離が0である材の強度は表せないという問題点が二宮ら(1997)や板垣ら(1999)によって指摘されている。板垣ら(1999)は節の力学的評価方法を実験および有限要素法(FEM: finite element method)解析によるモデル解析から検討した。その結果、引張強度はヤング係数、節径および節位置の3つの因子に関係があることを確認し、これらの関係から強度予測が可能であるとした。その一方で、流れ節において破断しているものは、他の形状の節で破壊したものと区別して評価すべきであると指摘している。繊維走向の複雑な節周りの応力分布の把握は難しく、これまでに FEM 解析を用いて節周りの応力分布をモデル化する取り組みがなされてきた。フィリップス(Phillips 1981)は流体と木理の類似性(flow-grain analogy)に基づいて節周辺の繊維走向を流体力学の関数で示し、それに基づいて直交異方性要素を用いて FEM 解析を行う方法はグッドマンら(Goodman and Bodig 1978; Cramer and Goodman 1983, 1986)によって示された。増田と本田(1988)も flow-grain analogy に基づき、有節材の曲げでの応力分布を考察した。ザンベルグら(Zandbergs and Smith 1988)はクラマーら(Cramer and Goodman 1983, 1986)のモデルを拡張し、有節材の破壊過程をシミュレートした。き裂がなく破壊力学が適用できない初期き裂の発生を最大応力説で予測し、その後のき裂進展をウー(Wu)の複合破壊モードのクライテリアで計算した。以上は2次元的な解析であったが、クラマーら(Cramer and Fohrell 1990)は3次元的な繊維走向を考慮し、ザンベルグらのモデルに潜り角(dive angle)を導入した。永井ら(2011)は画像相関法(DIC)で有節材の引張破壊過程のひずみ分布を解析し、局所的な非線形破壊挙動と3次元的な繊維走向の影響を指摘している。これらはすべて単一の節の破壊を対象としてきたが、クラマーら(Cramer et al. 1990)は複数の節を含んだ有節材の破壊のモデル化を行った。フィンクら(Fink 2012)は、DIC の観察により節が集合した場合の破壊形態とひずみ分布の関係を検討としている。このように多くの取り組みがなされて、FEM 解析を用いたモ

デルでは実際の強度とある程度近い値が得られている。

有節材に対しては線形破壊力学の適用も適用され、強度予測が試みられてきた。ピアソン（Pearson 1974）は、節によって開始するき裂の大きさは節の大きさに関係すると仮定し、線形破壊力学における臨界応力拡大係数を既知として、等価き裂長さを見積もった。材中央の等価き裂があるとした場合には以下の式を適用した。

$$K_c = \sigma_c \sqrt{\frac{1}{2}\pi \sec\left(\frac{1}{2}\pi \frac{L}{W}\right)}, \quad 0 < \frac{L}{W} \leq 0.8 \tag{1.6.10}$$

ここでσ_cはクラックが中央にある場合の公称応力、Lはクラック長さ、Wは材幅である。また等価亀裂が材縁に有る場合には、以下の式が適用される。

$$K_c = \sigma_e \sqrt{\rho L} \cdot \phi\left(\frac{L}{W}\right), \quad 0 < \frac{L}{W} \leq 0.6 \tag{1.6.11}$$

$$\phi\left(\frac{L}{W}\right) = 1.123 - 0.0231\frac{L}{W} + 10.551\left(\frac{L}{W}\right)^2 - 21.710\left(\frac{L}{W}\right)^3 + 30.382\left(\frac{L}{W}\right)^4 \tag{1.6.12}$$

ここでσ_eは材縁にクラックが有る場合の公称応力である。ボートライトら（Boatright and Garrett 1979）はこの等価き裂長さの考えを梁の曲げに適用したがよい一致が見られず、節周りの木理の歪みが小さい時以外には適用できないとした。実験値にはばらつきが多いが、節面積比が節の強度低減効果を見積もるには便利で普遍的な方法だと考えた。飯島（1983）は曲げ強度の指標として比重、断面欠損、繊維傾斜、曲げヤング係数の4因子を検討し、断面欠損率と曲げヤング係数と強度の相関性が高く、これらの組み合わせによる予測が有効であるとした。また断面欠損率と曲げ強度との関係で、断面欠損率の最低値は破壊力学の応用によってよく表現できるとした。有節材に仮想き裂モデル（fictitious crack model）を適用して非線形破壊力学的解析を行う取り組みも試みられているが、十分ではない（Nardin 2000）。

1.7　木質構造を対象とした有限要素解析

1.7.1　有限要素解析の現状

有限要素法を用いた解析ソフトウェアは、ものづくりにおける設計ツールとして不可欠な存在になり、ものづくりの設計プロセスに組み込まれつつある。

このような分野においては、CAE（computer-aided engineering）技術者と呼ばれる解析ソフトウェアを駆使した専門家が設計行為に積極的に携わることもしばしば見られる。建築構造においては、鋼構造の接合部パネルや溶接接合などの挙動を把握するために、有限要素解析を用いられることもある。しかし、木質構造では未だ有限要素解析が積極的に応用されることはなく、実験の検証用に補足的に使われているだけというのが現状である。これは、木材の特徴の一つである異方性が、有限要素解析を非常に困難なものにしていることが原因である。

1.7.2　異方弾性体の基礎方程式（S.A.アムバルツミャン 1975）

木材は、繊維方向、放射方向（半径方向）、接線方向の3つの直交する方向を有する直交異方性体である。このような3つの対称面を持つ直交異方性体において、座標軸 x、y、z 軸を各方向と一致させると、一般化したフックの法則は次式により表される（**図 1-7-1** 参照）。

$$\varepsilon_x = \frac{1}{E_x}\sigma_x - \frac{v_{xy}}{E_y}\sigma_y - \frac{v_{xz}}{E_z}\sigma_z \tag{1.7.1}$$

$$\varepsilon_y = \frac{1}{E_y}\sigma_y - \frac{v_{yx}}{E_x}\sigma_x - \frac{v_{yz}}{E_z}\sigma_z \tag{1.7.2}$$

$$\varepsilon_z = \frac{1}{E_z}\sigma_z - \frac{v_{zx}}{E_x}\sigma_x - \frac{v_{zy}}{E_y}\sigma_y \tag{1.7.3}$$

$$\varepsilon_{xy} = \frac{1}{G_{xy}}\tau_{xy} \tag{1.7.4}$$

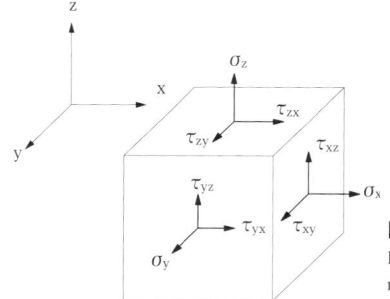

図 1-7-1　立方体要素の6つの面に作用する応力
Fig. 1-7-1　Stress acted on six surfaces of cubic element.

$$\varepsilon_{yz} = \frac{1}{G_{yz}} \tau_{yz} \tag{1.7.5}$$

$$\varepsilon_{zx} = \frac{1}{G_{zx}} \tau_{zx} \tag{1.7.6}$$

ここで、ε はひずみ、σ は応力、E はヤング係数、ν はポアソン比、G はせん断弾性係数である。

また、マックスウェルの相反定理より次式が成立することから、直交異方性体の独立な弾性定数は9つとなる。

$$E_x \nu_{xy} = E_y \nu_{yx} 、 E_y \nu_{yz} = E_z \nu_{zy} 、 E_z \nu_{zx} = E_x \nu_{xz} \tag{1.7.7}$$

鋼材のように等方性材料を用いる場合は、この弾性定数が E と ν の2つのみとなることから、直交異方性体における弾性定数が如何に多いかがわかる。

1.7.3 異方性における降伏条件

ヒル (R. Hill) は、等方性材料の降伏条件として一般的に用いられるフォン・ミーゼス (von Mises) の降伏条件を異方性に拡張し、次式に示す異方性材料の降伏条件を提案した (Hill 1950)。

$$\begin{aligned} &\left[(G+H)\sigma_x^2 - 2H\sigma_x\sigma_y + (F+H)\sigma_y^2 + 2N\tau_{xy}^2 \right] \\ &- 2(G\sigma_x + F\sigma_y)\sigma_z + 2(L\tau_{yz}^2 + M\tau_{zx}^2) + (F+G)\sigma_z^2 = 1 \end{aligned} \tag{1.7.8}$$

ここで、F、G、H、L、M、N は異方性状態に特有なパラメータであり、次式で定義される。

$$\frac{1}{X^2} = G + H 、 \frac{1}{Y^2} = H + F 、 \frac{1}{Z^2} = F + G \tag{1.7.9}$$

$$2L = \frac{1}{R^2} 、 2M = \frac{1}{S^2} 、 2N = \frac{1}{T^2} \tag{1.7.10}$$

ここで、X、Y、Z は異方性の主軸方向の引張降伏応力、R、S、T は異方性主軸に関するせん断降伏応力である。

当然のことながら、ここで示した降伏条件を用いて材料非線形を解析に組み入れるためには、前述の9つの弾性定数を定義しておかなければならず、塑性域まで考慮した解析を実施するためには非常に多くの材料パラメータを決める必要がある。また、木材の破壊モードは、脆性的な引張破壊やせん断破壊と靱

性に富んだ圧縮破壊とがあり、実際はこのように各応力状態に応じた降伏条件を定義できる方が望ましい。そこで、このような方向性の違いによる破壊モードを考慮した降伏条件として、ホフマンによる破壊則(Hoffman 1967)やハシンによる破壊則(Hashin 1980)などが提案されている。

1.7.4 有限要素解析の応用事例

前述したように、材料非線形を考慮した直交異方性体の有限要素解析を実施するためには、非常に多くの材料パラメータを決めなければならず、その作業は非常に煩雑なものとなる。そのため、一般には等方性の弾塑性体を用いた解析や、2次元問題として解析を行った事例が多い。しかし、異方性を考慮した解析も実施されつつあり、ここではいくつかの解析事例を紹介する。

吉原らは、2次元平面問題としてホフマンの破壊則を用いて塑性域での剛性マトリクスを誘導し、破壊進展過程の定式化を試み、JIS 規格いす型せん断試験や曲げ試験の実験を対象として、木材の破壊過程のシミュレーションを試みている(吉原・太田 1992)。大塚、高島は円覚寺舎利殿の三手先組物を対象として、等方性弾性体や異方性弾性体を用いて立体有限要素解析を行っている(大塚・高島 2010)。渋谷、瀧野らは汎用解析ソフトである LS-DYNA に組み込まれた Wood Material Model を用いて、圧縮試験やブロックせん断試験、貫十字架構の接合部曲げせん断試験の有限要素解析を行っている(渋谷・瀧野・宮本 2012)。Wood Material Model は、木材の異方性のうち繊維方向に対して放射方向と接線方向の差異が小さいことから、放射方向と接線方向の区別をつけない簡略化した直交異方性モデルであり、降伏条件としてハシンの破壊則を基に圧縮、引張、せん断に対する破壊モードを個別に定義している。

●文　献

Adams, D. F., Carlsson, L. A., and Pipes, R. B. (2003) *Experimental Characterization of Advanced Composite Materials*, 3rd Edition. CRC Press, pp. 185–212. (1.1)

Aicher, S. (2010) Process zone length and fracture energy of spruce wood in mode-I from size effect. *Wood Fiber Sci.* **42**(2): 237–247. (1.3)

American Society For Testing And Materials (2011) *2011 Annual Book Of Astm Standards, Volume 04.10 D1990-07*. American Society For Testing And Materials, pp. 226–227. (1.2)

Amijima, S., Fujii, T., and Hamaguchi, M. (1991) Static and fatigue tests of a woven glass fabric composite under biaxial tension-torsion loading. *Composites* **22**(4)： 281–289. (1.5)

ASTM D245-06 (2006) Standard Practice for Establishing Structural Grades and Related Allowable Properties for Visually Graded Lumber. (1.3)

ASTM D1990-00 (2000) Standard Practice for Establishing Allowable Properties for Visually Graded Dimension Lumber from In-Grade Tests of Full-Size Specimens. (1.3)

Barrett, J. D. (1974) Effect of size on tension perpendicular-to-grain strength of Douglas-fir, *Wood and Fiber* **6**(2)： 126–143. (1.3)

Barrett, J. D., Lam, F., and Lau, W. (1995) Size effects in visually graded softwood structcural lumber. *J. Mater.Civil Eng.* **7**(1)： 19–30. (1.3)

Bažant, Z. P. (1984) Size effect in blunt fracture: concrete, rock, metal. *J. Eng. Mech.* **110**(4)： 518–525. (1.3)

Bažant, Z. P., and Planas, J. (1997) *Fracture and Size Effect in Concrete and Other Quasibrittle Materials*. CRC Press, New York, USA. (1.3)

Boatright, W. J., and Garrett, G. G. (1979) The effect of knots on the fracture strength of wood II. A comparative study of methods of assessment, and comments on the application of fracture mechanics to structural timber. *Holzforschung* **33**(3)： 72–77. (1.6)

Bohannan, B. (1966) Effect of Size on Bending Strength of Wood Members. Research Paper FPL56. (1.3)

Cave, I. D. (1976) Modelling moisture-related mechanical properties of wood. Part I: properties of the wood constituents. *Wood Sci. Technol.* **12**(1)： 75–86. (1.1)

Cezayirlioglu, H., Bahniuk, E., Davy, D. T., and Heiple, K. G. (1985) Anisotropic yield behavior of bone under combined axial force and torque. *J. Biomechanics* **18**(1)： 61–69. (1.5)

Cramer, S. M., and Goodman, J. R. (1983) Model for stress analysis and strength prediction of lumber. *Wood Fiber Sci.* **15**(4)： 338–349. (1.6)

Cramer, S. M., and Goodman, J. R. (1986) Failure modeling: a basis for strength prediction of lumber. *Wood Fiber Sci.* **18**(3)： 446–459. (1.6)

Cramer, S. M., and Fohrell, W. B. (1990) Method for simulating tension performance of lumber members. *J. Struct. Eng.* **116**(10)： 2729–2746. (1.6)

Cramer, S. M., Shi, Y., and McDonald, K. (1996) Fracture modeling of lumber containing multiple knots. *Proceedings of the International Wood Engineering Conference 1996*, New Orleans, USA, 4, pp.288-294. (1.6)

Dinwoodie, J. M. (2000) *Timber: Its Nature and Behavior* (2nd edition), E&F SPON, London, p.163. (1.6)

EN Standards (2004) EN384: 2004 Standard Structural Timber. Determination of characteristic values of mechanical properties and density. (1.3)

Fink, G., Kohler, J., and Frangi, A. (2012) Experimental analysis of the deformation and failure behaviour of significant knot clusters. *Proceeding of World Conference on Timber Engineering 2012*, Auckland, New Zealand, pp. 270-279. (1.6)

Forest Products Laboratory (1955) *Wood Handbook—Basic Information on Wood as a Material of Construction with Data for Its Use in Design and Specification—*. Forest Service, U.S. Department of Agriculture. pp. 85–88. (1.2)

Foschi, R. O., and Barrett, J. D. (1976) Longitudinal shear strength of Douglas-fir. *Can. J. Civil Eng.* **3**: 198–208. (1.3)

Fujii, T., Amijima, S., and Lin, F. (1992) Study on strength and nonlinear stress-strain response of plain woven glass fiber laminates under biaxial loading. *J.Compos. Mater.* **26**(17): 2493–2510. (1.5)

Gol'denblat, I. I., and Kopnov, V. A. (1971) General Theory of Strength for Isotropic and Anisotropic Materials, Translated from Problemy Prochnosti. *Strength of Materials* **3**(2): 65–69. (1.5)

Goodman, J. R., and Bodig, J. (1978) Mathematical Model of the Tension Behavior of Wood with Knots and Cross Grain. *Proceedings of 1st International Conference on Wood Fracture*, pp. 53–61. (1.6)

Hankinson, R. L. (1921) Investigation of crushing strength of spruce at varying angles composite materials. **1**(2): 60–70. (1.4)

Hashin, Z. (1980) Failure Criteria for Unidirectional Fiber Composites, Transactions of the American Society of Mechanical Engineers. *J. Appl. Mech.* **47**: 329–334. (1.7)

Hayes, W. C., and Wright, T. M. (1977) An Empirical Strength Theory for Compact Bone. *Fracture* **3**: 1173–1177. (1.5)

Hill, R. (1948) A theory of the yielding and plastic flow of anisotropic metals. *Proceedings of the Royal Society, London*, 193, Series A, pp. 281-297. (1.5)

Hill, R. (1950) *The Mathematical Theory of Plasticity*. Oxford Clarendon Press, pp. 317–340. (1.4), (1.7)

Hinton, M. J., and Soden, P. D. (1998) Predicting failure in composite laminates: the background to the exercise. *Compos. Sci. Technol.* **58**(7): 1001–1010. (1.4)

Hoffman, O (1967) The brittle strength of orthotropic materials. *J. Compos. Mater.* **1**: 200–206. (1.7)

Hong, J.-P., Barrett, J. D., and Lam, F. (2011) Three-dimensional finite element analysis of the Japanese traditional post-and-beam connection. *J.Wood Sci.* **57**(2): 119–125. (1.4)

Jenkin, C. F. (1920) *Report on Materials of Construction Used in Aircraft and Aircraft Engines*.

His Majesty Stationary Office, London, pp. 95–131. (1.4, 1.5)

Kazemi Najafi, S., Abbasi Marasht, A., and Ebrahimi, G. (2007) Prediction of ultrasonic wave velocity in particleboard and fiberboard. *J. Mater. Sci.* **42** (3): 789–793. (1.4)

Kharouf, N., McClure, G., and Smith, I. (2003) Elasto-plastic modeling of wood bolted connections. *Computers & Structures* **81** (8–11): 747–754. (1.4)

Kobertz, R. W., and Krueger, G. P. (1976) Ultimate strength design of reinforced timber biaxial stress failure criteria. *Wood Science* **8** (4): 252–261. (1.5)

Lam, F., Barrett, J. D., and Nakajima, S. (2005) Influence of knot area ratio on the bending strength of Canadian Douglas fir timber used in Japanese post and beam housing. *J. Wood Sci.* **51** (1): 18–25. (1.6)

Masuda, M. (1996) Application of the finite small area fracture criteria to bending of beams with end sloped notches. *Proceedings of the International Wood Engineering Conference*, New Orleans, USA, 4, pp.136–143. (1.3)

Masuda, M., Iwabuchi, A., and Murata, K. (1999) Analyses of fracture criteria using image correlation method. *Proceedings of 1st RILEM Symposium on Timber Engineering*, Stockholm, Sweden, 151–160. (1.3)

Mitsuhashi, K., Poussa, M., and Puttonen, J. (2008) Method for predicting tension capacity of sawn timber considering slope of grain around knots. *J. Wood Sci.* **54** (3): 189–195. (1.6)

Moses, D. M., Prion, H. G. L. (2004) Stress and failure analysis of wood composites: a new model. *Composites Part B: Engineering* **35** (3): 251–261. (1.4)

Nagai, H., Murata, K., and Nakano, T. (2011) Strain analysis of lumber containing a knot during tensile failure. *J. Wood Sci.* **57** (2): 114–118. (1.6)

Nahas, M. N. (1986) Survey of failure and post-failure theories of laminated fiber-reinforced composites. *J. Compos. Technol. Res.* **8** (4): 138–153. (1.4)

Nardin, A., Boström, L., and Zaupa, F. (2000) The effect of knots on the fracture of wood. *World Conference on Timber Engineering 2000*, Whistler, Canada, 2.5.3 (1.6)

Norris, C. B., and McKinnon, P. F. (1945) Compression, tension and shear tests on yellow-poplar plywood panels of sizes that do not buckle with tests made at various angles to the face grain. Forest Products Laboratory Report No. 1328. (1.4)

Norris, C. B. (1962) Strength of orthotropic materials subjected to combined stresses. Forest Products Laboratory Report No. 1816. (1.4)

Oudjene, M., and Khelifa, M. (2009) Finite element modelling of wooden structures at large deformations and brittle failure prediction. *Materials & Design* **30** (10): 4081–4087. (1.4)

Owen, M. J., and Griffiths, J. R. (1978) Evaluation of biaxial stress failure surfaces for a glass fabric reinforced polyester resin under static and fatigue loading. *J. Mater. Sci.* **13**:

1521–1537. (1.5)

Pearson, R. G. (1974) Application of fracture mechanics to the study of the tensile strength of structural lumber. *Holzforschung* 28(1): 11–19. (1.6)

Phillip, G. E., Bodig, J., and Goodman, J. R. (1981) Flow-grain analogy. *Wood Science* **14**(2): 55–64. (1.6)

Sasaki, Y., and Yamasaki, M. (2002) Fatigue strength of wood under pulsating tension-torsion combined loading. *Wood Fiber Sci.* **34**(4): 508–515. (1.5)

Sasaki, Y., and Yamasaki, M. (2004) Effect of pulsating tension-torsion-combined loading on fatigue behavior in wood. *Holzforschung* **58**: 666–672. (1.5)

Sasaki, Y., Yamasaki, M. and Sugimoto, T. (2005): Fatigue damage in wood under pulsating multiaxial-combined loading. *Wood Fiber Sci.* **37**(2): 232–241. (1.5)

Sasaki, Y., Yamasaki, M., and Akita, F. (2007) Fatigue behavior in wood under pulsating compression-torsion-combined loading. *Wood Fiber Sci.* **39**(2): 336–344. (1.5)

Shih, C. F., and Lee, D. (1978) Further developments in anisotropic plasticity, Transactions of the ASME. *J. Eng. Mater. Technol.* **100**(3): 294–302. (1.4)

Smith, I., Landis, E., and Gong, M. (2003) *Fracture and Fatigue in Wood.* John Wiley & Sons, pp. 39–41. (1.1)

Tsai, S. W., and Wu, E. M. (1971) A general theory of strength for anisotropic materials. *J. Compos. Mater.* **5**(1): 58–80. (1.4, 1.5)

Weibull, W. (1939) A Statistical theory of the strength of materials, *Proc. Royal Swedish Research Inst. Research* No.151. (1.3)

Wu, E. M., and Scheublein, J. K. (1974) Laminate Strength — A Direct Characterization Procedure, Composite Materials: Testing and Design (Third Conference), ASTM STP, 546, pp.188–206. (1.5)

Yamada, Y., and Yoshimura, N. (1968) Plastic stress-strain matrix and its application for the solution of elastic-plastic problems by the finite element method. *Int. J. Mech. Sci.* **10**(5): 343–354. (1.4)

Yamasaki, M., and Sasaki, Y. (2003) Elastic properties of wood with a rectangular cross section under combined static axial force and torque. *J. Mater. Sci.* **38**(3), 603–612. (1.5)

Yamasaki, M., and Sasaki, Y. (2004) Yield behavior of wood under combined static axial force and torque. *Experimental Mechanics* **44**(3): 221–227. (1.5)

Yamasaki, M., and Sasaki, Y. (2008) Effect of axial load on torsion fatigue behavior of wood. *Wood Fiber Sci.* **40**(1): 122–131. (1.5)

Zandbergs, J. G., and Smith, F. W. (1988) Finite element fracture prediction for wood with knots and cross grain, *Wood Fiber Sci.* **20**(1): 97–106. (1.6)

アムバルツミャン, S. A.(原著), 大橋義夫(監修), 神谷紀生(訳)(1975)異方弾性板の理論. 森北出版株式会社.(1.7)
飯島泰男(1983)シベリア産カラマツ材の強度性能に関する研究. 富山県木材試験場研究報告 No. 1.(1.6)
板垣直行, 三橋博三, 二宮佐知子, 吉田暢子, 江刺拓司(1999)スギラミナの引張強度特性に及ぼす節の影響. 木材学会誌 **45**(5)：367–374.(1.6)
井道裕史, 長尾博文, 加藤英雄(2004)実大いす型せん断治具を用いたスギ製材品のせん断強度の評価. 木材学会誌 **50**(4)：220–227.(1.3)
岩渕晶子, 増田 稔(2000)有限小領域理論破壊クライテリアの検討―画像相関法及び非線形有限要素法によるモードI破壊の解析―. 第50回日本木材学会大会研究発表要旨集, p. 121.(1.3)
岩渕晶子(2000)有限小領域破壊クライテリオンの検討―画像相関法及び有限要素法によるモードI破壊の解析―. 京都大学大学院農学研究科林産工学専攻修士論文, p. 26.(1.3)
大河平行雄, 増田 稔, 鈴木直之(1988)米ツガ材引張強さの寸法効果. 三重大学生物資源学部紀要(1)：1–6.(1.3)
大河平行雄, 増田 稔, 鈴木直之(1989)木材圧縮強さの寸法効果. 三重大学生物資源学部紀要(2)：13–21.(1.3)
大塚 怜, 高島英幸(2010)円覚寺舎利殿を対象とした歴史的木構造物の立体フレーム構造解析(その6：直交異方性を考慮した三手先組物の静的立体有限要素解析). 日本建築学会大会学術講演梗概集, pp. 613–614.(1.7)
折口和宏, 吉原 浩, 太田正光(1997)圧縮-せん断複合応力下における木材の降伏挙動. 材料 **46**(4)：385–389.(1.5)
北原覚一(1947)単板に関する研究 第2報：単板引張強度に及ぼす節の影響について. 木材工業 **2**(11)：36–42.(1.6)
佐々木 光, 満久崇麿(1962) On the strain distribution and failure of wood plates with a round knot under tensile load, *Wood Research* **28**: 1–23.(1.6)
佐々木 潔, 吉原 浩, 太田正光, 岡野 健(1995)複合応力下における木材の弾塑性的挙動. 第45回日本木材学会 40周年記念大会要旨集、p.120.(1.5)
渋谷朋典, 瀧野敦夫, 宮本裕司(2012)三次元有限要素解析における直交異方性を考慮した木材材料モデルに関する研究. 日本建築学会大会学術講演梗概集, pp.679–680.(1.7)
鈴木直之, 大河平 行雄(1985)木材のねじりせん断強さにおける寸法効果について, 三重大学農学部学術報告(70)：45–53.(1.3)
関谷文彦(1939)木材強弱論. 朝倉書店, pp. 197–202.(1.5)

文　献

谷川恭雄, 太田福男, 尾形素臣, 小野博宣, 金子林爾, 小池狹千朗, 山田和夫 (1991) 構造材料実験法 (第2版). 森北出版, pp. 15–21, 48–49. (1.5)

土木学会文献調査委員会 (1964) 組み合わせ応力を受けるコンクリートの強度. 土木学会誌 **49**(2)：64–69. (1.5)

中井毅尚 (1995) 木造軸組仕口接合部のねじり接合剛性. 名古屋大学大学院農学研究科学位論文. (1.5)

中村徳孫 (1972) 南九州産材からのひき板の強度等級に関する研究. 宮崎大学農学部演習林報告 (6)：1–82 (1.6)

二宮佐知子, 板垣直行, 三橋博三 (1997) 集成材ラミナの引張破壊における欠点の影響に関する研究 (2) —節における破壊のモデルと強度の評価式—. 日本建築学会大会学術講演梗概集 C-1 構造3, pp. 9–10. (1.6)

畑山義男 (1984) 有節材の強度推定に関する研究. 林業試験場研究報告 (326)：69–167. (1.6)

増田 稔 (1986) 木材の破壊条件に関する理論的考察, 京都大学農学部演習林報告 (58)：241–250. (1.3)

増田 稔, 本田龍介 (1994) 有節材の曲げに関する有限要素法による解析. 木材学会誌 **40**(2)： 127–133. (1.6)

森 徹 (1938) 木材の引張強度に及ぼす節の影響に關する研究. 建築學會論文集 (8)：1–10. (1.6)

山崎真理子, 佐々木康寿 (2000) 複合応力下における木材 (ヒノキ) の破壊挙動 (載荷方式および載荷経路の影響). 日本機械学会論文集 (A編) 66, 648, pp. 1612–1619. (1.5)

山崎真理子, 佐々木康寿 (2000) 複合応力下における木材 (ヒノキ) の弾性特性に及ぼす載荷方式の影響), 機械学会論文集 (A編)、652、pp. 2144–2150. (1.5)

山崎真理子 (2001) 複合応力下における木材の力学挙動に関する研究, 名古屋大学大学院生命農学研究科学位論文. (1.5)

吉原 浩, 太田正光 (1992) 有限要素法を用いた木材の破壊過程のシミュレーション, 材料 **41**：153–159. (1.7)

渡辺治人 (1978) 木材理学総論. 農林出版, 608pp. (1.6)

コラム1：木材を力学的に視る楽しさ

　材料力学という学問体系がある。この学問体系ほど、その昔から21世紀の現代に至るまで、時代時代に応じて極めて継続的に人類社会に貢献してきた学問はないだろう。あらゆる材料を取り扱う科学者とその卵達が学ぶ学問であるから、その歴史については数々の良書がある。是非、一度読んでみられることをお勧めする。さて、木材もはるか古くより人類が利用してきた材料であり、その力学研究の歴史は長い。この研究に携わる科学者たちはいったい何に魅了されて木材を力学的に視続けているのだろうか。現在、木材の力学研究に携わる研究者たちに尋ねてみた。

　まず、ほとんどの研究者の口に上ったのは「木材のばらつき」であった。一見、困難さを増すかのように思われる「ばらつき」に皆魅了されるようだ。そして、その個性と向き合うため数多くの実験を繰り返すうちに、古来より多くの地域で頻繁に使ってきた身近な材料であるにもかかわらず、21世紀の世になってもなお未解明な点が多いことに気が付く。「なぜ？」を研究者の心に沸々と生み出す材料であることが、木材が私たちをとらえて離さない所以である。

　次に、研究者たちの声をよく聴くと大きく2つの視点に分けられる。「木材科学としての面白さ」と「建築工学としての面白さ」である。「木材科学」としては、組織構造（異方性、層構造）への興味が大きい。4億年の進化の歴史を持つ植物世界の不思議さに出会う瞬間なのかもしれない。しかし、これらのミクロ・マクロな組織構造は力学モデルを極めて複雑なものとし、また実験の遂行を難しいものとしている。一方、「建築工学」としては、たとえば伝統構法の仕口など先人の知恵への感嘆がある。特にアジアでは、その風土も手伝って軸組の木構造が発達しており、これを紐解いていくとめりこみや半剛節といった木材独特の挙動をうまく活用していることがわかる。しかし、この経験知を現代科学で解明しようとするとき、金属やコンクリートとは比べ物にならない高い壁が立ちはだかる。これらの困難な高い壁を乗り越えようとするとき、冒険家に似たチャレンジの感覚が研究者に生まれ、私た

ちを夢中にさせる。

　最後に、この学問の優れた社会性も忘れてはならないだろう。樹木は森林で太陽エネルギーをはじめとする自然の力を借りて育つ生物である。利用現場である建築物で人々は多くの出会いと別れを経験し、傍らの木材にその想い出を映し留める。木材とは、森林から建築物まで様々な物語を詰め込んだ材料なのである。そして、自然との共生社会を構築しようとしたときに、恐らく人類が唯一手にすることができる持続性の高い建築材料である。とはいえ、人類の使い方次第で豊かな環境を形成もし、反対に環境を破壊もする。すなわち、人間の英知がこれほど試される材料はないのである。木材科学と建築工学の両者はそれぞれ独自の視点を持ちつつ繋がり、その研究は樹木という生物の個性を人が活かし、自然環境と人間社会を豊かに育てる営みに繋がっていくのである。

　さて、彼方の数多くの著名な研究者たちにも、彼らのこだわりを聞いてみたいものである。そこにはきっと、その時代時代の風景と未来永劫変わることのない普遍性の両方が映し出されるに違いない。"We may use wood with intelligence only if we understand wood." とは 19 世紀から 20 世紀にかけて活躍した世界的建築家のフランク・ロイド・ライト (F. L. Wright) の言 (A. J. Panshin and C.de Zeeuw 著 *Textbook of Wood Technology*) である。そして、諸君がこの書を手にした動機について、いつか機会があれば是非討論してみたい。

― 山﨑真理子 ―

第2章　時間軸を考慮した力学的性質の変化

　木材は、セルロース、ヘミセルロース、リグニンといった高分子からなる材料である。セルロース、ヘミセルロースはそれを構成する分子が鎖状に長いために、低分子物質には見られない多くの興味ある力学的性質を示す。その一つが粘性と弾性を合わせ持つ、粘弾性である。粘弾性は、時間が関与した物性である。また、木質構造物には、長期にわたり外力や荷重といった力学的な作用が加わることはもちろん、腐朽菌やシロアリなどの生物的な作用も加わり、その結果疲労や劣化を引き起こす。これらの時間軸を考慮した力学的性質については、これまで実験的・理論的に多くの研究が行われており、本章ではこれらについて紹介する。

2.1　レオロジー的性質

2.1.1　粘弾性（レオロジー）の基礎

　応力が長時間存在するときは、時間の要素を入れた変形またはひずみを考えなければならない。時間とともに変形が増大するのは液体の性質であり、液体の粘性によって左右される。また、材料の変形を考える場合には、荷重をかけた直後の変形も加えなければならない。すなわち、弾性と粘性流動の両者の性質を同時に当てはめて考えなければならない。これを粘弾性（レオロジー）という。材料に応力 σ が加えられた瞬間には ε なる弾性ひずみが生じ、弾性率を E とすれば $\varepsilon = \sigma/E$ または $d\varepsilon = d\sigma/E$ なる関係がフックの法則から求められる。この両辺を dt で割れば、

$$\frac{d\varepsilon}{dt} = \frac{1}{E} \cdot \frac{d\sigma}{dt} \qquad (2.1.1)$$

が得られる。ここに、$d\varepsilon/dt$ はひずみ速度であり、$d\sigma/dt$ は応力の変化速度であ

る。弾性変形はスプリングを用いてモデル化できる。その後時間の経過につれて、ひずみは流動のために増加し、その関係は粘性率をηとすれば、$\varepsilon = \sigma t/\eta$ または$d\varepsilon = \sigma dt/\eta$が成り立つから、

$$\frac{d\varepsilon}{dt} = \frac{1}{\eta} \cdot \sigma \tag{2.1.2}$$

が得られる。粘性流動はダッシュポットを用いてモデル化できる。(2.1.1)および(2.1.2)式を組み合わせれば、次式が得られる。

$$\frac{d\varepsilon}{dt} = \frac{1}{E} \cdot \frac{d\sigma}{dt} + \frac{1}{\eta} \cdot \sigma$$

これがレオロジーの基本式である。詳しくは、文献(例えば、村上 1995)を参照されたい。

2.1.2　レオロジーのモデル化

スプリングとダッシュポットを組み合わせたモデルは、弾性変形と粘性流動を備えた変形を示すが、この変形を粘弾性変形という。**図 2-1-1** に、スプリングとダッシュポットを直列に結合したマックスウェルモデル(A)、並列に結合したフォークトモデル(B)(ケルビンモデルとも呼ばれる)を示した。(A)の場合、各要素の応力に働く応力はモデル全体に作用する応力σに等しく、各要素に生じるひずみの和が全体ひずみεに等しいという関係から、次式が導き出される。

$$\sigma = Ee^{-t/\tau}\varepsilon、\tau = \eta/E \rightarrow E(t) = Ee^{-t/\tau} \text{ とすれば } \sigma(t) = E(t)\varepsilon \tag{2.1.3}$$

これより、モデルに一定ひずみεを与えてその状態を保つと、σはtの関数となり時間とともに減少する。この現象を応力緩和といい、$E(t)$を緩和弾性率と呼ぶ。一方、(B)の場合、各要素に働く応力の和はモデル全体に作用する応力に

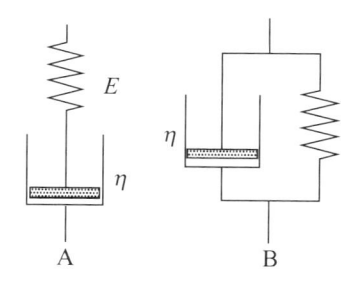

図 2-1-1　マックスウェルモデル(A)とフォークトモデル(B)
Fig. 2-1-1 Maxwell Moel(A) and Viogt model(B).

等しく、各要素のひずみは全体ひずみに等しいという関係から、次式が導き出される。

$$\varepsilon = 1/E \cdot \left(1 - e^{-t/\lambda}\right)\sigma, \quad \lambda = \eta/E \quad \rightarrow \quad J(t) = 1/E \cdot \left(1 - e^{-t/\lambda}\right)$$

とすれば

$$\varepsilon(t) = J(t)\sigma \tag{2.1.4}$$

これより、モデルに一定の応力σを与えてその状態を保つと、εはtの関数となり、tとともに増大する。この現象をクリープといい、$J(t)$をクリープコンプライアンスと呼ぶ。マックスウェルモデルおよびフォークトモデルに限らず、種々の弾性率および粘性率を持つスプリングとダッシュポットをいろいろの様式に組み合わせたモデルでも、(2.1.3)式および(2.1.4)式の形式で表わせる。

2.1.3 ボルツマンの重ね合わせの原理

ある物体に荷重をある時間かけておいてクリープを生じさせ、その荷重を取り除いてクリープを回復させる。これを繰り返すと、実際のひずみは各クリープ(ひずみの増加および減少)の総和となり、各クリープは前歴に影響されるこ

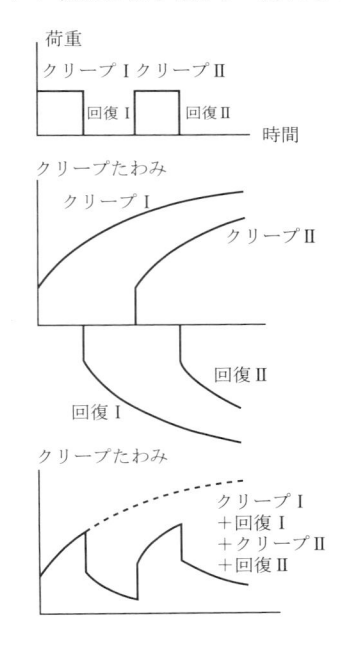

図 2-1-2 重ね合わせの原理
Fig. 2-1-2 Pinciple of superposition.

となく独立と考えてよい。すなわち、各クリープ現象を重ね合わせたものが最終のひずみとなる。これが重ね合わせの原理である。(2.1.4)式から、時間 $t=t_0=0$、t_1, t_2, ・・・、t_{n-1}, t_n に、それぞれ応力 $\Delta\sigma_0$, $\Delta\sigma_1$, $\Delta\sigma_2$, ・・・, $\Delta\sigma_{n-1}$, $\Delta\sigma_n$、を作用すると、ひずみは

$$\varepsilon(t) = \sum_{i=0}^{n} J(t)(t-t')\Delta\sigma_i$$

で表わすことができる。また、応力が連続して変化する時は、

$$\varepsilon(t) = \int_0^t J(t-t')\dot{\sigma}(t')dt'$$

となる。これらの式をボルツマン(Boltzmann)の重ね合わせの原理という。**図 2-1-2** に重ね合わせの原理のイメージを示した。

2.1.4 木材のクリープ

　高分子は分子鎖が長いため、液体の力学的特性で粘弾性を示すが、セルロースなどの高分子材料で形成されている木材も同様である。**図 2-1-3** に示すように、一定の応力が作用したときのクリープ変形挙動は一般的に3つの段階に分けられる。この中で、第二次クリープは一般の評価に用いられ、応力に依存せず、また節の存在にも影響されない(日本建築学会 1995)ため、材料特有の性質を示すことが分かっている。この領域におけるクリープ変形は次式で表わすことが多い。

$$\delta(t) = \delta_0 + At^n \quad \text{あるいは} \quad \delta(t)/\delta_0 = 1 + (A/\delta_0)t^n$$

（δ_0：瞬間変形、$\delta(t)/\delta_0$：相対クリープ）

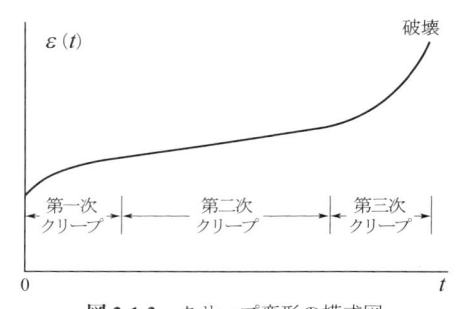

図 2-1-3 クリープ変形の模式図
Fig. 2-1-3 Schematic diagram of creep deformation.

一般に気乾状態の木材は、$A/\delta_0 = 0.2$、$n = 0.2$ 程度を想定しておけばよく、集成材や合板や素材を組み合わせた木質複合梁なども同程度（日本建築学会 1995）と考えられている。

2.1.5 ひずみ速度一定および応力速度一定で負荷されたときの応力-ひずみ曲線（桑村 2011）

図 2-1-4 に示す 3 要素線形粘弾性モデルに、一定ひずみ速度で負荷された場合の応力-ひずみ曲線を求める。応力-ひずみ状態は、次に示す 5 つの式により規定される。

① $\sigma_1 = E_1 \varepsilon_{e1}$、② $\sigma_1 = \eta_1 \dot{\varepsilon}_{\eta 1}$、③ $\sigma_2 = E_2 \varepsilon$、④ $\varepsilon = \varepsilon_{e1} + \varepsilon_{\eta 1}$、⑤ $\sigma = \sigma_1 + \sigma_2$

まず、④式を t で微分し、それに①式の微分と②式を代入し、$T_1 = \eta_1/E_1$ とおいて整理すると、次の σ_1 に関する方程式が得られる。

$$\dot{\sigma}_1 + \frac{1}{T_1}\sigma_1 - E_1\dot{\varepsilon} = 0$$

これは、非同次型の 1 次線形微分方程式であるから、一般解はよく知られており、初期条件（$t=0$ で $\sigma_1=0$）から積分定数を決めればよく、

$$\dot{\sigma}_1 = E_1 e^{-t/T_1} \int_0^t \dot{\varepsilon} e^{\xi/T_1} d\xi$$

を得る。次に、③式の微分に⑤式の微分を代入して整理すると、

$$\dot{\varepsilon} = \frac{\dot{\sigma} - \dot{\sigma}_1}{E_2}$$

となるので、これに上の $\dot{\sigma}_1$ を代入して整理すると、

$$(E_1 + E_2)\dot{\varepsilon} = \dot{\sigma} + \frac{E_1}{T_1} e^{-t/T_1} \int_0^t \dot{\varepsilon} e^{\xi/T_1} d\xi \tag{2.1.5}$$

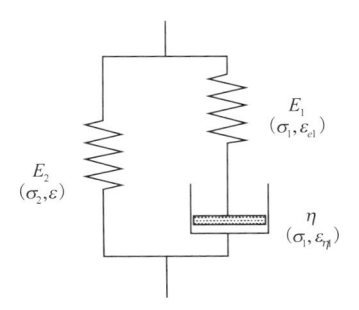

図 2-1-4 等価 1 緩和系
Fig. 2-1-4 Equivalent single relaxation system.

となる。

ひずみ速度一定の場合、$\varepsilon = Rt$ と表わされる。したがって、$\dot{\varepsilon} = R$ である。(2.1.5)式の右辺の積分項を積分し、$t = \varepsilon/R$ および $\dot{\varepsilon} = R$ を代入し、初期条件より積分定数を求めると、次式のように求めることができる。

$$\sigma(\varepsilon) = E_2\varepsilon + \dot{\varepsilon}\eta\left[1 - \exp\left(-\frac{E_1}{\eta_1\dot{\varepsilon}}\varepsilon\right)\right]$$

次に、応力速度一定の場合、$\sigma = \dot{\sigma}_0 t$ とし、初期条件 $t = 0$ で $\varepsilon = 0$ および $\dot{\sigma} = (E_1 + E_2)\dot{\varepsilon}$ を用いると、次式を得る。

$$\varepsilon(\sigma) = \frac{\sigma}{E_2} - \frac{\eta_1}{E_2}\dot{\sigma}\left[1 - \exp\left(-\frac{E_1 E_2}{E_1 + E_2}\frac{\sigma}{\dot{\sigma}\eta_1}\right)\right]$$

木材は、**図 2-1-4** を直列に無数に連結したモデルと考えられる。この無限直列モデルに、一定応力速度で負荷を与えた場合を考える。この系は無数の要素をもった線形粘弾性系で、すべての i について $E_{1i} = 0$ のとき、一般化フォークトモデルと呼ばれるものとなる。系を構成する i 番目の要素に働く応力は系全体に働く応力と同じであり、系全体のひずみは各要素のひずみの総和であることから、次式が得られる。

$$\dot{\varepsilon} = \sum \dot{\varepsilon}_i = \dot{\sigma}\sum\frac{1}{E_{2i}}\left[1 - \alpha_i e^{-(1-\alpha_i)t/T_{1i}}\right]$$

ここで、$\alpha_i = E_{1i}/(E_{1i} + E_{2i})$、$T_{1i} = \eta_{1i}/E_{1i}$ である。よって、接線係数 $E_t = d\sigma/d\varepsilon$ は次式で表わされる。

$$E_t^{-1} = \sum\frac{1}{E_{2i}}\left[1 - \alpha_i e^{-(1-\alpha_i)t/T_{1i}}\right]$$

これは、E_t-t 曲線が応力速度 $\dot{\sigma}_0$ に依存せず、同一材料であるなら一本の曲線になることを表わしている。また、$t = \sigma/\dot{\sigma}_0$ であるから、上式は次のようにも書ける。

$$E_t^{-1} = \sum\frac{1}{E_{2i}}\left[1 - \alpha_i e^{-(1-\alpha_i)\sigma/(\dot{\sigma}_0 T_{1i})}\right]$$

これは、E_t-t 曲線が応力速度 $\dot{\sigma}_0$ に依存し、しかもそれを 1 緩和系では表現できないことを表わしている。つまり、等価 1 緩和系の粘弾性特性値 E_1、E_2、η_1 のいずれかが $\dot{\sigma}_0$ 依存となることは当然であり、そのことによって系が非線形粘弾

性であるとは言えないということになる。このことは次項にまとめてある。

2.1.6　木材の応力緩和は線形粘弾性か非線形粘弾性か？

2.1.3 で、ボルツマンの重ね合わせの原理を紹介したが、木材の応力緩和が非線形粘弾性であるとすると、この原理は成り立たなくなってしまう。文献（桑村 2011, 2012a, b, c）では、このことを詳しく論じている。ここでは、結論の概略を記述する。詳しくは同文献を参照されたい。

1）木材の力学緩和（応力緩和とクリープ）の線形性に関する既往の実験には技術上の問題が 3 つ存在している。印加時間（応力を加える時間）の不揃い、クリープひずみの混入、および個体差である。これらの不確定要因により、木材の粘弾性挙動が線形であるか、非線形であるかの判別が不明瞭となっていた。

2）以上の 3 つの要因を出来る限り排除する応力緩和試験の方法（局部支圧変位を印加する方法）を考案し、粘弾性挙動の線形・非線形判定を試みたところ、木材（繊維方向支圧）では、印加時間がいかに小さくとも（降伏荷重の 16%程度でも）、支圧応力緩和における粘弾性挙動は非線形であるという判定となった。

3）しかし、支圧降伏して塑性フロー（plastic flow）を起こした領域では、緩和曲線が一つの曲線にまとまる傾向が現われ、線形粘弾性に近づく。

4）L 方向支圧と T 方向支圧の緩和曲線に有意差は認められない。R 方向支圧（特に支圧面が早材となる場合）は、L、R 方向よりやや緩和しやすい。しかし、支圧降伏して塑性フローを起こす領域では、支圧応力緩和に異方性はほとんど現われなくなる。

5）木材は圧密されると、応力緩和の異方性および非線形性が消滅する傾向を示す。

6）スギと SPF（Spruce-Pine-Fir）を用いて、4 種類の繊維方向圧縮試験（静的試験、高速試験、塑性流動試験、クリープ試験）を行なった結果、2.1.4 で示した二次クリープ（安定クリープ）から三次クリープ（不安定クリープ）に移るときの全ひずみ、つまり「安定クリープ限界ひずみ」が存在することが分った。その限界ひずみは、材料試験から得られる木材の「弾性ひずみ能力」（縦圧縮では「繊維座屈ひずみ」）で与えられる。繊維座屈ひずみは、スギで 0.35〜0.37%、SPF で 0.25〜0.29%で、応力レベルが高くなると、安定クリープ限界ひずみには塑

性流動が付加され、早期に安定限界に達するにもかかわらず、安定クリープ限界ひずみは大きくなる傾向を示す。このようなクリープ挙動は、ビンガム塑性流動（Bingham plastic）要素を含んだ粘弾性モデルで説明できる。

2.2 木材の疲労強度

材料が荷重を繰り返し受けた場合に、その強度が低下する現象を疲労と呼び、鉄道や自動車・航空機の構造部材に不可欠な金属材料では一般的な現象である。

木材においても、建築物に用いられる構造材では、長期の使用期間に渡って繰り返し荷重を受ける。例えば、床に張られた板や床を支える横架材は、その上に載る人・物の数の増減や移動などによって荷重を何度も受ける。

疲労現象では、前節のクリープ現象と同様に、静的強度より小さい荷重でも繰り返し受けることで破壊に至る。木材は粘弾性を示すため、荷重の大きさだけでなく、荷重の変化の様子も疲労挙動に多大な影響を及ぼす。

2.2.1 疲労挙動と実験に基づくモデル化

針金やプラスチックの板を手で繰り返し曲げて疲労破壊した後、破断部に触れると温かく感じる。これは、繰り返し荷重とそれによる変形によって材料に加えられる力学的エネルギーが、材料内での発熱となって現れるためである。この発熱は、材料内部の摩擦によるものと、き裂の発生で材料外に開放される熱によるものと考えられている。

スギ（*Cryptomeria japonica* D. DON）の中央集中荷重による両振り繰り返し曲げ試験について、繰り返し応力によるたわみ振幅の変化や発熱による温度上昇と微小き裂の進展の観察が行われた（今山ら 1970）。

まず、繰り返し負荷によるたわみ振幅の増加の様子から、疲労挙動は4段階に分けられる（**図 2-2-1**）。

① 初期にやや変化
② その後、大部分の期間をごくわずかの一定変化率で推移
③ 変化の割合が漸増
④ 急激に変化して破断

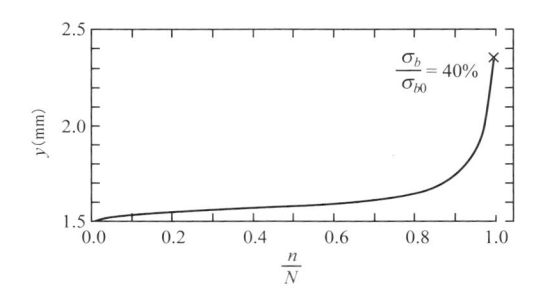

図 2-2-1 たわみ振幅の変化（今山ら 1970）
Fig. 2-2-1 Relation between deflection amplitude and cycle ratio.
y：たわみ振幅、n/N：サイクル比（n:負荷回数、N：疲労寿命）、σ_b/σ_{b0}:応力比（σ_b:繰り返し曲げ応力、σ_{b0}:静的曲げ強度）

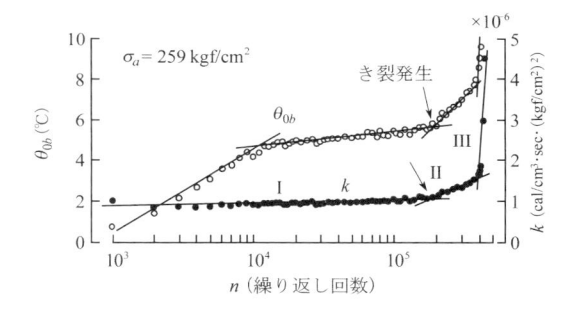

図 2-2-2 表面温度と発熱係数の変化（今山ら 1988）
Fig. 2-2-2 Behavior of the heat-generation coefficient (k) during the fatigue test.
θ_{0b}：表面温度（○）、k：発熱係数（●）、n:負荷回数

　発熱による温度上昇も同様に 4 段階で説明でき、2 段階から 3 段階へ移行する際に実体顕微鏡で観察可能な微小き裂が発生する（**図 2-2-2**）。
　さらに、材料の内部発熱を考慮した熱伝導方程式から、発熱係数を評価している。まず、内部発熱を伴う物体の任意の点（x, y, z）、任意の時間（t）での 3 次元、非定常温度分布（θ）は一般に次式で表される。

$$\frac{\partial \theta}{\partial t} = \frac{1}{c_p \rho}(\lambda_x \frac{\partial^2 \theta}{\partial x^2} + \lambda_y \frac{\partial^2 \theta}{\partial y^2} + \lambda_z \frac{\partial^2 \theta}{\partial z^2}) + \frac{1}{c_p \rho}u(x, y, z) \tag{2.2.1}$$

ここで、c_p は比熱、ρ は密度、λ_x、λ_y、λ_z はそれぞれの方向の熱伝導率、$u(x, y,$

z)はある位置での単位時間、単位体積当たりの発熱量である。材料が線形粘弾性であると仮定すると、発熱量 $u(x, y, z)$ は次式で表される。

$$u(x, y, z) = k\sigma(x, y, z)^2 \tag{2.2.2}$$

ここで、k は一般的には減衰係数であり、今山らは発熱係数と呼んでいる。$\sigma(x, y, z)$ はある位置での応力である。(2.2.1)式、(2.2.2)式に境界条件等を盛り込んで発熱係数を導出すると、温度の測定値と計算値の比として、次式で表される(今山ら 1988)。

$$k = \dfrac{\lambda \dfrac{\theta_{ab}}{\overline{\theta}}}{8\sigma_0^2} \tag{2.2.3}$$

ここで、θ_{ab} は温度の測定値、$\overline{\theta}$ は温度の計算値、λ は熱伝導率、σ_0^2 は最大応力である。この式より発熱係数を算出すると、き裂が発生する3段階から疲労破壊に至るまで、その値が大きくなる。つまり、2段階までの発熱は主に材料の内部摩擦による可逆的な現象、3段階以降の発熱は、内部摩擦に加えて微小き裂の発生・進展による材料外へのエネルギー開放としての発熱が含まれている。

これまでの話は、疲労試験中の木材の表面温度の変化から間接的に疲労破壊に伴うエネルギー損失を評価したものである。一方、エネルギー損失を直接的に評価し、疲労挙動のモデル化を試みた例がある。これは、外部から与えられた力学的エネルギーが熱に変換されて散逸する指標として、繰り返し荷重に対して得られる応力–ひずみ曲線(ヒステリシスループ)で囲まれる面積をエネルギーロスとして評価したものである(**図 2-2-3**)。

気乾のスプルース(*Picea* sp.)の長軸方向の片振り引張疲労及び片振り圧縮疲労(Okuyama *et al*.1984)では、静的強度に対する繰り返し最大負荷の比である応

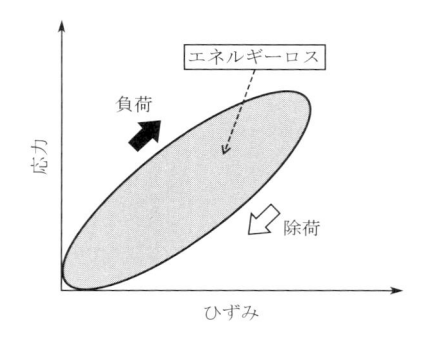

図 2-2-3 エネルギーロスの定義
Fig. 2-2-3 Definition of energy loss.

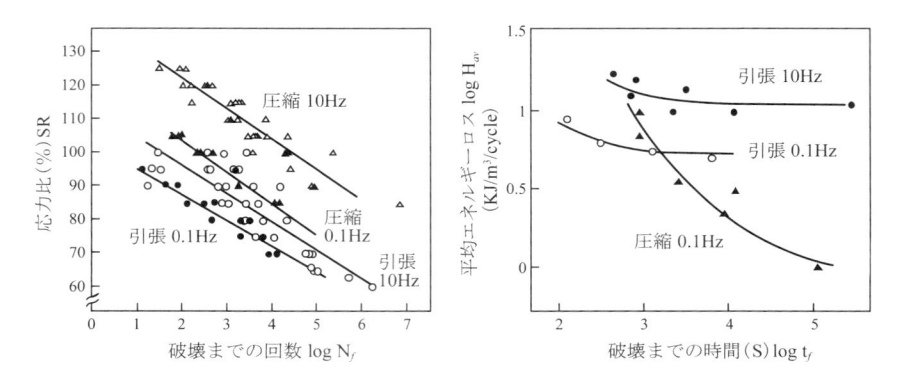

図 2-2-4 疲労寿命と平均エネルギーロス（Okuyama *et al.*1984）
Fig. 2-2-4 Relationships between stress ratio and number of cycles to fracture, between average energy loss and lifetime（time to fracture）.

力レベルが同じ場合、圧縮の方が疲労寿命が長い（**図 2-2-4**、ただし、木材の圧縮強度は一般的に引張強度の約 1/10 であることに留意すること）。また、0.1Hzと 10Hz の負荷周波数では、後者の疲労寿命の方が長い。このような傾向は、木材の力学特性における直交異方性と粘弾性に起因するものである。

これらに対して、繰り返し負荷 1 回あたりの平均エネルギーロス（単位：kJ/m^3/cycle）を評価すると（**図 2-2-4**）、疲労破壊までの時間が長いほど、平均エネルギーロスが小さくなり、一定になる。この一定値よりもエネルギーロスが小さい負荷状態では、疲労寿命は無限と考えることができるため、この一定値までが材料の内部摩擦によるエネルギー損失、それを超える分が材料の破壊に起因するエネルギー損失といえる。それらを次式で表し、実験結果に当てはめることでモデル式を得ている（Kohara *et al.* 1994）。

$$H_a(\sigma) = K_a \sigma^2, \quad H_b(\sigma) = K_b(\sigma - \sigma_0)^n,$$
$$H_c(\sigma) = H_a(\sigma) + H_b(\sigma) \tag{2.2.4}$$

ここで、H_a は線形粘弾性に起因するエネルギーロス、H_b は疲労破壊に起因するエネルギーロス、σ は応力、σ_0 は線形粘弾性の限度応力、K_a、K_b、n は定数である。

さらに、破壊に起因するエネルギー損失 H_b と疲労寿命 N_f との関係を経験則として次式で表し、実験結果を説明できるとしている。

$$H_b N_f^a = C \tag{2.2.5}$$

このように、ヒステリシスループの面積から算出されるエネルギーロスに着目して疲労挙動をモデル化する研究が行われ、疲労挙動を定性的に表す共通の傾向が得られつつある(例えば、Hacker et al. 2001; Sasaki et al. 2005; Sugimoto et al. 2006)。

また、負荷時の応力-ひずみ曲線の下の面積から得られる、材料に与えたひずみエネルギーに着目して疲労挙動を検討した例もある(Sugimoto et al. 2007)。耐力壁として用いた構造用合板の変形を摸した面内せん断疲労においては、応力レベルと疲労寿命の関係は、負荷波形や周波数により異なる一方、負荷1回あたりの平均ひずみエネルギーと疲労寿命との関係は、負荷波形や周波数に依らず一つのラインで表されることが実験的に示された(**図 2-2-5**)。また、疲労寿命が長くなると負荷1回当たりのひずみエネルギーが一定値に近づくことから、負荷波形や周波数に依らない疲労限度として、材料に与えるひずみエネルギーが指標となり得る。

一方、材料を破壊させるまでに与えた総ひずみエネルギーに関して、スプルース(*Picea abies*)の長軸方向の片振り圧縮疲労において、負荷波形を矩形波とし、負荷周波数を 0.01, 0.1, 1, 10Hz の4段階で設定し、疲労試験を行った研究がある(Clorius et al. 2000)。負荷1回毎のエネルギーロスを積算した値では、周

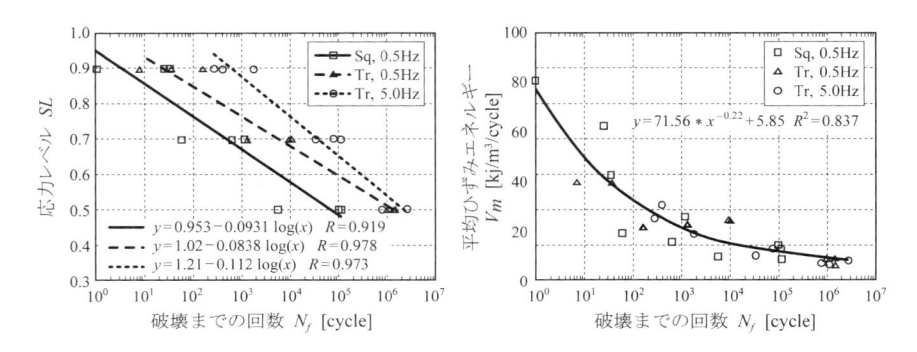

図 2-2-5 応力レベル、平均ひずみエネルギーと疲労寿命(Sugimoto et al. 2007)
Fig. 2-2-5 Relationships between stress level, mean strain energy per cycle and number of loading cycles to failure.

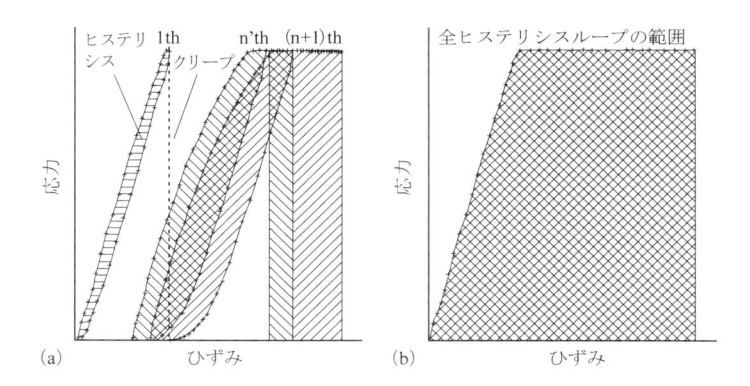

図 2-2-6 総エネルギーロス(a)と修正エネルギー(b)の定義(Clorius *et al*. 2000)
Fig. 2-2-6 Calculation of work density (a) Total work as sum of work in all cycles, (b) Modified work corresponding to envelope of all cycles.

表 2-2-1 疲労寿命の 0.9 まで計算した総エネルギーロスと修正エネルギー
(Clorius *et al*. 2000 より加筆修正)
Table 2-2-1 Mean values of total and modified work density.

負荷周波数 [Hz]	総エネルギーロス[kPa]		修正エネルギー[kPa]	
	65%RH	85%RH	65%RH	85%RH
0.01	680	740	92.7	100.7
0.1	3250	1310	81.3	63.2
1	35800	3260	64.7	75.3
10	73200	49900	73.0	60.7

RH: 試験体を調整した湿度

波数により値の桁が大きく異なったのに対して、1 回目の負荷から疲労破壊までのヒステリシスループの包絡線(**図 2-2-6**)で囲まれる面積を修正エネルギーとして評価すると、負荷周波数に依らず、ほぼ一定値が得られた(**表 2-2-1**)。そのため、修正エネルギーを負荷周波数に依らない疲労限度として用いることができると提案されている。

このように、木材の疲労挙動を力学的エネルギーの観点から実験的に評価し、モデル化する取り組みがこれまでに複数の研究グループで行われている。なお、本節では紹介していないが、木材・木質材料の疲労挙動に関して、弾性率、ひずみなどの物性や微細構造の経時的変化を詳細に調べ、疲労挙動のメカニズムに迫る多くの実験的研究(太田ら 1967; 林ら 1977; 今山 1980; 北原ら 1981; 鈴

木ら 1984; 田中ら 1984; 杉山ら 1984; 関野ら 1985; 今山 1991; Sasaki *et al.* 2002; Gong *et al.* 2003 など)があることを記しておく。

2.3 古材の強度

　一般に、相当の年数にわたって経年使用された木材あるいは伐採後相当の年月が経過した木材を古材と呼ぶ。古材についての厳密な定義はまだ存在しないが、概ね百年程度以上を経た木材を指すことが多い。古材では、老化現象によりその化学成分が変化し、生物劣化を受けずとも力学性能が変化することが知られている(小原 1952, 1953, 1954, 1955)。古材の力学性能に関する研究は、無欠点小試験片を対象とする研究と実大材を対象とする研究の 2 つに大別される。無欠点小試験片を対象とする研究では経年による力学性能の変化をとらえることを目的としており、一方の実大材を扱った研究では、実大解体材の強度特性を現行基準に照らすかあるいは何等かの力学モデルに当てはめて、その再利用可能性が検証される。本章ではこれらの実験的知見を集約し、古材の強度性能について概説する。

2.3.1　古材無欠点小試験片の力学性能
2.3.1.1　古材と新材の力学性能の比較方法

　古材の力学性能について経年の影響を考察することは、その材自身の経年使用前の力学性能が確認できないことから極めて困難であり、通常は新材との強度比較を行う。新材との強度比較について、小原をはじめとする多くの場合には同樹種の新材を対照として比強度(力学性能を比重で除した値)が用いられ、統計的検定として平均値の差の検定あるいは分散分析や多重比較法を行う。これに対して、平嶋は密度－強度関係が零以外の y 切片をもつ直線関係あるいはパワー曲線を示す(渡辺 1978)ことから、比強度による比較では密度の差についての言及が厳密なものにならないことを指摘し、密度を比較材どうし(新材と古材)で同じものとする手法を考案している。この手法では、新材(あるいは古材)と同等の密度分布を持つ古材(あるいは新材)の強度性能をモンテカルロシミュレーション法により推定する。統計的検定には、上記の方法に加えて、母集団

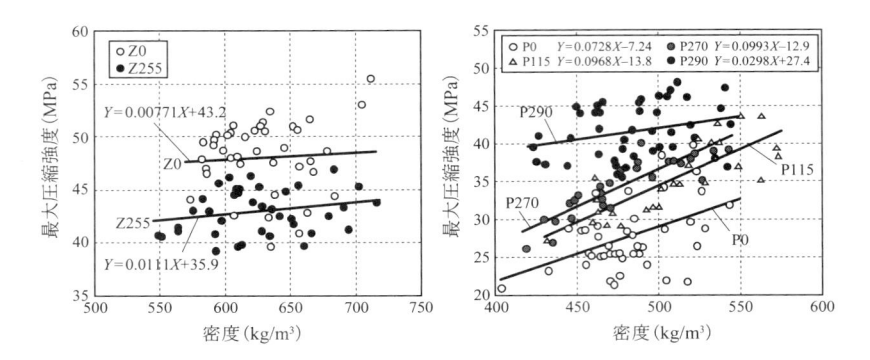

図 2-3-1 圧縮強度における新材と古材の比較（平嶋ら 2004）
Fig. 2-3-1 Comparison of new wood with aged wood in ultimate compressive strength.

の差異を検定する手法として、累積頻度曲線（確率分布）の形を検討するコルモゴロフ–スミルノフ（Kolmogorov-Smirnov）検定（K-S 検定）やヒストグラム（確率密度）の形を検討する χ^2 検定を行う。

2.3.1.2　経年による力学性能の変化

圧縮強度および静的曲げ強度については比較的多くの研究蓄積があり（小原 1952, 1953; 疋田 2000; 平嶋ら 2004; 山崎ら 2005; 大岡ら 2009 など）、実験樹種も多い。古材の圧縮強度はアカマツ、ツガ、ベイツガ、ヒノキ、モミ、スギなどでは新材よりも大きい値を示すが、ケヤキでは古材の方が新材よりも小さい値を示す。例えば平嶋らによる研究では、ケヤキでは古材の圧縮強度が新材に比べて小さいが（低下率 10.8%）、アカマツでは古材の圧縮強度は新材よりも大きく、その増加率は 115 年経過材で 18.7%、270 年経過材で 25.4%、290 年経過材で 48.9%であった（図 **2-3-1**）。

圧縮強度と類似して、静的曲げ強度、曲げヤング係数、硬度でも、針葉樹材では概して古材は新材と同等以上、ケヤキでは古材が新材より小さい値を示す（小原 1952, 1953; 平嶋ら 2005; 山崎ら 2005; 佐々木ら 2006; 堀江 2002; 伊東ら 2006 など）。

これに対して、引張強度、衝撃曲げ強度、割裂強度については、いずれの樹

2.3 古材の強度

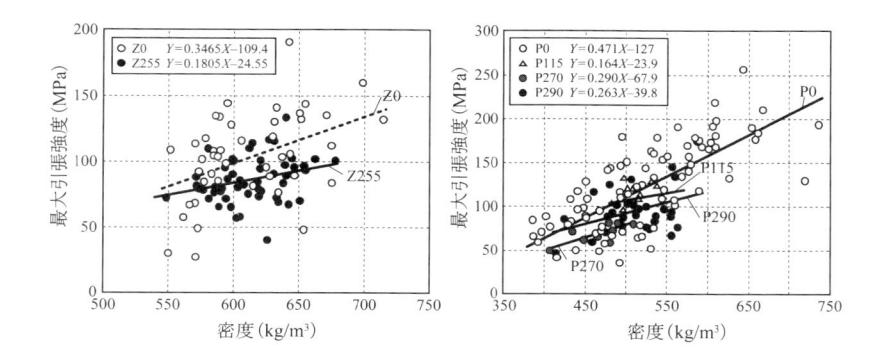

図 2-3-2 引張強度における新材と古材の比較（平嶋ら 2004）
Fig. 2-3-2 Comparison of new wood with aged wood in ultimate tensile strength.

種においても古材は新材と同等以下の値を示す（小原 1952，1953；平嶋ら 2004；山崎ら 2005；佐々木ら 2006 など）（**図 2-3-2**）。

一方、せん断強度については、古材と新材の強度的大小関係に一定の傾向が見られない。小原（1952，1953）の研究ではヒノキおよびケヤキともに古材が新材より小さい値を示したが、平嶋ら（2004）による研究ではケヤキは古材が新材より小さい値を示すものの、アカマツでは古材が新材と同等以上の値を示した。

概して、針葉樹古材は圧縮強度、曲げ強度、曲げヤング係数および硬度において新材より大きい値を示し、衝撃曲げ、割裂強度では小さい値を示す。これより、針葉樹材は、経年によりその材質が硬くなる一方で靭性が減少し、脆くかつ割れやすくなると考えられている（小原 1954，1955）。一方、ケヤキ古材では、全ての強度性能において古材は新材より小さい値を示し、針葉樹とは異なる傾向を示した。この差異は、両者の化学的組成分の経年変化に差異があることに起因する。これについては、小原をはじめとする研究があるのでそちらを参考にされたい。ホロセルロースおよび α セルロースが減少するのはヒノキと同じであるが、リグニンが減少する点においてヒノキと異なる結果を示した。また、ケヤキの場合、各組成分の含有率が増減する速度においてヒノキよりも平均約 3 倍早いことが示されており、これによって年代の経過につれてケヤキの強度がヒノキよりも速やかに低下するものと考えられる。

ただし、以上の実験に供された古材サンプルは、新材の力学性能を理解するために供されてきたサンプル数と比べてまだごく僅かなものであり、その知見は限定的な範囲を脱しない。また、経年変化の速度には個体差が大きいことも留意すべきである。

2.3.2 古材実大材の曲げ強度

実大材を対象とする研究では、曲げ試験あるいは縦圧縮試験が行われている（疋田 2000; 山崎 2005; 佐々木 2012 など）。疋田（2000）によれば、材質的に新材と同等と考えられるヒノキ古材（45年経過材，100年経過材）を対象に実大縦圧縮試験を行った結果、その強度は建築基準法施行令に規定された材料強度を大幅に上回った。また、山崎・佐々木ら（2005）によるアカマツ、スギ、ケヤキなどの解体古材を対象とした実大曲げ試験においても、欠損や切欠きを有した試験体であっても、その曲げヤング係数－曲げ強度関係は新材の基準強度以上の値を示すことが報告されている。

一般に、実大古材は解体材を意味することが多い。解体材では欠損、割れ、腐朽などの状態が個々で異なるために、実験的知見を一般化して他の解体材に適用することがやや難しい。これについて、佐々木ら（2012）は切欠きを有する実大材の曲げ性能について、ヤング係数を応力波法による材質的なものと曲げ試験による切欠きを含む材自身のものとの両面から評価し、これに欠損の低減係数を組み合わせる評価手法を考案した。実験値の蓄積により実大解体材の基準強度が評価されれば、実大古材の強度性能の評価が一般化される。

2.3.3 古材のめり込み・横圧縮特性

神社・仏閣、町家、古民家などの伝統木造建築物においては、接合部（仕口）のめり込み抵抗が重要な耐震要素となる。本項では、古材仕口のめり込み抵抗の特性を考える上で、全面横圧縮と部分横圧縮（めり込みと同義）の関係が重要な意義をもつので、その評価のためのめり込み試験方法と古材の試験結果を紹介する。

めり込み試験は、JIS Z 2101 の部分圧縮試験をベースとして、**図 2-3-3** に示す「挟み込み式載荷」とする（棚橋ら 2011）。めり込み試験体は1個の部分横圧縮

2.3 古材の強度

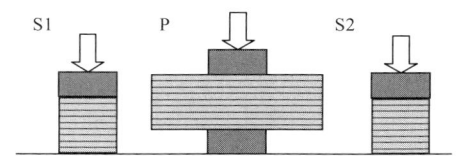

P:断面30mm×30mm、長さ90mm
S1,S2:断面30mm×30mm、高さ30mm

図 2-3-3　めり込み試験方法
Fig. 2-3-3　Embedment test method.

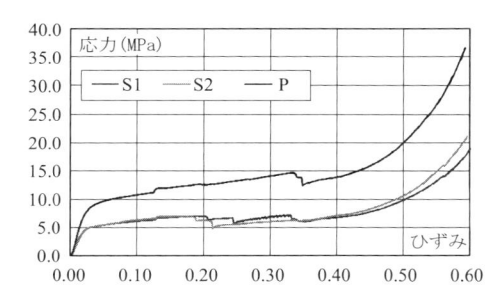

図 2-3-4　めり込み試験結果
Fig. 2-3-4　Embedment test results.

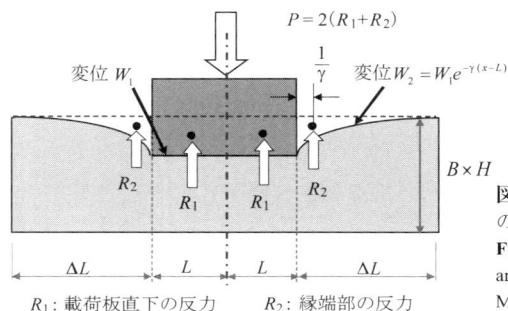

図 2-3-5　パステルナーク・モデルのめり込み変形と力のつり合い
Fig. 2-3-5　Embedded displacement and equilibrium of forces in Pasternak Model.

R_1:載荷板直下の反力　R_2:縁端部の反力

試験体（P）と繊維方向の両隣の2個の全面横圧縮試験体（S1、S2）を1セットとして、PとSの試験結果（応力度-ひずみ曲線）を比較しつつ、めり込み特性を評価する。横圧縮においては、木口の年輪方向が強度や剛性に大きく影響するため、試験では半径・接線・追柾方向の3方向に大きく分類している。

図 2-3-4 のめり込み試験結果が示すように、PはSより剛性・強度が増大するとともに、応力は降伏後も大きく低下することはなく、ひずみ0.5を越えた辺りから急増するひずみ硬化挙動が見られ、極めて粘り強い特性をもつ。この関係のメカニズムを明らかにするために、**図 2-3-5** のパステルナーク・モデル

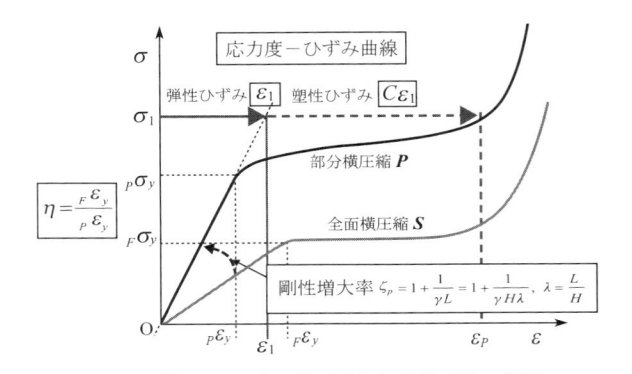

図 2-3-6　全面横圧縮と部分横圧縮の関係
Fig. 2-3-6　Relation between full and partial compression.

によるめり込みの荷重と変形の関係を用いて、**図 2-3-6** のように部分圧縮 P と全面圧縮 S の弾塑性特性の関係を整理する。

　すなわち、P は S より剛性・強度が増大し、その弾性剛性の増大効果を特性値 γ（無次元特性値は γH）で決まる剛性増大率 ζ_p で評価する。P の降伏ひずみ $_p\varepsilon_y$ は一般に S の降伏ひずみ $_F\varepsilon_y$ より小さくなる関係を、接触面付近のひずみ集中に関連させて降伏ひずみの比率 η で決める。降伏後の塑性剛性は S より大きく、塑性ひずみを弾性ひずみに対する塑性ひずみ倍率 C で評価する。このようなメカニズムに基づく定式化は EPM（Elasto-Plastic Pasternak Model: 弾塑性パステルナーク・モデル）と称するが、ここではめり込みメカニズムの概念的な説明にとどめ、詳細は貫の回転めり込みと合わせて 9.3 節「貫構造のめり込み」に示す。

　以上の基本的な考え方に基づいてめり込み試験を実施した古材は、ケヤキ・スギ・ヒノキ・アカマツ（経過年数 150〜400 年程度、試験体総数は新材を含めて 287 セット）である。試験結果の大きな傾向として、めり込みや横圧縮特性を新材と古材とで比較した場合、剛性や強度・大変形時の挙動などに関して古材の方が大きく劣ることはなかった。しかし、破壊形態においては、古材の方に若干の脆さが見られる場合があった。試験結果に基づいて上記の定式化により EPM シミュレーションを行った。その結果の一例を**図 2-3-7** に示す。全体として γH は**図 2-3-8** に示すように、年輪方向の違いに伴う横圧縮ヤング係数に依存

2.3 古材の強度

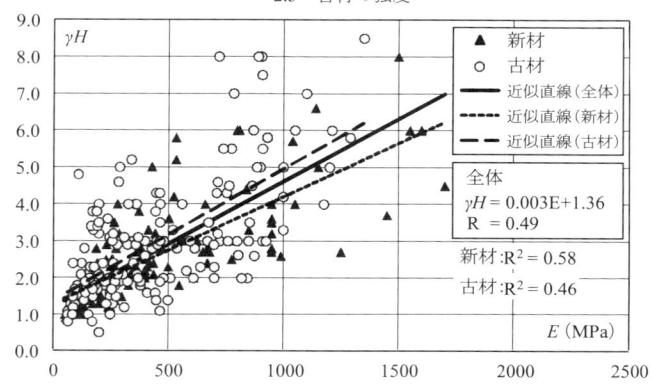

図 2-3-7 EPM シミュレーション（経過年数 155 年のアカマツ古材）
Fig. 2-3-7 EPM simulation (Japanese red pine, elapsed years: 155).

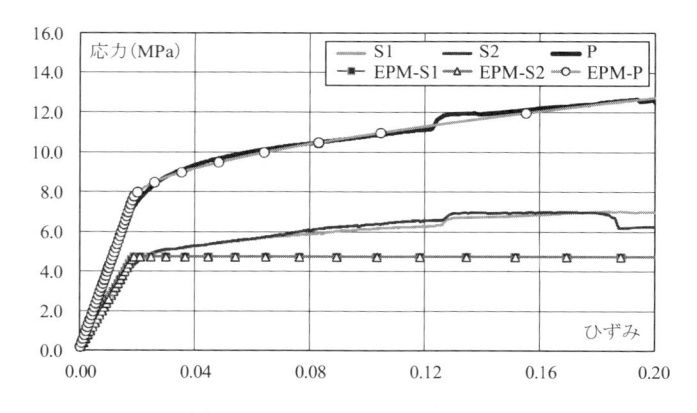

図 2-3-8 横圧縮ヤング係数と γH の相関
Fig. 2-3-8 Correlation of compressive Young's moduli perpendicular to the grain and γH.

する傾向が確認された。古材と新材の比較においては、古材の方が新材と比べ γH が大きい傾向があり、剛性増大率では小さくなる。全面横圧縮降伏応力度 $_F\sigma_y$ は横圧縮ヤング係数との相関性は高い傾向が確認された（決定係数 0.76）。

η においては、新材・古材・樹種・年輪方向関係なく、$\eta = 1.1 \sim 1.3$ の範囲に収まる結果となった。塑性ひずみ倍率 C においては、ばらつきも大きく他のパラメータとの相関も見られないため、傾向の把握が困難であった。

2.4 生物劣化と強度

　本項では、木材・木質材料の強度低下の要因として生物劣化（bio-deterioration）に着目し、生物劣化の要因とその生物劣化（生物劣化度・腐朽度・食害度など）と強度の関係について紹介する。木材の強度に影響を与える生物劣化としては、腐朽とシロアリおよび甲虫による被害などが挙げられる。本項で述べる腐朽やシロアリ（地下シロアリ）による生物劣化は、木材と適当な水分と温度、そして酸素の条件が揃うことで進行する。そのため、これらの生物劣化を防ぐためには、木材への水分の供給を絶つことが重要となる。特に、木造住宅における水分としては、雨水や水回りの給排水管からの水漏れや、屋根やベランダなどからの雨漏り、窓や防水シートなどの結露水、そして床下からの湿気などがある。これらの水分を頼りに腐朽やシロアリによる生物劣化が発生し、主要な構造部材である柱や梁などに損傷を与える。次にそれぞれの生物劣化の要因について紹介する。

2.4.1 生物劣化の要因

　腐朽：木材腐朽には褐色腐朽（brown rot）、白色腐朽（white rot）、軟腐朽（soft rot）などがある。これらの腐朽後の外観は異なっており、これは木材の主要成分であるセルロース、ヘミセルロース、リグニンに対する分解力の違いから生じている。白色腐朽ではセルロース、ヘミセルロース、リグニンも同じような割合で分解していくため、色が抜け落ちて白っぽくなる。また、褐色腐朽では初期段階にてセルロースやヘミセルロースの多糖類が主に分解されるため褐色のリグニンの割合が多くなり、褐色を示すようになる。現在の構造用材の大半を占める針葉樹材では、特に褐色腐朽が問題となる。**図 2-4-1** に褐色腐朽の被害の様子を示す。

　シロアリ：我が国に分布するシロアリのうち、特に住宅における被害が多いシロアリは、地下シロアリのイエシロアリ（*Coptotermes formosanus*）とヤマトシロアリ（*Reticulitermes speratus*）である。比較的南の方の温暖な地域に生息しているイエシロアリは、水分を運搬する能力があるため、その行動範囲も広く、ま

図 2-4-1 褐色腐朽被害の様子
Fig. 2-4-1 Damage by brown rot fungi.

た加害速度も速い。一方、ヤマトシロアリは、北海道の東北部分を除いて日本全土に分布しているが、比較的湿った木材を好み、水分が多い場所に生息している。そのため、並行して木材腐朽が発生することがある。近年では、アメリカカンザイシロアリ(*Incisitermes minor*)という乾材(乾燥している木材)を食害するシロアリの被害も広がっている。このシロアリは地下シロアリと比較して食害の速度は遅いが、母屋や垂木など屋根裏から進入することが多いために発見されにくく、発見した際には大きな被害となっていることが多い。

2.4.2 生物劣化と強度の関係

生物劣化を受けた材料は、強度が低下することは容易に想像がつく。しかし、被害度と残存強度の関係は明らかにされておらず、その評価指標も確立されていないのが現状である。そのため、残存耐力を推定できること、それに伴い、取り替えるべきなのか、補強でまかなうべきなのかを判断すること、補強を採用する場合にはどのような方法が良いのかを示すこと、すなわち、木材の生物劣化と強度の関係を明らかにすることは急務である。腐朽に関しては、褐色腐朽が白色腐朽と比べてはるかに小さい重量減少率の段階で耐力が大幅に減少する(日本保存協会 2004)ことがわかっている。これは、褐色腐朽ではセルロースの重合度を低下(セルロース鎖を分断)させているためわずかな質量減少でも耐力への影響が大きくなるためであり、白色腐朽菌では全体的に分解されていくため密度低下と同様の耐力低下を示すためである。ただし、実大材における局所的な質量減少を評価することは難しく、その残存性能の把握には至っていない。また、シロアリの被害に関しては、腐朽と同時に起こっていないものについては、木材成分の変化があるわけではないので、局所的な密度の低下と考え

るのが適当である。ただし、局所的な密度低下を評価することは困難であるため、その残存耐力についての検討は十分とは言えない。そのため、現在は強制的に生物劣化させた木材の残存耐力を調べる取り組みが積極的に行われてきている。加えて、生物劣化を診断する機器についてもいくつか検討し、強度との関係について検討されている。一般的に木材保存の分野では、重量減少率が最も用いられている調査方法であり、小片を用いた調査・検査には適しているが、実際の建物に用いられている部材を使用している状態のままで調査・評価することは困難であるため、建物における利用は難しいと考える。そのため、超音波や応力波の伝播速度計測器、打ち込み深さ測定器（ピロディン®6.0J）、打ち込み抵抗測定器（レジストグラフ®）などの機器を用いた評価が積極的に行われ、データの蓄積が図られてきている。ここでは、以下に伝播速度を計測するものと打込深さ測定器について少し補足をする。

超音波や応力波の伝播速度計測：木材内部において、送信部から受信部へ超音波または応力波を伝達させ、その伝播する時間を計測することで木材内部の状態を評価する機器である。ただし、超音波や応力波などの弾性波と曲げ性能との相関については、腐朽度と強度の関係はある程度評価可能である（田中 1988）との報告もあり、一部のデータを元に全体を評価するのではなく、全面圧縮試験のように全体を計測できる場合の計測値と強度との相関は高いことがわかってきている（森ら 2013）。また、シミュレーションを応用することで応力波を用いて部材の曲げ性能の予測が可能との報告（山﨑ら 2007）もある。加えて、マイクロ波を用いた内部状態の観察への取り組みなども行われてきており（藤原ら 2013）、これらの技術の応用などにより、今後生物劣化を受けた木材の強度特性の推定も可能になってくると考える。

打ち込み深さ測定器：木材に直接、金属製の針のようなものを任意の力で押し込み、その打ち込み深さを計測する機器で、半破壊的な計測機器である。表面からある程度の深さまでの計測が可能で、部材性能の予測に関する研究も多数有り（田中ら 1983）、住宅など耐震評価の現場においても、実際に用いられている機器である（たとえば秦ら 2004）。ただし、断面の大きな木材の内部を診断するには不向きと考えられる。

現在、確立された生物劣化と強度の関係を示すデータや指標などは存在しな

2.4 生物劣化と強度

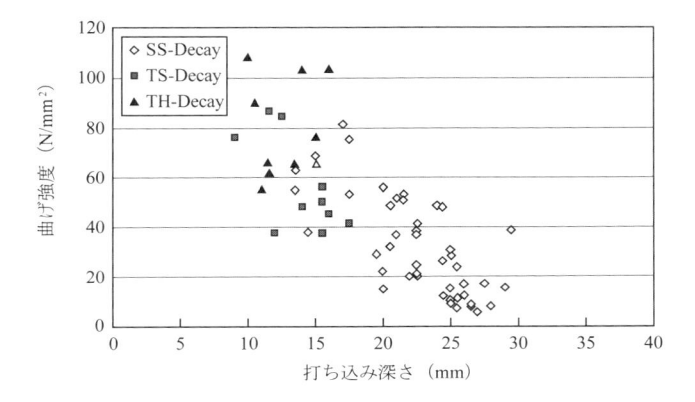

図 2-4-2 腐朽材の曲げ強度と打ち込み深さの関係
Fig. 2-4-2 Relationship between penetration depth and bending strength on decayed timber.

いが、これらに必要なデータを蓄積するための実験が継続的に実施されている。そこで、一例として図 2-4-2 に、腐朽材の曲げ強度と打ち込み深さの関係について実施した実験の結果を示す(森ら 2013)。試験体は、スギ辺材有り(SS)、トドマツ辺材有り(TS)、トドマツ心材のみ(TH)であり、打ち込み深さが深くなるに従って、明らかに曲げ耐力が低下する傾向をみることができる。同様に、超音波伝播速度とシロアリ食害についても同様の傾向が見て取れることも報告(森ら 2010)されている。

今後このようなデータの蓄積が進むことで、非破壊、または半破壊の調査・評価によって、木材および木質材料の残存耐力が推定できるようになると考えられる。その結果、建物内における部材および接合箇所での必要耐力を考慮し、その部位を補修するのか、または取り替えるべきなのかを判断することが可能になり、耐震性能向上に大きく寄与するものと考えている。

木材の耐久性などについては、木材工業ハンドブック(森林総合研究所監修)、木材科学講座 12 保存・耐久性(海青社)などを参照されたい。また、劣化診断やその対応などについては、木造住宅の耐震診断と補強方法(財団法人日本建築防災協会)、木造住宅の耐久設計と維持管理・劣化診断(財団法人日本住宅・木材技術センター)を参照されたい。

●文　献

Clorius, C. O., Pedersen, M. U., Hoffmeyer, P., and Damkilde, L. (2000) Compressive fatigue in wood. *Wood Sci. Technol.* **34**: 21–37. (2.2)

Gong, M., and Smith, I. (2003) Effect of waveform and loading sequence on low-cycle compressive fatigue life of spruce. *J. Mater. Civil Eng.* **15**(1): 93–99. (2.2)

Hacker, C. L., and Ansell, M. P. (2001) Fatigue damage and hysteresis in wood-epoxy laminates. *J. Mater. Sci.* **36**(3): 609–621. (2.2)

Kohara, M., and Okuyama, T. (1994) Mechanical Responses of wood to repeated loading VII. Dependence of energy loss on stress amplitude and effect of wave forms on fatigue lifetime. *Mokuzai Gakkaishi* **40**(5): 491–496. (2.2)

Okuyama, T., Itoh, A., and Marsoem, S. N. (1984) Mechanical reponses of wood to repeated loading I. Tensile and compressive fatigue fractures. *Mokuzai Gakkaishi* **30**(10): 791–798 (2.2)

Sasaki, Y., and Yamasaki, M. (2002) Fatigue strength of wood under pulsating tension-torsion combined loading. *Wood Fib. Sci.* **34**(4): 508–515. (2.2)

Sasaki, Y., Yamasaki, M., and Sugimoto, T. (2005) Fatigue damage in wood under pulsating multiaxial-combined loading. *Wood Fiber Sci.* **37**(2): 232–241. (2.2)

Sugimoto, T., Yamasaki, M., and Sasaki, Y. (2006) Fatigue and hysteresis effects in wood-based panels under cyclic shear load through thickness. *Wood Fiber Sci.* **38**(2): 215–228. (2.2)

Sugimoto, T., Sasaki, Y., and Yamasaki, M. (2007) Fatigue of structural plywood under cyclic shear through thickness I: fatigue process and failure criterion based on strain energy. *J. Wood Sci.* **53**(4): 296–302. (2.2)

有馬孝礼 (1995) 荷重継続時間とクリープ．「木質構造設計ノート」所収，丸善，pp. 31–43. (2.1)

伊東嘉文，橋爪丈夫 (2006) 解体民家から得られた古材の強度特性．長野県林業総合センター研究報告 (20): 105–108. (2.3)

今山延洋 (1980) 木材の疲れに関する研究 (第 3 報) 疲れき裂の伝ぱ方向と年輪構造．木材学会誌 **26**(9): 595–602. (2.2)

今山延洋 (1991) 木材の疲労強度におよぼす年輪数の影響 (第 1 報) 早材，晩材及び 1 年輪の疲労強度．木材学会誌 **37**(8): 688–693. (2.2)

今山延洋，松本 昂 (1970) 木材の疲れに関する研究 (第 1 報) 疲れ過程の現象的追求．木材学会誌 **16**(7): 319–325. (2.2)

今山延洋，松本 昂 (1988) 木材の疲れに関する研究 (第 5 報) 内部発熱項を有する熱伝

導方程式の誘導と発熱係数の検討．木材学会誌 **34**(1): 8–13. (2.2)

大岡 優，棚橋秀光，伊津野和行，土岐憲三 (2009) ケヤキ古材およびヒノキ古材の圧縮試験と圧縮特性．日本建築学会大会学術講演梗概集, pp. 5–6. (2.3)

太田 基，坪田禎之 (1967) 2-Ply Laminated Wood の疲労に関する研究(第 4 報) 2-Ply Laminated Wood の操り返し曲げによる疲労についての一考察．木材学会誌 **13**(4): 131–137. (2.2)

北原龍士，堤 壽一，松本 昴 (1981) 静的くり返し曲げ荷重を受けた木材の力学的な挙動と細胞壁の観察．木材学会誌 **27**(1): 1–7. (2.2)

桑村 仁 (2011) 木材の比例限度と粘弾性．日本建築学会構造系論文集(669): 1951–1960. (2.1)

桑村 仁 (2012a) 木材の応力緩和試験における技術的問題と対策．日本建築学会構造系論文集(676): 937–946. (2.1)

桑村 仁 (2012b) 木材の支圧応力緩和における異方性と圧密効果．日本建築学会構造系論文集(679): 1429–1436. (2.1)

桑村 仁 (2012c): 木材の縦圧縮クリープ限度．日本建築学会構造系論文集(681): 1691–1700. (2.1)

小原二郎 (1952) 木材の老化に関する研究(第 1 報): 法隆寺建築古材の機械的性質．西京大学学術報告, 農学 2, pp. 116–131. (2.3)

小原二郎 (1953) 木材の老化に関する研究(第 III 報): 欅古材の強度．西京大学学術報告, 農学 4, pp. 98–109. (2.3)

小原二郎 (1954) 木材の老化に関する研究第 VII 報: ヒノキ材の組成分の変化．西京大学学術報告, 農学 6, pp. 175–182. (2.3)

小原二郎 (1955) 木材の老化に関する研究(第 15 報) ケヤキ材の組成分の変化．木材学会誌 **1**(1): 21–24. (2.3)

佐々木康寿，山崎真理子，杉本貴紀，山田 航 (2006) 建築解体木材を用いたフィンガージョイントラミナの引張強度．材料 **55**(1): 23–28. (2.3)

佐々木康寿，山崎真理子，大矢彩加，吉野安里，住岡雅将 (2012) 古材の実大曲げ強度性能の評価，第 62 回日本木材学会研究要旨集，D17-07-1030. (2.3)

鈴木滋彦，斉藤藤市 (1984) ボード表面に垂直な引張り負荷によるパーティクルボードの疲労(第 1 報) レジンタイプの影響．木材学会誌 **30**(10): 799–806. (2.2)

杉山英男，Foschi, R. O., and Rovner, B. (1984) ヘムファー2×6材の曲げ強度と剛性に及ぼす繰返し荷重と荷重速度の影響．木材学会誌 **30**(11): 894–906. (2.2)

関野 登，大熊幹章 (1985) 構造用パーティクルボードの耐久性能(第 1 報) 曲げ疲労挙動.

木材学会誌 **31**(10): 801–806. (2.2)

田中淳裕，鈴木正治(1984)パーティクルボードの曲げ疲労強度について．木材学会誌 **30**(10): 807–813. (2.2)

田中俊成，中井　孝(1983)スギ間伐実大材の"PILODYN"により判定した腐朽度と曲げ強度．第 33 回日本木材学会大会研究発表要旨集，p. 223. (2.4)

田中俊成(1988)超音波，弾性波によるスギ実大腐朽材の強度性能評価，第 38 回日本木材学会大会研究発表要旨集，p.122. (2.4)

棚橋秀光，大岡　優，伊津野和行，鈴木祥之(2011)木材のめり込み降伏メカニズムと均等めり込み弾塑性変位の定式化．日本建築学会構造系論文集(662): 811–819. (2.3)

社団法人　日本木材保存協会(2004)実務者のための住宅の腐朽・虫害の診断マニュアル現場診断・精密診断から補修・予防まで．p.25. (2.4)

秦　正徳，中谷　浩，若島嘉明，園田里美(2004)長期耐用された地域型木造住宅の耐震診断におけるピロディン閾値．木材保存 **30**(1): 6–14. (2.4)

林　燦輝，大熊幹章(1977)構造用パーティクルボードの耐久性(第 1 報)繰り返し荷重試験による耐水性の評価．木材学会誌 **23**(12): 660–665. (2.2)

疋田洋子(2000)解体材の再利用—循環型社会をめざして—．木材保存 **26**(1): 4–16. (2.3)

平嶋義彦，杉原未奈，佐々木康寿，安藤幸世，山崎真理子(2004a)古材の強度特性(第 1 報)ケヤキおよびアカマツの引張強度特性．木材学会誌 **50**(5): 301–309. (2.3)

平嶋義彦，杉原未奈，佐々木康寿，安藤幸世，山崎真理子(2004b)古材の強度特性(第 2 報)ケヤキおよびアカマツの圧縮強度特性，せん断強さおよび硬さ．木材学会誌 **50**(6): 368–375. (2.3)

平嶋義彦，杉原未奈，佐々木康寿，安藤幸世，山崎真理子(2005)古材の強度特性(第 3 報)ケヤキおよびアカマツの静的曲げ強度特性および衝撃曲げ強さ．木材学会誌 **51**(3): 146–152. (2.3)

藤原裕子，藤井義久，簗瀬佳之，森　拓郎，吉村　剛，中島正夫，堤　洋樹，森　満範，栗崎　宏(2013)マイクロ波を用いた木造住宅大壁の非破壊診断スキャナーの開発．日本木材保存協会第 29 回年次大会研究発表論文集，pp. 44–48. (2.4)

堀江秀夫(2002)北海道産木造建築解体材の強度劣化．木材学会誌 **48**(4): 280–287. (2.3)

村上謙吉(1995)レオロジー基礎論．産業図書. (2.1)

森　拓郎，香束章博，簗瀬佳之，小松幸平(2010)シロアリ食害材の強度特性と密度および超音波伝搬速度の関係．材料 **59**(4): 297–302. (2.4)

森　拓郎，簗瀬佳之，田中　圭，河野孝太郎，野田康信，森　満範，栗崎　宏，小松幸平(2013)生物劣化を受けた木材の曲げ及び圧縮強度特性とその劣化評価．材料

62(4): 280–285. (2.4)

山崎真理子, 平嶋義彦, 佐々木康寿 (2005) 建築解体木材の強度性能. 日本建築学会構造系論文集 (588): 127–132. (2.3)

山崎真理子, 佐々木康寿, 水谷章夫 (2007) 木質建造物の改築・改修における応力波を用いた構造部材の非破壊検査. 日本建築学会大会学術講演梗概集, pp. 1059–1060. (2.4)

渡辺治人 (1978) 木材理学総論. 農林出版, pp. 571–580. (2.3)

コラム2：木材とその老化
── 木材だって年をとる？──

　日本には、飛鳥時代に建立された世界最古の木造建築、法隆寺五重塔をはじめ、多くの歴史的木造建築が現存している。日本の文化財修理では、可能な限り当初の材料を再利用する知恵と伝統技術が、継承されている。そのおかげで、法隆寺五重塔の芯柱をはじめとする構造材は、何百年、千年の時を経て今日も現役活躍中である。

　ところが、長寿命材料である木材も、やはり年をとることが知られている。このことを建造物由来古材を用いて検討したのは、小原二郎博士であった（小原 1952）。小原博士による実験結果から、"ヒノキは二百年経過後に最も強くなり、その後、緩やかに強度が低下する"という解釈は、一般にも広く知られている。

　近年、年輪年代や放射性炭素年代による、木材の成育年代の評価法が確立

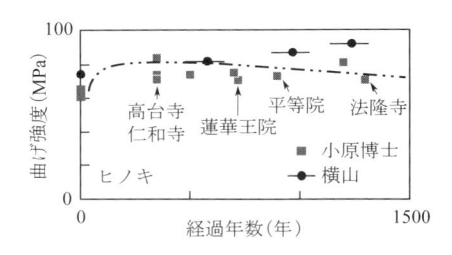

図1　小原博士の実験結果と筆者が再実験を行った結果を重ねたもの

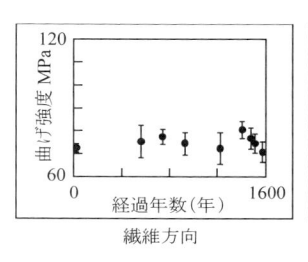

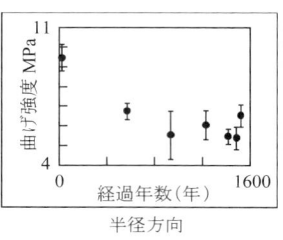

図2 繊維方向の強度はあまり変化しないが、半径方向の強度は大きく低減する

し、また、部材表面の加工痕跡に基づく使用道具の類推などから、それぞれの部材が、いつ(建立時の材か修理材か、または転用材か)どのように利用されたかを、建造物成立の歴史的解釈と合わせて、理解できるようになった。そこで、修理において再利用されないと判断されたヒノキ古材を、文化財所有者や、修理事業に関わる行政機関や技術者の方々の協力を得て、研究資料として提供を受け、その年代を精査し、強度試験を行ったところ、ヒノキの老化による変化として、次のことが明らかになった。

　繊維方向の強度は、1600年経過しても大きく低下しないこと。しかし、半径方向の強度は、経年によって大きく低減し、800年経過後には半減する。

　このことは建造物の修理現場において、繊維方向の強度が必要とされる柱材は、根継をしながら、より長期間利用されているのに対し、半径方向の強度が必要とされる斗は、修理の都度、その多くが新しく取り替えられる事実からも納得の結果である。つまり、千年選手の当初材の柱は、ニューフェイスの新材の柱と同じだけの強度、働きで構造を支えているのである。

　文化財建造物修理における、部材の再利用の可否の判断、すなわち、次の修理期までの安全・安心は、長年の勘と経験で支えられてきた。木材だって年をとる。木材の老化を学ぶサイエンスは、それぞれの部材が、適材適所で、次の千年も現役で活躍するための、新しい文化の創出につながっているのである。

― 横山　操 ―

第 3 章　水・熱と木材の物理的性質

　木材は一般的に軽くて強く、構造材としては非常に優れた性能を持つ材料であると認識されているが、その力学的・物理的性質は水や熱の影響を受けて大きく変化する。そのため、安全性を確保しつつ適切な使い方をするためには、これらの性質を理解し利用することが極めて重要である。ここでは、まず水や熱が関わる木材の物理的性質について基礎的な概要と、それらに基づいた実用的な技術として木材の乾燥について述べる。さらに、本章の最後に、近年その重要性が認識されつつある木材の熱力学的観点からの物性研究について紹介する。

3.1　水分と木材

3.1.1　様々な水分状態の木材

　木材は吸湿性材料であり、周囲の環境（温度や湿度）によって吸湿あるいは脱湿して含水率（moisture content）が変化する。木材の含水率 U (%)は全乾木材質量あたりの含有水分質量の百分率で示される。ここで、W_U は含水率 U(%)の時の木材質量(g)、W_0 は全乾質量(g)である。

$$U = \frac{W_U - W_0}{W_0} \times 100 (\%)$$

　木材中の水はその存在状態の違いから結合水（bound water）と自由水（free water）に区別される。結合水とは、細胞壁中に存在し、水素結合により強く木材に結合している水分である。含水率 5〜6%以下の水は木材の内部表面と水素結合で結合し、単分子層吸着水（monomolecularly adsorbed water）として保持される。それ以上の含水率の水は、単分子層吸着水表面上に順次層数を増加する多分子層吸着水（polymolecularly adsorbed water）として保持される。結合水は木材

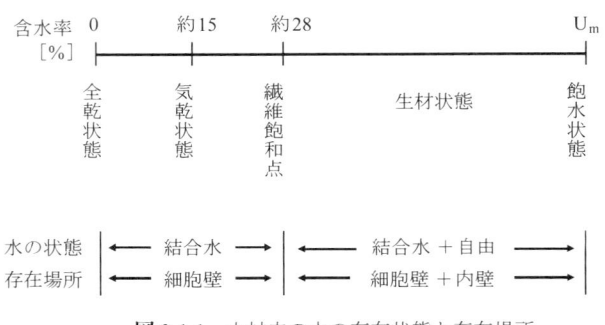

図 3-1-1 木材中の水の存在状態と存在場所
Fig. 3-1-1　Conditions and location of the moisture in wood.

実質との間に直接的、間接的な結合関係を持つため、その増減は木材の物理的、力学的性質に著しい影響を与える。自由水とは、木材中で細胞内腔などの顕微鏡可視の空隙に液状で存在する水分である。自由水は木材実質とは結合関係を持たないため、その増減は木材の質量や熱および電気に関する性質に変化を及ぼす程度である。

　木材は含水率状態によって全乾状態、気乾状態、繊維飽和点、生材状態、飽水状態に区別される（**図 3-1-1** 参照）。全乾状態（oven-dry condition）とは、木材を構成する成分などの分解がほとんど生じない100～105℃の温度で乾燥し、質量変化がなくなった状態である。気乾状態（air-dry condition）とは、木材の水分状態が周囲大気の温度・湿度と平衡にある状態である。この状態の木材のことを気乾木材といい、その吸湿量と放湿量は等しいことから、その時の含水率を平衡含水率（equilibrium moisture content）という。日本では気乾状態の含水率は約15％とみなしている（伏谷ら 1985: 26）。繊維飽和点（fiber saturation point: FSP）とは、木材の細胞壁が完全に結合水で満たされており、細胞内腔に自由水が全く含まれない状態の含水率である。繊維飽和点は、樹種、個体、抽出成分等によって異なり、28％～30％程度とされている。生材状態（green condition）とは、立木および伐採直後の木材（生材：green wood）の状態である。生材の辺材と心材の含水率を比較すると、平均して針葉樹では心材より辺材の方が含水率が高く、広葉樹では心材と辺材で含水率の大きな差はない（蕪木 1950、則元ら 2007）。飽水状態（water saturated condition）とは、木材に水を減圧注入するなどして、細

胞壁だけでなく全ての空隙に水を充満させた状態をいい、このような状態の木材を飽水木材という。したがって、この時の含水率が最大含水率となる。

3.1.2 収縮・膨潤およびその異方性

木材は、生材からの乾燥過程や周囲の温・湿度の変化によって、含水率と共に寸法も変化する。含水率の低下に伴う寸法の減少を収縮(shrinkage)、含水率の増加に伴う寸法の増大を膨潤(swelling)という。収縮・膨潤は、細胞壁の非晶領域に水分が出入りして細胞壁の寸法が変化することによって生じるため、繊維飽和点以上の含水率で収縮・膨潤は生じない。ただし、繊維飽和点よりも高い含水率から乾燥する際に、細胞が極端に変形し、木材の表面の凹みや、断面の収縮などが発生する場合がある。この現象は、落ち込み(collapse)といい、その詳しい機構については、金川ら(1979)、小林(1986)の論文を参考にされたい。

木材の収縮・膨潤は顕著な異方性を示し、その比は平均的に、接線方向(tangential：T方向)：半径方向(radial：R方向)：繊維方向(longitudinal：L方向)＝10：5：1～0.5である(伏谷ら 1985: 68–69)。いずれの方向の膨潤率も、繊維飽和点以下では含水率の増加とともに直線的に増加を示し、それ以上の含水率ではほとんど変化しない。

このような収縮・膨潤の異方性を示す原因について、ミクロフィブリル傾角や早材と晩材の配列などの観点から説明されている。その一方で、明瞭な年輪

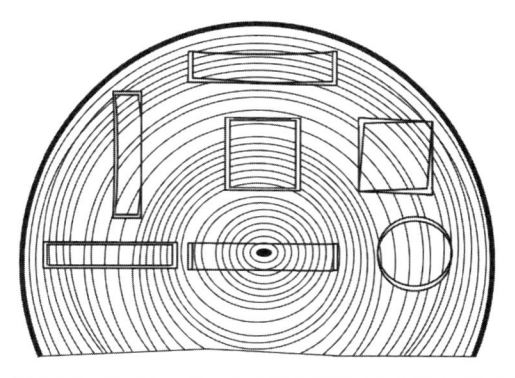

図 3-1-2 生材から採った木材の乾燥による変形(模式図)
Fig. 3-1-2 Deformation after drying the green wood.

を持たない熱帯産針葉樹や、晩材から分離した早材も異方性を示す(伏谷ら 1985c)ことが知られている。木材の収縮および膨潤の異方性の原因の詳細については、他の文献(則元ら 2007)も参考にされたい。

木材が収縮・膨潤の異方性を持つことは,利用の観点から大きな問題となる。図 3-1-2 は、生材の各部位から種々の形状の材をとって乾燥した場合に、横断面の収縮異方性に起因して生じる変形を模式的に示したものである。収縮した時の反りや狂いの形状は、木取りや乾燥時の材中の水分勾配によって大きく異なるが、一般的に木表の方が木裏よりも収縮率が大きいため、木表を凹にして反りが起こりやすい(伏谷ら 1985: 75–76)。また、ラワン類などの南洋材に多く見られる交走木理など、特殊な繊維配列を持つ材は、乾燥によって材のねじれが起こりやすい(古野ら 1994)。

乾燥過程で木材が応力を受けていると、応力を受けていない自由収縮の場合とは異なる収縮挙動を示す。木材が引張応力を受けている場合は自由収縮に比べて小さい収縮を示し、圧縮応力を受けている場合はより大きい収縮を示す。このような応力下での乾燥収縮を、ドライングセット(drying set)という。なお、乾燥によって一旦固定されたセットは、乾燥状態を保持する限り基本的に寸法回復しないが、水中浸漬や煮沸することによってほとんど回復する(井上ら 2001)。

木材の繊維直交方向の膨潤を抑制した状態で乾燥木材を吸湿または吸水させ、再び元の含水率まで乾燥すると、抑制方向の寸法が最初の寸法よりも小さくなり、この操作を繰り返し行うとますます収縮する。この現象を、加圧収縮(compression shrinkage)といい、乾湿を繰り返した時の拘束体の収縮・膨潤が原因となり、板材表面の割れや、桶のたが、道具の柄の緩みが発生する。

3.1.3 含水率と木材の力学的性質

繊維飽和点までの含水率の変化は、収縮・膨潤以外に力学的性質にも大きく影響する。図 3-1-3 に各含水率における木材の弾性率を示す。繊維方向、放射方向ともに弾性率は繊維飽和点までの含水率の増加とともに減少し、それ以上の含水率ではほとんど変化しない。

木材の弾性率の含水率依存性は、木材の膨潤と密接に関係する。木材の膨潤

は、細胞壁を構成する木材構成成分の非晶領域に形成されている水素結合を水分子が切断して侵入し、分子間を押し広げることで起こる。このため、細胞壁に多量の水分子が入ることで、外力を伝播していた結合が減少し、さらに分子鎖間の距離が広がることによって、主鎖、側鎖の運動の束縛が小さくなり、外力への抵抗性が減少する。

図 3-1-3 の繊維方向の弾性率が、含水率5～10%付近で極大を取る現象は、水分子が非晶領域内の先在的空隙を充填したり、乾燥時に生じた応力が適度な膨潤によるセルロース鎖の再配列にともなって解除されたりしたためであると考えられている。

木材強度も弾性率と同様に含水率の増加に伴い減少傾向を示すが、その挙動は強度の種類によって異なる。各種強度と含水率の関係を図 3-1-4 に示す。木材の強度は、以下に示す3つのタイプに分類される。繊維飽和点以下で含水率の増加とともに単調に減少するタイプ(A)、含水率 4～8%で一旦最大値を取ったのちに減少するタイプ(B)、ある含水率で最小値を持つタイプ(C)である。Aタイプには、縦圧縮、横圧縮、硬さ、Bタイプには縦引っ張り、横引っ張り、曲げ、せん断、割裂等が属する。Cタイプとしては衝撃吸収エネルギーがあるが、その最小値を示す含水率は樹種や密度によって異なる。このような挙動が現れるのは、弾性率と同様に、水分子が吸着することによって非晶領域の構成成分分子間に形成された水素結合が切断されるためであると考えられている。

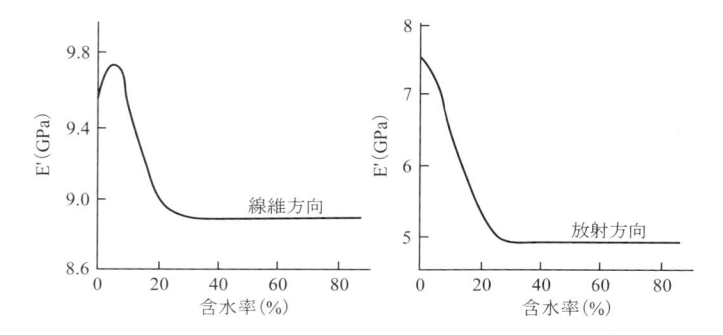

図 3-1-3 20℃におけるヒノキ材の動的弾性率への含水率の影響(梶田ら 1961)
Fig. 3-1-3 Effect of moisture content on dynamic Young's modulus of Japanese Cyress wood at 20℃.

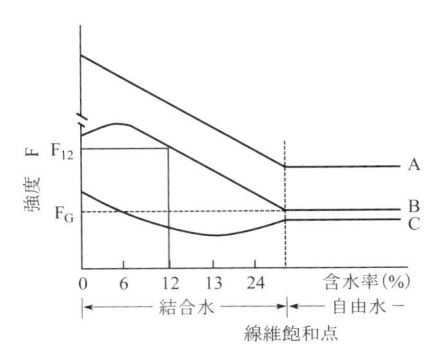

図 3-1-4　種々の強度への含水率の影響（模式図）
Fig. 3-1-4　Effect of moisture content on various strength.

　木材のクリープも、含水率の影響を受ける。クリープ量は、繊維飽和点付近までの含水率の増加とともに増大するが、繊維飽和点以上ではほとんど増大しない（竹村ら 1961）。

3.2　熱と木材

　物体に熱を加えると、原子、分子の運動が激しくなり、物体中の分子間の平均的な距離が増すことで、物体の体積が膨張する。物体が温度の上昇によって長さや体積が増加することを熱膨張（thermal expansion）といい、熱膨張による物体の変化を表す指標の 1 つとして、長さ方向の寸法変化の割合を線膨張率

表 3-2-1　各物質の線膨張率（理科年表 2012）
Table 3-2-1　Coefficient of liner expansion of various substances.

物　質	温　度	膨張率（$10^{-6}K^{-1}$）
アルミニウム	293K（20℃）	23.1
銅	293K（20℃）	16.5
ゴム	16.7〜25.3℃	77
石英ガラス	293K（20℃）	0.4〜0.55
ガラス（平均）	0〜300℃	8〜10
コンクリート	293K（20℃）	7〜14
木材繊維（平行）	293K（20℃）	3〜6
木材繊維（垂直）	293K（20℃）	35〜60

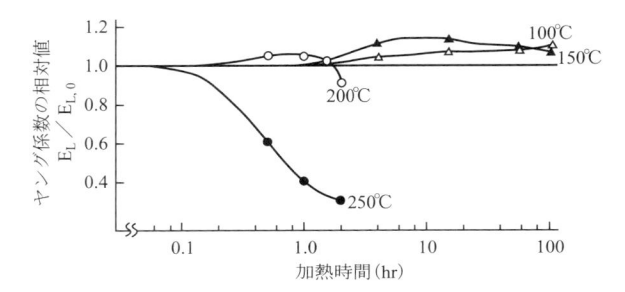

図 3-2-1 動的ヤング係数（E_L）への熱処理温度と時間の影響（平井ら 1972）
E_L：繊維方向の動的ヤング係数、$E_{L,0}$：未処理材のヤング係数
Fig. 3-2-1 Effect of heat treatment and time on dynamic Young's modulus E_L.

（coefficient of linear expansion）という。**表 3-2-1** に温度約 20℃における各材料の線膨張率を示す。木材の繊維方向の線膨張率は $3〜6×10^{-6}K^{-1}$ であり、銅の約 1/4、コンクリートの約 1/3、ガラス（平均）の約 1/2 である。木材の熱膨張は水分の出入りによる膨潤、収縮に比べてきわめて小さいため、実用上問題になることは少ない。

熱による木材の材質の変化について、木材の動的弾性率への熱処理温度と時間の影響を**図 3-2-1** に示す。100〜200℃の熱処理では、処理時間とともに動的弾性率は一旦上昇を示したのちに低下し、250℃の熱処理では処理時間とともに低下を示す。これは、比較的低い温度で短時間の処理では、非晶セルロースの一部が分子配列の規則性を向上することによって吸湿性が低下するとともに、力学的性質が向上するのに対して、長時間の処理もしくは高温の処理では、セルロースの非晶化や成分の分解などにより力学的性質が低下するためである。このように、木材は熱処理により非晶部分の結晶化と結晶の分解が同時に起こっており、熱による木材の力学的性質の変化は、処理温度や時間の違いによって大きく異なる。

熱処理による力学的性質以外に木材に生じる変化として、窒素雰囲気下で木材を熱処理すると、無処理の木材に比べて耐腐朽性、耐蟻性が向上することが明らかになっている（酒井ら 2008）。

3.3 水分及び熱と木材

　木材の弾性率は高温になるほど低下し、さらに含水率が高いほどその低下の程度が大きくなる(Sulzberger 1953)。このような弾性率の低下には、木材主要構成成分(セルロース、ヘミセルロース、リグニン)の中でも特に、ヘミセルロースとリグニンの熱軟化温度が、湿潤状態では乾燥状態と比較して大きく低下することが影響している。

　木材から単離した各主要構成成分の全乾状態における軟化温度は、結晶性のセルロースで231〜253℃、非晶領域構成成分であるヘミセルロース、リグニンでそれぞれ167〜217℃、134〜235℃とされている。**図3-3-1**に木材から単離した各構成成分の熱軟化温度と含水率の関係を示す。結晶性セルロースの軟化温度は含水率の影響をほとんど受けないが、ヘミセルロースはわずかな含水率増加に対して軟化温度が急激に低下し、含水率が60%程度になると室温付近で軟化する。リグニンは、含水率の増加に伴い急激に軟化温度が低下するが、含水率が10%を超えると、その低下の程度は小さくなり、70℃付近で横這いとなる。ただし、木材構成成分は木材中で相互に結合し、複雑な層構造を形成しているため、単離した成分の熱軟化特性がそのまま反映されるわけではない。

　木材の熱軟化特性について、**図3-3-2**に乾燥状態と飽水(飽湿)状態の木材の熱軟化特性の傾向を示す。全乾状態、飽水状態ともに、−120℃付近で一級水酸基由来の緩和を示しているが、その後の緩和挙動を両条件で比較すると大きく

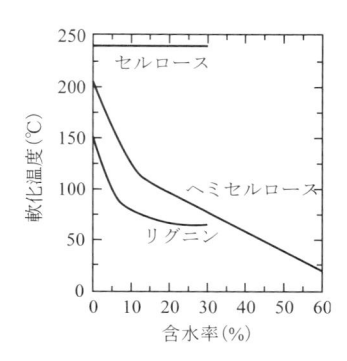

図 3-3-1 木材構成成分の含水率に対する熱軟化温度(高村 1968)
Fig. 3-3-1 Relationship between softening temperature of components and moisture content.

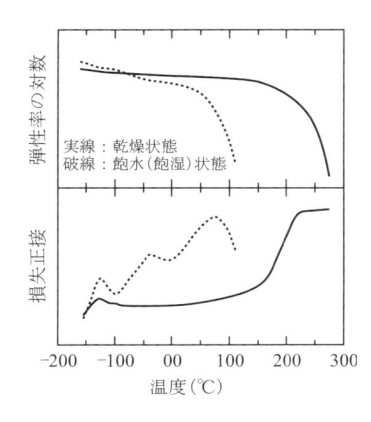

図 3-3-2 木材の熱軟化挙動の概略図（繊維直交方向）
Fig. 3-3-2 Diagram of thermal softening of water-saturated wood and oven-dry wood (Transverse direction).

異なる。飽水状態の木材の−50℃付近に見られるピークはヘミセルロースをはじめとする非結晶性糖類の軟化、80℃付近に見られるピークはリグニンの軟化によるものとされている（古田ら 1997）。飽水状態の木材で熱軟化温度が低下するのは、水分子が吸着した領域における分子のセグメント運動が活発となり、分子鎖間の相互作用が弱まっているためであると考えられる。

3.4 木材の乾燥

3.4.1 天然乾燥と人工乾燥

　木材を屋外に長期間放置して乾燥させる方法を天然乾燥（natural drying）といい、古くから各地で行われてきた。木材の乾燥速度は季節や地形などの自然条件に大きく左右され、樹種や板厚によっても乾燥日数は異なる（野原ら 1978）。到達し得る含水率は日本では15〜16%が限度であり、一般的に20%程度までと考えられている。天然乾燥は人工乾燥に比べて低温でゆるやかに乾燥するため、細胞の落ち込みが生じやすい材の乾燥に適しているが、桟積み方法や乾燥期間を十分配慮しなければ、木口割れや反りなどの狂いの発生を招く（寺澤 2004）。

　乾燥装置で乾燥条件を調節しながら木材を乾燥させる方法を人工乾燥（artificial drying）という。人工乾燥の方法として、蒸気式、除湿式、蒸気・高周波複合式、高周波加熱・減圧式、蒸煮・減圧式、加熱蒸気式、液相式、燻煙式などの様々な方法が検討されており、それぞれ木材の用途に応じて使い分けら

表 3-4-1　スギ柱材の人工乾燥スケジュール(河崎 1996)
Table 3-4-1　Schedule in kiln drying the pillar of Japanese Ceder wood.

乾燥させる 含水率範囲(%)	乾球温度 (℃)	乾湿球温度差 (℃)	相対湿度 (%)	平衡含水率 (%)
初期～60	70.0	2.0	92.0	17.0
60～40	70.0	4.0	83.0	13.5
40～30	75.0	6.0	77.0	11.2
30～25	75.0	8.0	70.0	9.7
25～20	75.0	10.0	63.0	8.3
20～終末	80.0	13.0	56.0	7.0
調湿	80.0	4.5	83.0	13.0

れている(河崎 1996)。さらに、これらの方法を利用した生産現場における具体的な乾燥マニュアル(久田ら 2004)の整備も進められてきている。

3.4.2　乾燥スケジュール

　人工乾燥を行う目的は、木材を住宅部材等として利用する場合に十分その性能を発揮できるように的確な水分調節を行うことにある。しかし、人工乾燥は天然乾燥と比較して急速に木材を乾燥させるため、適切な温度や湿度条件を選択しなければ甚大な木口の裂け、割れおよび落ち込みを発生させる(寺澤 2004)。そこで、木材の損傷の発生を防ぎながら、できるだけ短時間で乾燥できる温湿度条件の基準として、乾燥スケジュールを利用する。乾燥スケジュールは、樹種、材種、含水率域別に適した温湿度条件を示した指標で、損傷の種類および損傷発生の難易、水分移動性などの乾燥特性を基に作成される。表 3-4-1 に、一例としてスギ柱材の人工乾燥スケジュールを示す。

　近年では、通常の高温乾燥と区別して、高温セット乾燥、高温加熱蒸気乾燥など材の損傷をより低減する乾燥方法も考案されており、それらの乾燥スケジュールに関しては黒田(2007)の論文などを参考にされたい。

3.4.3　高温乾燥による木材の物理的性質の変化

　高温での人工乾燥は、乾燥時間の短縮と同時に乾燥応力(drying stress)の低減等の効果による乾燥割れの抑制、吸湿性低下による寸法安定性の向上を期待できる。高温水蒸気処理を受けた乾燥材の吸湿特性について明らかにするため、

石川ら(2002)は、120℃～160℃の異なる蒸気圧で6時間処理を行ったスギの平衡含水率の測定を行った。その結果、心材、辺材ともに処理温度が高いほど平衡含水率は低下することを明らかにした。

一方で、高温の人工乾燥では材色の変化も起こる。鷹見(1978)は加熱処理温度の異なるベイツガと無処理のベイツガの材色を比較し、高温、長時間の処理材ほど、明度が低下し、色差は著しく増大することを明らかにした。

人工乾燥材で最も問題視されるのは、力学的性質の変化である。これは、乾燥方法、乾燥スケジュール、材の種類、寸法によって大きく異なり、数多くの実験結果が報告されている(例えば、Salamon 1963; Huffman 1977; Haslett *et al*. 1999; 黒田 2007)。このような高温乾燥材に認められる強度の変化には、乾燥処理に伴う細胞壁成分への熱処理の影響、割れの発生、セットの影響など様々な要因が関与しており、そのしくみは複雑で未だ明確な説明はなされていない。

3.5 木材の熱力学的性質

ここまでに、木材の物理的性質について基礎的な概要と、それらに基づいた現場の技術として、木材の乾燥について述べてきた。一方で、これらの木材の物理的性質について、近年、熱力学的観点からの研究が精力的に行われている。この研究は、木材の曲げ加工や人工乾燥などの、急激な温度上昇や水分非平衡状態に置かれた木材の特性を利用した技術を理解する上でも非常に重要である。そこで、本節では、近年報告されている木材の熱力学的性質についてまとめると共に、木材のメカノソープティブクリープや変形固定方法である水蒸気処理を例に挙げて熱力学的観点からそれらの現象の考察を行う。

3.5.1 木材の物理的性質への履歴の影響

木材の物理的性質が含水率あるいは温度に依存し変化することは、前述の通りである。しかしながら、ある含水率・温度における木材の物理的性質は、常にその含水率・温度に対応した一定のものとはならず、それまでに受けた乾燥や熱などの履歴によって異なる。これは、木材が乾燥や急激な温度変化を受けると、熱力学的に非平衡な状態(不安定状態)で分子運動が不活性化し、木材中

の分子レベルの微細構造に局所的なひずみが生じるためである。このひずみは、木材を長期間水中に保持することや(工藤ら 2003)、熱を与えることにより解消し(神代ら 2008)、新たな環境に応じた熱力学的に平衡な状態(安定状態)へと移行していく。このような履歴による木材の物理的性質の変化は、プラスチックなどの高分子材料では一般的にフィジカルエージング(physical aging)として知られており、選択的に履歴を与えることで材料の性能を制御している。

木材に与えた履歴が力学的性質へ及ぼす影響として、木材の乾燥速度が速く、乾燥温度が低いほど乾燥直後の応力緩和量が増大し(Ishimaru 2003)、加熱後(飽水状態)の冷却速度が速く、降下温度域が大きいほど冷却直後の木材の弾性率が減少し、流動性が増加する(工藤ら 2003)ことが明らかになっている。

履歴による木材の分子レベルの微細構造変化についてこれまでに行われている研究の一部を以下に記す。古田らは、異なる速度で冷却した木材の熱軟化特性について比較したところ、急冷した木材でリグニンの軟化温度が低下し、リグニンのミクロブラウン運動に起因する軟化のピークから求めた見かけの活性化エネルギーが低くなることを明らかにした(**図 3-5-1** 参照)。神代らは、熱処理によってリグニン中の細孔体積が減少すること(神代ら 2008)を明らかにし、さらに、古田らは、熱処理による木材の吸熱特性の変化がリグニンで特に顕著であったことも明らかにしている(古田ら 2012)。これらを踏まえると、履歴を与えられた木材では、リグニンもしくはリグニンを含むマトリックス構造内での分子配列において変化が生じ、微細構造に生じた局所的なひずみの時間経過

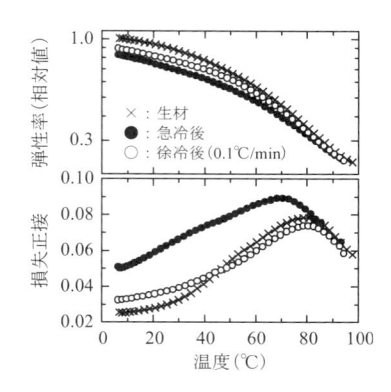

図 3-5-1 冷却速度の差異に伴う飽水木材の熱軟化特性の変化(古田ら 1998)
Fig. 3-5-1 Changing of thermal softening property of water-saturated wood with difference of cooling rate.

×:生材、●:急冷後、○:徐冷後(0.1℃/min)
非共振強制引張振動法、0.05Hz、カツラ材放射方向、弾性率は生材時の10℃での値に対する相対値

に伴う解消によって、物理的性質が変化していると考えられる。

さらに、近年の研究動向としては、誘電的または光学的手法を用いて、木材を構成する成分の官能基を特定した上で、その状態の変化について検討を行っており、今後さらなる分子レベルの微細構造変化の機構解明に関する知見が得られることに期待したい。

これらの研究は、木材利用時の信頼性向上や多目的利用に向けたものであるとともに、木材中の成分の役割を解き明かすためにも非常に重要な研究テーマでもある。

3.5.2　木材の物理的性質の変化に対する熱力学的考察

本項では、まずメカノソープティブクリープ、次に水蒸気処理について、既往の研究で報告されている内容を述べた上で、熱力学的観点からの考察を行う。

吸湿過程や脱湿過程において、木材に応力が加わると、木材は顕著な流動性を示すことが知られている(図 3-5-2 参照)。このような現象は、「応力と水分変化の相互作用による」との解釈から、Mechano-sorptive(メカノソープティブ：以下、MS)現象と名付けられた。この特異な現象は半世紀前から確認されており、その特徴はグロスマン(Grossman 1976)によって詳細にまとめられている。近年では、建築の分野で MS クリープが重要視されており、大断面部材についても検討が行われている(川添ら 2001; 荒武ら 2002, 2004)。MS クリープは長年

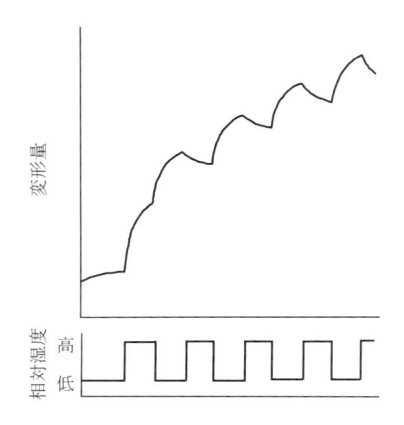

図 3-5-2　典型的な MS クリープの挙動
(Armstrong 1961)
Fig. 3-5-2　Typical diagrams of MS creep.

に渡り多くの研究が行われており、いくつかの総説（徳本 2001a,b; 川添 2005; 石原 2011）でもまとめられているが、その全体像は未だ明らかになっておらず、その現象の発現の原因は、主として木材中の水分の移動によるものとされてきた（例えば、Takemura 1967, 1968; Mukudai *et al.* 1986））。

一方で、石丸らは、同じ含水率の木材でも調湿期間によって木材の流動性が異なることを報告している（Ishimaru *et al.* 2001）。この結果を受けて、高橋は、水分変化過程での著しいクリープは極度の不安定状態によるものと考え、MSクリープ機構の説明を試みた。吸・脱湿直後の木材のクリープを測定したところ、長期間置かれていた木材と比較して極めて大きなクリープ量を示すことが認められた（**図 3-5-3** 参照）。さらに、吸・脱湿速度が遅いほど、また吸・脱着後からの時間経過に伴って、クリープ量が減少することを明らかにした（Takahashi *et al.* 2005）。以上の結果を受けて、吸・脱湿過程の木材は、刻一刻と水分量が変化することによって、木材構成成分の熱力学的状態は次々と新た

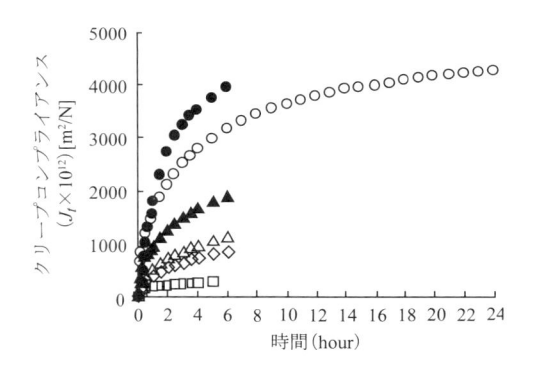

図 3-5-3 種々の水分条件における曲げクリープ
Fig. 3-5-3 Bending creep in various moisture condition of wood.

● : 速い吸湿過程(0.5→9% MC　6 時間)
○ : 緩慢な吸湿過程(0.5→9% MC　24 時間)
▲ : 速い吸湿直後(9% MC)
△ : 緩慢な吸湿直後(9.5% MC)
□ : 吸湿後の水分に長期調湿(10% MC)
◇ : 速い吸湿過程(6 時間)＋水分一定下(18 時間)保持直後の水分一定下(9.5% MC)

な不安定状態へと移り変わるために、特徴的なクリープ変形を示すと結論づけられている。

　木材の変形固定の手段の一つである水蒸気処理による固定のメカニズムについても、熱力学的観点からその現象の説明を試みる。

　水蒸気処理による木材の変形固定のメカニズムには、吸湿性の低下、木材構成成分分子鎖切断による内部応力の緩和、分子間架橋の形成、一時的な凝集構造の形成が関与していることが考えられている（東原ら 2000）。ここでいう一時的な凝集構造とは、分子鎖の架橋やセルロースの結晶領域の増加といった永久的なものではなく、膨潤能の高い有機溶媒によって膨潤したり、再び水蒸気処理を行ったりすることによって解除されるような凝集を指す。この一時的な凝集構造について、具体的に木材構成成分の何が寄与しているか未だ明確にはなっていないが、この現象も熱力学観点から見れば以下のように考えられる。

　外部から拘束を受けている（変形を与えられている）木材に高温高圧の飽和水蒸気を用いて高エネルギーを与えると、木材中の分子の状態は、その外部からの拘束下で最も熱力学的に安定な状態へ移行する。熱力学的に安定な状態へ移行した木材中の分子の状態は、外部からの拘束を取り除いても固定状態を保ち、吸湿による木材中の水素結合の切断や煮沸程度のエネルギー付与によっても変化しないため、常温常圧下で変形を固定できる。しかし、無拘束状態で、再び水蒸気処理といった固定に寄与したエネルギーと同等かそれ以上のエネルギーが与えられると、固定状態が解除され、無拘束状態で最も熱力学的に安定な分子の状態へ移行し、固定した変形が回復する。

　このように、木材を使用する際に MS クリープや水蒸気処理による変形固定といった、安全面や機能面で問題となりうる現象について、熱力学的観点からその原因を考えることは、木材を工業材料として適切に制御・利用し、信頼性を向上するために非常に重要である。

● 文　　献

Armstrong, L. D., and Christensen, G. N. (1961) Influence of moisture changes on deformation of wood under stress. *Nature* **191**: 869–870. (3.5)

Grossman, P. U. A. (1976) Requirements for a model that exhibits mechano-sorptive behavior. *Wood Sci.*

Technol. **10**: 163–168.（3.5）

Haslett, A. N., Davy, N., Dakin, M., and Bates, R.（1999）Effect of pressure drying and steaming on warp and stiffness of radiata pine lumber. *Forest prod. J.* **49**(6)： 67–71.（3.4）

Huffman, D. R.（1977）High-temperature drying effect on the bending strength of spruce-pine-fir joists. *Forest Prod. J.* **27**(3)： 55–57.（3.4）

Ishimaru, Y., Oshima, K., and Iida, I.（2001）Changes in the mechanical properties of wood during a period of moisture conditioning. *J. Wood Sci.* **47**(4)： 254–261.（3.5）

Ishimaru, Y.（2003）Mechanical properties of wood in unstable states caused by changes in temperature and/or swelling. *Proceeding of the Second International Conference of the European Society for Wood Mechanics*, pp. 69–78.（3.5）

Mukudai, J and Yata, S（1986）Modeling and simulation of viscoelastic behavior（tensile strain）of wood under moisture change. *Wood Sci. Technol.* **20**: 335–348.（3.5）

Salamon, M.（1963）Quality and strength properties of Douglas fir dried at high temperature. *Forest prod. J.* **13**(8)： 339–344.（3.4）

Sulzberger, P. H.（1953）The effect of temperature on the strength of wood, plywood and glued joints. *Aeron. Res. Cons. Comm.* Australia, Rep. ACA-46.44.（3.3）

Takahashi, C., Ishimaru, Y., Iida, I., and Furuta, Y.（2005）The creep of wood destabilized by change in moisture content. Part 2: The creep behaviors of wood during and immediately after adsorption. *Holzforschung* **59**: 46–53.（3.5）

Takemura, T.（1967）Plastic properties of wood in relation to the non-equilibrium states of moisture content（continued）. *Mokuzai Gakkaishi* **13**(3)： 77–81.（3.5）

Takemura, T.（1968）Plastic properties of wood in relation to the non-equilibrium states of moisture content（re-continued）. *Mokuzai Gakkaishi* **14**(8)： 406–410.（3.5）

青木　務, 仲村匡司, 矢野浩之（2007）木質の物理. 日本木材学会（編）, 文永堂出版. 　（3.1）

荒武志朗, 森田秀樹, 有馬孝禮（2002）自然環境下における各種中断面部材のクリープ（第1報）住宅の耐用年数を考慮した将来の変形予測. 木材学会誌　**48**(4)：233–240.（3.5）

荒武志朗, 有馬孝禮（2004）自然環境下における各種中断面部材のクリープ（第2報）負荷時の含水率を考慮した長期変形予測. 木材学会誌　**50**(3)：151–158.（3.5）

石川敦子, 黒田尚宏（2002）高温水蒸気処理したスギ材の吸湿特性. 森林総合研究所研究報告　**1**(3)：179–180.（3.4）

石原（高橋）智佳（2011）水分が関わる木材の変形—近年のMS変形の研究・変形性の工業的利用—. 木材工業　**66**(5)：199–204.（3.5）

井上雅文, 足立幸司, 金山公三（2001）圧縮木材の変形回復に伴う幅反りとその抑制. 木材学会

誌 **47**(3): 198–204. (3.1)

金川　靖, 服部芳明 (1979) 木材の収縮経過 (その2) 細胞の落ち込みに基づく収縮応力. 木材学会誌 **25**: 184–192. (3.1)

蕪木自輔 (1950) 木材材質の森林生物学的研究 (第1報) 野幌産トドマツ材の生材含水率・容積密度数及び収縮変形に関する春秋材部別観察. 林業試験場研究報告 46: 37–70. (3.1)

河崎弥生 (1996) －建築用針葉樹製材のための－人工乾燥材生産技術入門. 岡山県木材加工技術センター. (3.4)

川添正伸, 祖父江 信 (2001) 周期的な湿度変動下における木材の曲げクリープに及ぼす湿度変動周期と試験体断面寸法の影響. 木材学会誌 **47**(2): 81–91. (3.5)

川添正伸 (2005) 継続荷重と含水率変化の相互作用で発生する木材のクリープ. 木材工業 **60**(9): 428–432. (3.5)

工藤充康, 飯田生穂, 石丸　優, 古田　裕 (2003) 飽水木材の力学的性質に及ぼす急冷処理の影響. 木材学会誌 **49**: 253–259. (3.5)

黒田尚宏 (2007) スギ心持ち材乾燥のための基礎研究の展開. 木材学会誌 **53**(5): 243–253. (3.4)

神代圭輔, 古田裕三, 石丸　優 (2008) 乾燥木材の動的粘弾性に及ぼす100℃から200℃における加熱の影響. *J. Soc. Mater. Sci. Jpn* **57**(4): 350–355. (3.5)

小林好紀 (1986) ベイスギ材の落ち込みと組織構造の変化 (第2報). 木材学会誌 **32**: 12–18. (3.1)

酒井温子, 岩本頼子, 伊藤貴文, 佐藤敬之 (2008) 窒素雰囲気下で熱処理された木材の耐久性, 耐蟻性および吸湿性. 木材保存 **34**(2): 69–79. (3.2)

竹村富男 (1961) ブナ材のクリープと含水率について. 島根大農研報 **9**(A-2): 103–107. (3.1)

寺澤　眞 (2004) 木材乾燥のすべて. 海青社. (3.4)

徳本守彦 (2001a) 木材のメカノソープティブクリープとセットⅠ. 木材工業 **56**(2): 48–52. (3.5)

徳本守彦 (2001b) 木材のメカノソープティブクリープとセットⅡ. 木材工業 **56**(3): 100–103. (3.5)

則元　京, 小田幸一, 中野隆人, 中尾哲哉, 石丸　優, 飯田生穂, 祖父江信夫, 古田裕三, 吉原　浩, 村瀬安英, 大谷　忠, 山本浩之, 岡野　健, 小畑良洋, 中井毅尚, 青木　務, 仲村匡司, 矢野浩之 (2007) 木質の物理. 日本木材学会 (編), 文永堂出版. (3.1)

東原貴志, 師岡淳郎, 則元　京 (2000) 水蒸気処理木材の変形固定とその機構. 木材学会誌 **46**(4): 291–297. (3.5)

久田ら (2004) 「わかりやすい樹種別乾燥材生産の技術マニュアル」, 社団法人全国木材組合連合会 (編), 全国木材協同連合会. (3.4)

伏谷賢美, 木方洋二, 岡野　健, 佐道　健, 竹村富男, 則元　京, 有馬孝禮, 堤　壽一, 平井信之 (1985) 木材の物理. 文永堂出版, pp.26(a), 61-62(b), 68-69(c), 75-76(d). (3.1)

古田裕三, 相澤秀雄, 矢野浩之, 則元 京 (1997) 膨潤状態における木材の熱軟化特性 (第4報) 木材の熱軟化特性に与える細胞壁成分の影響. 木材学会誌 **43** (9) : 725–730. (3.3)

古田裕三, 則元 京, 矢野 浩 (1998) 膨潤状態における木材の熱軟化特性 (第5報) 乾燥及び熱履歴の影響. 木材学会誌 **44** (2) : 82–88. (3.5)

古田裕三, 神代圭輔, 三木恒久, 金山公三 (2012) 100〜200℃の温度域における木材および木材構成成分の急発熱挙動. 材料 **4** : 323–328. (3.5)

古野 毅, 澤辺 攻 (1994) 木材科学講座 2 組織と材質. 海青社, pp. 134–136. (3.1)

鷹見博史 (1978) 木材の高温乾燥 (第2報) ベイツガ材の強度的性質及び材色に及ぼす加熱処理条件の影響. 木材学会誌 **24** (6) : 391–399. (3.4)

コラム 3：曲木とわっぱ

　本章にあるように、木材は熱で曲がる。そこに水があるとその効果は格段となる。本コラムでは、熱と水で曲がる木材を利用した曲木と曲げわっぱを紹介しよう。

　曲木に適したブナやナラの豊富な秋田県湯沢市に、1910 年秋田木工（株）（旧秋田曲木製作所）が設立された。日本に初めてトーネットの曲木技術が伝わった 1901 年の 9 年後のことである。曲木の技術は、ミヒャエル・トーネットにより開発された技術である。トーネットはなめし革業を営んでいたフランツ・アントン・トーネットの息子として生まれ、建具職人の下で修行した後、1819 年に家具職人として独立し工房を構えた。1830 年代に入ると、薄い木板同士を接着した積層材を曲げることで家具を作り出そうと試みる。最初の転機は 1836 年に発表された Boppard Chair であった。木を蒸して柔らかくしてから曲げる曲木の技法を発明し、これを工場で大量生産した。代表的な椅子は『14』（現在は 214 として生産されている）でこれは 19 世紀に約 5000 万脚が生産された。息子のアウグス・トーネットのデザインした『NO.209』（1871 年）はル・コルビュジェが愛用したことで知られ別名コルビュジェ・チェアとも呼ばれている。

　同じ秋田県の大館市に曲げわっぱがある。秋田の曲げわっぱは、柾目の天

コラム3：曲木とわっぱ

秋田木工の曲木　　　　　　　大館工藝社の曲げわっぱ

然スギを用いていたが、今後国有林では天然スギは伐採しないということで、造林スギを用いざるを得なくなっている。しかし、造林スギは天然スギに比べ、曲げたときに折れる割合が高く、これをどう解決するか、現在研究中とのことである。このように、伝統工芸は技術が材料に依存していることが分かる。

― 中村　昇 ―

第4章 破壊力学と木材

材料力学はルネサンス期に多用されたが、19世紀あたりから鉄鋼が増産され、構造物は巨大化していった中で材料力学の問題点が浮上してきた。当時は、大きな構造物はリベット・継手で接合されていたため、構造物全体が損傷することは稀であった。しかし、20世紀中頃から溶接構造が広く使われるようになり、一箇所で発生したき裂が溶接部を通り構造物全体に波及する事故が多発するようになった。脆性破壊について最初に研究したのは、イギリスの科学者グリフィス（Alan Arnold Griffith）である。第二次世界大戦下で米国が建造していたリバティ船が多数脆性破壊で損傷したことにより、グリフィスの脆性破壊の研究が脚光をあびた。さらにこの分野の確立に決定的であったのはアーウィン（G. R. Irwin）の応力拡大係数の導出であり、これによりエネルギー理論から応力理論への橋渡しが完成し、材料力学との比較も用意になったことによりこの学問分野は破壊力学の名称が与えられた。

木材は繊維方向に割裂しやすいため、破壊力学の適用が期待されていたが、欧州では実際に設計規準に取り入れられており、今後研究の進展が望まれている。ここでは、破壊力学の基礎と応用について紹介する。

4.1 線形破壊力学

材内に欠陥を持たない材料の強度特性は、負荷した荷重を断面積で除することで得られる引張強さや初等はり理論から得られる曲げ強さなどで評価される。しかし、材料の破壊はしばしば内在する欠陥から進展することが多く、このような単純な強度論で強度特性を評価することが困難である場合が多く、欠陥を持つ材料の評価法が必要となる。その中で、材料に鋭いき裂がある場合は本項で述べる線形破壊力学による評価が有効である。

4.1 線形破壊力学

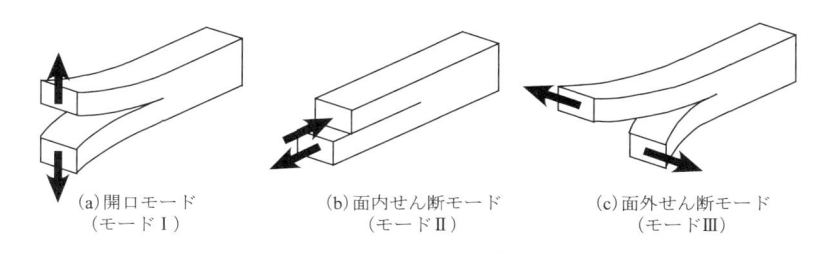

(a)開口モード　　　　(b)面内せん断モード　　　(c)面外せん断モード
（モードⅠ）　　　　　（モードⅡ）　　　　　　（モードⅢ）

図 4-1-1　3つの独立した破壊モード
Fig. 4-1-1　Three modes of loading applied to a crack.

図 4-1-1 に 3 つの独立した破壊モードを示す。破壊力学による強度評価は、これらの純粋なモードおよび混合したモードにおける破壊力学特性値であるエネルギー解放率（G 値）あるいは応力拡大係数（K 値）の評価に帰着される（Anderson 2005）。

以下、き裂進展時のエネルギー解放率（破壊じん性値）G_c の求め方の概略を述べる。図 4-1-2 にき裂長さ a を持つ材料に荷重を負荷し、$a + \Delta a$ の長さまでき裂を進展させた後除荷したときの荷重（P）-変位（u）関係の模式図を示す。き裂の進展のために供給されたエネルギーはこの図の網点部分の面積 ΔS に相当する。したがって、き裂の幅を B とすると生成されるき裂面積は $B\Delta a$ となるため、き裂進展時のエネルギー解放率（破壊じん性値）G_c は以下の式で示される）（Adams *et al.* 2003）。

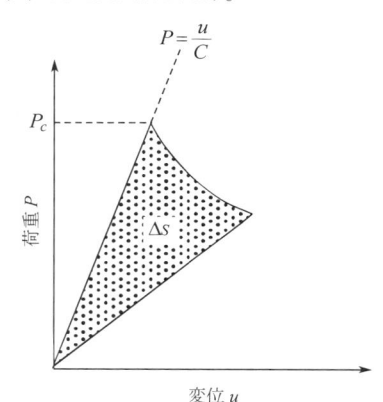

図 4-1-2　き裂長さ a を持つ試験体のき裂が Δa 進展した際の荷重-変位関係
Fig. 4-1-2　Schematic load-displacement curve under the crack propagation.

$$G_c = \frac{\Delta S}{B \Delta a} \tag{4.1.1}$$

図4-1-2のように、き裂長さ a の材料が臨界荷重 P_c でき裂進展を開始したとすると、G_c は以下の式で示される。

$$G_c = \frac{P_c}{2B} \cdot \frac{dC}{da} \tag{4.1.2}$$

ここで C は試験体のコンプライアンスである。

 P–u 関係が適切に定式化されることにより、(4.1.2)式を用いて G_c 値を得ることができる。以下に述べる双片持ちばり試験（DCB試験）(Wilkins *et al.* 1982)と端部切欠ばりの3点曲げ試験（3ENF試験）(Russel *et al.* 1985)ははり理論に依拠しており、適切に P–u 関係を定式化することができることから破壊じん性値の測定に採用されることが多い。

 DCB試験は**図4-1-3**(a)のように中央にき裂が挿入された試験体の片持ちばり部分を相対する方向に引張力を加えることによってモードⅠの破壊を生じさせる方法である。幅 B で厚さ $2H$ の矩形断面をもつ通直な試験体の端部に長さ a のき裂が挿入されているとし、開口変位を δ とすると、初等はり理論から荷重点のコンプライアンス C (=δ/P) は以下の式で表される。

$$C = \frac{8a^3}{3EBH^3} \tag{4.1.3}$$

ここで E は試験体の長手方向のヤング率である。(4.1.3)式を(4.1.2)式に代入することにより、モードⅠの G_c 値である G_{Ic} は以下の式で与えられる。

$$G_{Ic} = \frac{12 P_c a^2}{EB^2 H^3} \tag{4.1.4}$$

 一方、ENF試験は**図4-1-3**(b)のように中央にき裂が挿入された試験体を2点で支持し、中央に集中荷重を加えてモードⅡの破壊を生じさせる方法である。DCB試験体と同じ形状を持つ試験体がスパン $2L$ で支持されているとし、スパン中央に荷重 P を負荷したときの荷重点変位を δ とすると、初等はり理論から荷重点のコンプライアンス C (=δ/P) は以下の式で表される。

$$C = \frac{2L^3 + 3a^3}{8EBH^3} \tag{4.1.5}$$

(4.1.5)式を(4.1.2)式に代入することにより、モードⅡの G_c 値である G_{IIc} は以下の式で与えられる。

$$G_{\text{IIc}} = \frac{9P_c a^2}{16EB^2 H^3} \tag{4.1.6}$$

モードⅢの試験法として、端部にき裂を持つ板状試験体のねじり試験(ECT試験)(Lee 1993)や端部切欠ばりの片持ちばり部分に互い違いに曲げ負荷を与える試験(SCB試験)(Sharif et al. 1995)などが代表的であるが、モードⅠやモードⅡの試験法ほど十分には検討されていない。また、実用的な場面ではき裂先端の状態が上記の3つのモードが混合することが多いため、木材や木質材料でもさまざまな混合モード負荷試験が実施されている(Wu 1967; Mall et al. 1983; Tschegg et al. 2001; Oliveira et al. 2007; de Moura et al. 2011)。

木材や木質材料などの高分子系複合材料の破壊じん性試験では、弾性論に基づいて得られる荷重－変位関係に(4.1.2)式を適用して破壊じん性値を求めることが基本的な考え方である。しかし、こうした高分子系材料ではき裂近傍の非線形および強変形領域やき裂界面に発生する繊維架橋などの影響により、弾性論から導出される荷重－変位関係から逸脱した挙動を示すことが多い(北條・影山 1997)。こうした挙動を考慮し、コンプライアンスとき裂長さ関係を破壊じん性試験とは別途求めておくコンプライアンス較正法(JIS K 7086-98 1993)や、上述の挙動を等価き裂長さとして実際のき裂長さに加算する方法など(de Moura et al. 2006; Yoshihara et al. 2009)、より適切に破壊力学特性を評価する試みがなされている。また、木材や木質材料では繊維架橋などによりき裂の進展とともに破壊じん性値が漸増する現象が顕著であることから、き裂進展開始

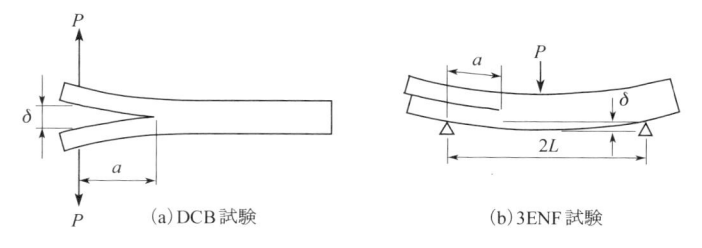

図 4-1-3　DCB試験および3ENF試験の概略
Fig. 4-1-3　Diagrams of DCB and 3ENF tests.

時の破壊力学特性値のみならず、き裂進展長さと破壊じん性値の関係であるき裂進展抵抗曲線（R 曲線）を求める頻度も近年増加している（JIS K 7086-98 1993; Matsumoto *et al.* 2009; Yoshihara 2010）。

直交異方性材料の各モードのエネルギー解放率と応力拡大係数には以下の関係がある（Sih *et al.* 1965）。

$$\begin{cases} G_\mathrm{I} = \dfrac{K_\mathrm{I}^2}{\sqrt{2 E_x E_y}} \sqrt{\sqrt{\dfrac{E_x}{E_y}} + \dfrac{1}{2}\left(\dfrac{E_x}{G_{xy}} - 2\nu_{xy}\right)} \\ G_\mathrm{II} = \dfrac{K_\mathrm{II}^2}{\sqrt{2} E_x} \sqrt{\sqrt{\dfrac{E_x}{E_y}} + \dfrac{1}{2}\left(\dfrac{E_x}{G_{xy}} - 2\nu_{xy}\right)} \\ G_\mathrm{III} = \dfrac{K_\mathrm{III}^2}{2\sqrt{G_{yz} G_{xz}}} \end{cases} \quad (4.1.7)$$

ここで E_x、E_y、E_z は異方性主軸方向のヤング率、G_{xy}、G_{yz}、G_{xz} は異方性対称面のせん断弾性係数、ν_{xy}、ν_{yz}、ν_{xz} は異方性対称面のポアソン比である。き裂は x 軸方向に沿って存在し、き裂表面は xz 平面に一致しているとする。応力拡大係数は試験体形状と破壊発生時の臨界荷重のみで評価できる便利さから、かつては応力拡大係数で破壊力学特性を評価することが多かった。一方、エネルギー解放率の測定には荷重－変位関係が必要となるが、応力拡大係数に比べて数学的にきちんと定義することができることから、近年ではエネルギー解放率で破壊力学特性を評価することが多くなっている（Adams *et al.* 2003）。

なお、き裂の有無にかかわらず包括的に強度特性を評価する試みがいくつかなされている。増田によって提案された「有限小領域理論」では、ある有限な領域内での平均応力が臨界値に達した際に破壊が発生するとしている（増田 1986；増田ら 1995）。一方、スサンティ（Susanti）らは木材素材の強度が非常に短いき裂を導入によって無欠点のものに比べて著しく低下することに注目し、無欠点の材料にも仮想的なき裂が存在することを仮定することにより線形破壊力学的手法で強度特性の予測を試みている（Susanti *et al.* 2010, 2011; Nakao *et al.* 2012）。こうした試みはまだ萌芽的であり、今後の展開が期待されるところである。

4.2 非線形破壊力学

　欠点や切り欠きを有する実大材の引張りでの破壊挙動は一般的に脆性的であるといわれ、線形破壊力学（LEFM）の適用は有効である。しかし三橋と星野（1990）は、木材の特有な微細構造や不均質性のために線形弾性破壊力学パラメータは木材の破壊靭性に対して過小評価を与える傾向にあるとしている。実際に電子顕微鏡観察によりクラック先端で剥離した細胞が架橋している様子が観察され、クラック閉口応力の存在が示唆されている（Smith and Vasic 2003）。基本的な LEFM の理論では、き裂先端は応力が無限大となるが、実際の材料ではそのような状態は許容できず応力の緩和が生じている。金属では塑性変形が生じ、木材では繊維架橋（fiber bridging）による高じん化機構（toughening mechanism）が働いているともいわれる（Smith et al. 2003）。

　き裂先端では、高じん化機構を生じる局所的な破壊の移行領域があるといわれ、破壊過程領域や破壊進行領域（FPZ: fracture process zone）と呼ばれる。この領域の大きさは本質的には一定であるとされており、試験体の大きさが小さくなれば相対的に FPZ の影響は大きくなる。これが寸法効果の一因とされ、試験体が小さくなると LEFM 理論から逸脱すると考えられている。LEFM の適用域についてはバジャン（Bažant 1984）が非線形寸法効果則を提案し、それに基づいてアイヒャー（Aicher 1993）が木材での適用性を検討している（**図 1-3-3**）。

　この節では、まずき裂先端の応力分布とそれを考慮した等価弾性き裂長さの考え方を説明する。そして、き裂先端の変形の評価方法としてき裂先端開口変位（CTOD）を紹介する。次に視点を変えて、ポテンシャルエネルギーの変化から非線形破壊挙動を評価する J 積分を紹介する。最後に木材のき裂進展モデルなど、非線形破壊力学に関する研究のいくつかを紹介する。

4.2.1　き裂先端付近の塑性域とき裂先端開口変位（CTOD）

　弾性解析におけるモード I 状態での主応力は以下とされる（平面応力の場合）。

$$\sigma_1 = \frac{K_I}{\sqrt{2\pi r}} \cos\frac{\theta}{2}\left(1+\sin\frac{\theta}{2}\right) \qquad (4.2.1)$$

$$\sigma_2 = \frac{K_I}{\sqrt{2\pi r}} \cos\frac{\theta}{2}\left(1 - \sin\frac{\theta}{2}\right) \tag{4.2.2}$$

$$\sigma_3 = 0 \tag{4.2.3}$$

ミーゼスの降伏条件(最大せん断ひずみエネルギー説)が成り立つとする。

$$(\sigma_1 - \sigma_2)^2 + (\sigma_2 - \sigma_3)^2 + (\sigma_3 - \sigma_1)^2 = 2\sigma_Y^2$$

ここでσ_Yは単軸引張における降伏応力である。このとき降伏条件が満たされる限界距離$r_p(\theta)$は以下となる。

$$r_p(\theta) = \frac{K_I^2}{4\pi\sigma_Y^2}\left[1 + \frac{3}{2}\sin^2\theta + \cos\theta\right] \tag{4.2.4}$$

ここでθはき裂方向からの角度で、き裂進展方向を0とする。この範囲の中は塑性域であると考えられるが、それらは弾性解析によって得られるもので実際の塑性域はさらに広くなる。ここで降伏条件を越えた領域が一定の応力になる弾完全塑性体モデルを考える。そのとき塑性域寸法は$r_p(0)$の2倍となり、実際の応力分布は$a + r_p(0)$をき裂長さとした場合の弾性解の分布に一致する。このような降伏限界距離$r_p(0) = (1/2\pi)(K_I/\sigma_Y)^2$を加えた長さは「等価な弾性き裂」として扱われる(図4-2-1)。このモデルは降伏限界距離がクラック長さに対して十分に小さい場合(小規模降伏)に成り立ち、金属などでは等価な弾性き裂長さは工学的な評価方法として有効である(萩原・鈴木 2000)。

　モードI破壊では、き裂面の放線方向の変位によって開口する。き裂面の変位量が応力拡大係数に関係するために、き裂先端開口変位(CTOD: crack tip opening displacement)は破壊基準とすることができる。き裂面の変位をvとし、前述の等価な弾性き裂先端からの距離をr_{p*}とすると、実際のき裂先端の開口変位δは以下となる(小林 1993)。

$$\delta = 2v = \frac{4}{\pi E} K_I^* \sqrt{2\pi r_p^*} \tag{4.2.5}$$

平面応力状態を考え、$K_I^* = K_I$、$r_{p*} = (1/2\pi)(K_I/\sigma_Y)^2$とすると以下の式が求まる。

$$\delta = 2v = \frac{4}{\pi} \cdot \frac{K_I^2}{E\sigma_Y} \tag{4.2.6}$$

き裂先端開口変位(CTOD)は応力拡大係数や降伏応力から求まる値であるが、実際にはCTODはき裂先端の変形状態を示す。降伏領域がクラック長さに対し

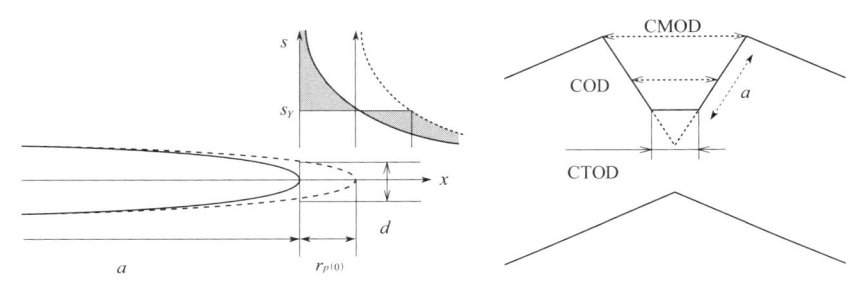

図 4-2-1 き裂先端の塑性域
Fig. 4-2-1 Plastic deformation area at the tip of a crack.

図 4-2-2 CTOD と CMOD
Fig. 4-2-2 CTOD and CMOD.

て十分に小さいという小規模降伏条件を満たさず、応力拡大係数が適用できない条件でも十分に活用できる基準である。また、き裂面が剛体的に回転すると仮定して、幾何学的関係からクリップゲージで測定したき裂肩口開口変位（CMOD: crack mouth opening displacement）から CTOD に関係づけられ、CMOD も CTOD と同様に使用される（**図 4-2-2**）。たとえば、祖父江と浅野（1987）は負荷速度と含水率が破壊基準に与える影響を検討した。高含水率材ではクロスヘッド速度にかかわらず破壊時の CMOD は一定値となり、CMOD 破壊基準を考慮した粘弾性モデルから予測される限界荷重は、その実験結果とよく一致するとした。なお、き裂の任意点の開口変位を COD（crack opening displacement）と呼び、CTOD や CMOD も COD と表現されることもある。

4.2.2　J 積分

非線形弾性や弾塑性状態の破壊に用いられる手法のひとつに J 積分がある。厳密な解釈は他書（例えば岡村 1976）を参照するとして、基本的には(4.2.7)式で定義される経路積分であり、き裂長さの変化に伴うポテンシャルエネルギーの解放率を示している（**図 4-2-3**）。

$$J = \int_\Gamma \left(W dy - P \frac{\partial u}{\partial x} dc \right) \tag{4.2.7}$$

ここで、W はひずみエネルギー密度、P と u は経路 Γ 上に外側から作用する力および変位のベクトルである。線形弾性体では J 積分はエネルギー解放率と等

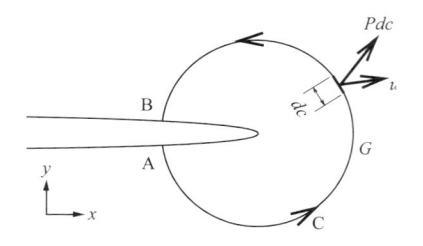

図 4-2-3 J積分の概略
Fig. 4-2-3 Concept of J-integral.

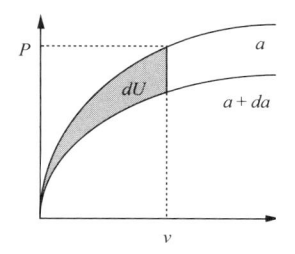

図 4-2-4 J積分の実験的解法
Fig. 4-2-4 Experimental evaluation of J-integral.

価であり、非線形弾性体にまで拡張したパラメータとされる。解析的には有限要素法が用いられ、実験的にはエネルギー解放率を求めた手法を曲線にまで拡張した方法として以下の式から求められる(**図 4-2-4**)。

$$J = \frac{\partial U}{\partial a} \tag{4.2.8}$$

ここで U はひずみエネルギー、a はき裂長さである。つまりJ積分値 J は、変位一定値 v の状態で、き裂増分 da に伴うひずみエネルギー減少量 dU として求められる。基本的には弾性問題の概念であり、弾塑性問題にも適用されるが、弾塑性問題では除荷時の応力ひずみ曲線が負荷時と異なるため、除荷のない場合においてのみ適用できることを念頭におく必要がある(萩原・鈴木 2000)。

たとえば、三橋と星野(1990)は木材のCT試験を行い、J積分値 J とCTOD δ を求めた。これらの関係からリーら(Li *et al.* 1987)の手法を適用し、き裂先端の応力 σ を(4.2.9)式によって求め、引張軟化特性を評価した。

$$\sigma(\delta) = \frac{dJ(\delta)}{d(\delta)} \tag{4.2.9}$$

これによって木材の特有な微細構造や非均質性のために、最大荷重に達する前に既に非線形挙動を示し、最大荷重以降も破面のブリッジングによる抵抗力を有するとした。

4.2.3 仮想き裂モデル(Fictitious Crack Model)

非線形破壊機構のモデル化としては仮想き裂モデル(仮想ひび割れモデル,

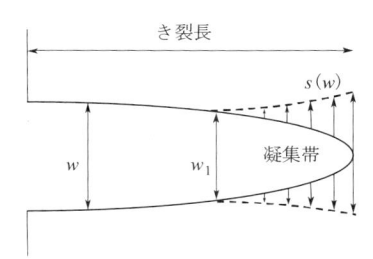

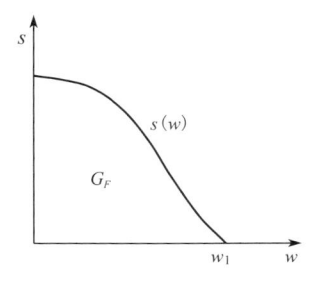

図 4-2-5 仮想き裂モデル（Hillerborg *et al.* 1976）
Fig. 4-2-5 Fictitious crack model (Hillegborg *et al.* 1976).

fictitious crack model) や凝集き裂モデル (cohesive crack model) がある。ヒラボーグら (Hillerborg *et al.* 1976) は微少き裂領域 (microcracked zone) の存在を考えて、仮想ひび割れ (fictitious crack) もしくは凝集き裂 (cohesive crack) を提案した。このモデルでは実際のき裂先端を、一様ではない閉塞応力 (closing stress) を有している等価き裂で置き換えている (**図 4-2-5**)。

この場合、破壊エネルギーは応力－き裂開口曲線の積分値として得られる。

$$G_F = \int_0^{w_1} \sigma(w)\,dw$$

ここで、G_F は破壊エネルギー、w_1 は応力がなくなる地点でのき裂開口変位である。関数 $\sigma(w)$ は材料特性として考えることもでき、このように応力が低下する特性をひずみ軟化 (strain-softening) とされる。またひずみ軟化がみられる材料は準脆性材料 (quasi-brittle material) と呼ばれる。

仮想き裂モデルの木材への適用はボシュトロム (Boström 1992) から始まる。彼は木材もコンクリートと同様に最大荷重後の軟化パラメータと破壊エネルギーで評価できるとした。スタンツェル-ツェッグら (Stanzl-Tschegg *et al.* 1995) は木材にくさび型割裂試験 (wedge-splitting) を導入した。有限要素法解析によって曲げ応力と引張応力を分離し、**図 4-2-6** に示すような軟化曲線のモデル化を行った。破壊エネルギーを微少き裂 (microcraking)（き裂前方）と繊維架橋 (bridging)（き裂後方）に分け、放射方向の割裂では繊維架橋の破壊エネルギーへの寄与が大きいとした。リエタラーら (Reiterer *et al.* 2002) は広葉樹材と針葉樹材のくさび型割裂試験を行い、初期剛性では放射組織の体積割合の影響を強く

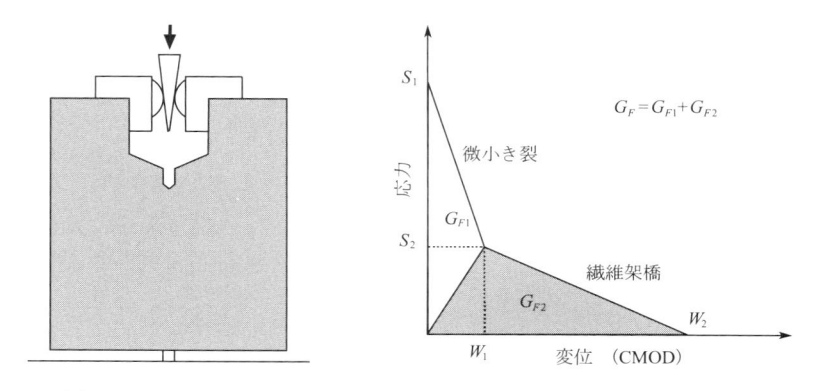

図 4-2-6 くさび形割裂試験と軟化曲線モデル（Stanzl-Tschegg *et al.* 1995）
Fig. 4-2-6 Wedge splitting test and a model of softening curve (Stanzl-Tschegg *et al.* 1995).

受けるが、破壊エネルギーはそれほど受けないとした。キューネックら（Keunecke *et al.* 2007）はイチイとスプルースでくさび型割裂試験を行った。繊維直交方向破壊での組織構造の影響を確認し、繊維架橋の寄与を強調した。暮沼ら（2012）は熱処理木材でくさび型割裂試験を行い、熱処理の影響を評価した。

き裂が進展するために必要な単位き裂長さ当たりのエネルギーをき裂進展抵抗 R（crack growth resistance）と呼び、弾性解析ではエネルギー解放率 G と同じ値である。しかし、き裂先端に FPZ を有する場合には高靭化機構の成長にしたがって R 値は上昇し、き裂が十分に進展すると R 値はレベルオフする。この変化は抵抗曲線または R 曲線（R-curve）と呼ばれる。モレルら（Morel *et al.* 2005）は R 曲線から軟化挙動を考察し、等価な弾性き裂長さを検討している。野口と中村（2012）は、木材の破壊進行の理解には仮想き裂モデルの適用が必要と考え、破壊進行領域（FPZ: fracture process zone）を初期割裂長さとすることを提案している。

FPZ の大きさについては、何人かの研究者によって検討が行われている。ボシュトロム（Boström 1992）は繊維方向の長さを約 2 mm とした。アイヒャー（Aicher 2010）はバジャンの非線形寸法効果則を適用して長さを 2.14 mm とした。宇京と増田（2004）や宮内と村田（Miyauchi and Murata 2007）は独自の方法でひずみ軟化挙動を評価し、それに基づいて村田ら（Murata *et al.* 2011）は FPZ の幅を 0.3～0.5 mm と見積もった。これらについては検証が少なく、ひずみ軟化挙動

についてはさらなる研究が期待される。

4.3　破壊力学の設計への応用

4.3.1　破壊力学を応用した設計方法・耐力式

まず、「破壊力学を応用した設計式・耐力式」という言葉の意味を説明する。構造力学や材料力学で計算するときには、ヤング係数・強度・ポアソン比など材料定数を用いる。実は破壊力学でも同じものを使うのだが、もう一つ「破壊じん性値」と呼ばれる数値を用いることが大きく異なる点である。破壊じん性値には、破壊エネルギーG_f、破壊パラメータC_r、エネルギー解放率G_c、J積分J_{IC}などの種類がある。これらを使って計算している、というぐらいの理解で良い。破壊力学の基本的な考え方については、前節で紹介している。

木質構造設計規準(2010、以下木規準)の中で、部材が割裂により破壊する場合の終局耐力P_{uw1}が破壊力学を応用した式である。それ以前の版までは、ヨーロッパ型降伏理論式が主として使われていた。一方で、様々な形式の接合部が提案されてきたため、規準が当初想定していたものとは異なる形式のものも存在する。そこで、木材の割裂なども確認する必要や、設計の自由度を高めたいという社会的要求があり、このような式が必要となったものと考えられる。また、設計の自由度を高めるということも含まれていたと予測される。そのため、終局耐力設計の考え方が部分的に取り入れられ、割裂耐力式が規準に加えられた。

ここで、規準に加えられた式と近年発表されたものを紹介する。どちらも破壊じん性値が考慮されている点を確認してほしい。

4.3.1.1　繊維直交方向に加力を受ける場合

2006年に改訂された木規準に掲載された耐力算定式がある。これは、<u>繊維直交方向に加力を受けた場合の接合部</u>に対するもので、最初に提案されたのは、(4.3.1)式である (TACM van der Put *et al.* 2000)。この式では**図4-3-1**に示すように、加力によって梁が分割して曲げ変形をしている状態を想定している。この式を変形させ、(4.3.2)式のように破壊パラメータC_rを定義し、木規準に加えられた。

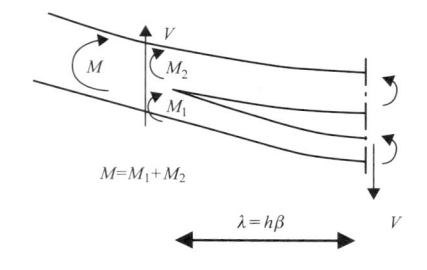

図 4-3-1　割裂し曲げ変形した梁のモデル
Fig. 4-3-1　Evaluation model with cracked beam.
（TACM van der Put *et al.* 2000）

$$\frac{P_{uw}}{b\sqrt{h}} = \sqrt{GG_C}\sqrt{\frac{\alpha}{1-\alpha}} \tag{4.3.1}$$

$$C_r = \sqrt{\frac{GG_C}{0.6}}, \tag{4.3.2}$$

ここで、$\sqrt{GG_C}$：独自に定めた材料定数、b:梁幅、h：梁せい

4.3.1.2　繊維方向に加力を受ける場合

繊維方向に加力を受けた場合の接合部に対する耐力算定式の例として、(4.3.3)式、(4.3.4)式を示す(Jensen *et al.* 2011)。この式は現時点では木規準等には採用されていないが、許容耐力を求める(4.3.1)式と同じように幾つかの破壊形式を想定し、その中で下限値を求めようとしたものである。ちなみに、(4.3.3)式と(4.3.4)式は異なる研究者による提案である。この論文では、破壊形式として図 4-3-2 に示す 2 つを想定している。

$$P_{u,brittle} = \min \begin{cases} P_{u,hole} \\ P_{u,split,end} \end{cases} \tag{4.3.3}$$

$$P_{u,shear} = \Phi 2 f_v t a_3 \tag{4.3.4}$$

ここでは式が 3 つあるが、少々煩雑なので、破壊力学が特に応用されている(4.3.4)式のみを紹介する。

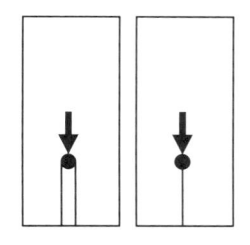

左：せん断破壊(row shear failure)、右：割裂破壊(splitting failure)
図 4-3-2　繊維方向加力における破壊モード
Fig. 4-3-2　Failure modes of bolted connections loaded parallel to grain.

$$P_{u,shear} = \Phi 2 f_v t a_3$$

$$\Phi = \frac{\tanh \omega}{\omega}, \quad \omega = f_v a_3 \sqrt{\frac{2}{G_f dE}}$$

ここで、f_v:せん断強度、G_f:繊維平行方向の破壊エネルギー、E:繊維方向のヤング係数、d:ボルト径、t:木材の厚さ、a_3:端距離、である。

ちなみに、この式は[単位接合部]に関する式であり、接合部[全体]になると更に複雑なものとなるので、ここでは省略する。

4.3.2 構造計算への適用例

ここでは木規準(2010)に従い、次の物件の接合部に対して、構造設計を行う。なお、物件の詳細は木造建築構造の設計(2004)を参照とする。物件における断面図と骨組み解析の結果を**図 4-3-3**、**4-3-4** に示す。ここでは、図中の接合部 1、接合部 2 のみの計算結果を示す。

設計条件：許容応力度計算（長期）

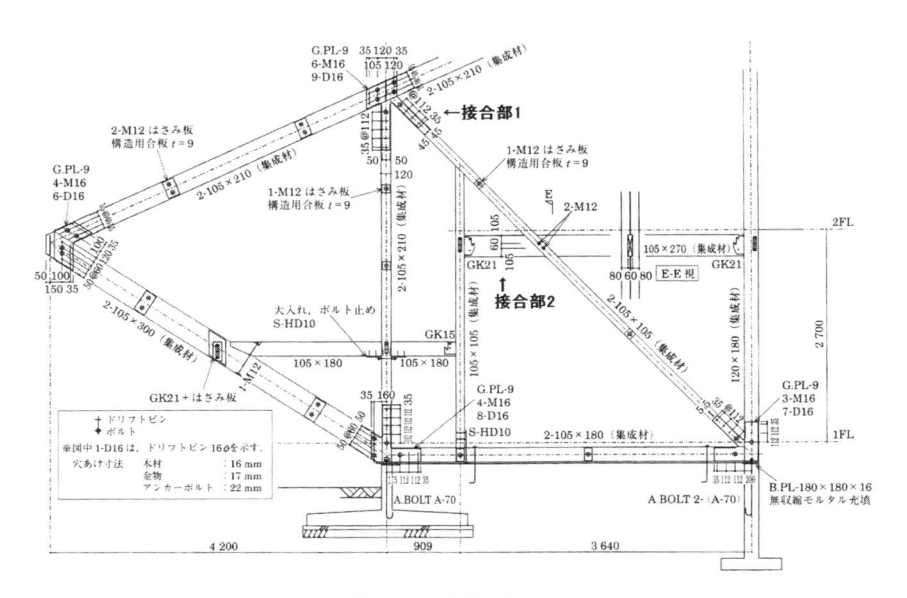

図 4-3-3　物件の断面図
Fig. 4-3-3　Cross section diagram for a building.

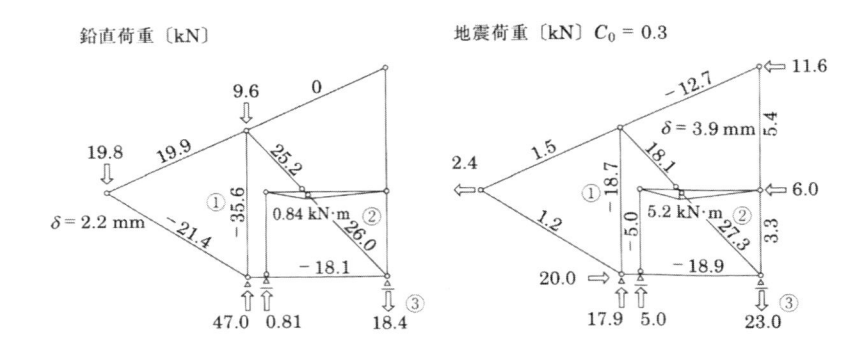

鉛直荷重〔kN〕　　　　　　　　地震荷重〔kN〕 $C_0 = 0.3$

図 4-3-4　各部材に発生する軸力・曲げモーメント
Fig. 4-3-4　Distribution of axial force and bending moment.

外力の条件：接合部 1　軸力=25.2 kN、接合部 2　せん断力=5.2 kN
接合形式：接合部 1　鋼板添板形式、接合部 2　鋼板挿入形式
材料定数・寸法：樹種=J1 グループ、F_e(繊維方向)= 25.4 N/mm^2、F_e(繊維直交方向)= 12.7 N/mm^2、F_s=2.4 N/mm^2、C_r=12.0 N/mm$^{1.5}$、接合具の径：16 mm、主材厚 l：210 mm（接合部 1）、105 mm（接合部 2）

以下の計算の流れと用いている式と記号は付録で詳しく説明をしている。

4.3.2.1　計算例

・接合部 1（繊維方向加力の例）

まず、［単位接合部］の降伏耐力 p_y をヨーロッパ型降伏理論より(4.3.5)式より算出する。

$$p_y = C \times F_e \times d \times l \tag{4.3.5}$$

ここで、$C = \dfrac{d}{l}\sqrt{\dfrac{8}{3}\gamma} = 0.38$、降伏モードがⅣのため、接合種別:JA、$r_u$=1.2 と判定される。

　　　p_y=0.38×25.4×16×210=32.4 kN

次に、［単位接合部］の終局耐力 p_{u0} を次のように算出する。

　　　$p_{u0} = r_u \times p_y = 1.2 \times 32.4 = 38.9$ kN

次に、接合部［全体］の耐力の計算に行う。設計用許容せん断耐力 P_a を(4.3.6)式より算出する。

$$P_a = {}_jK_d \times {}_jK_m \times P_0 \tag{4.3.6}$$

ここで、${}_jK_d$=1.1、${}_jK_m$=1.0 であり、P_0は(4.3.7)式より算出する。

$$P_0 = {}_jK_0 \times {}_jK_f \times {}_jK_r \times P_{u0} \tag{4.3.7}$$

ここで、${}_jK_0$=1/2、${}_jK_f$=2/3、接合種別が JA であるため${}_jK_r$=1.0 となり、P_{u0}は(4.3.8)式より算出する。

$$P_{u0} = \min \begin{cases} P_{uj} \\ P_{uw} \end{cases} \tag{4.3.8}$$

ここで、P_{uj}は(4.3.9)式、P_{uw}は(4.3.10)式より算出する。ただし、接合具が一列しか存在しないため、集合型せん断耐力の計算に必要となる有効断面積(A_{et}、A_{es})が定義できないため、P_{uj}のみ求める。

$$P_{uj} = \sum_{i=1}^{m} \left({}_jK_n \times n_i \times r_u \times p_y \right) \tag{4.3.9}$$

$$P_{uw} = \max \begin{cases} A_{et} \times F_t \\ A_{es} \times F_s \end{cases} \tag{4.3.10}$$

(4.3.9)式において、本接合部では m=1 であるため、P_{u0}は次のように求められる。後は順次式に代入することで、設計用許容せん断耐力P_aを求めることができる。そして発生する軸力と比較すると、構造安全性を確認することができる。

$P_{u0}=P_{uj}$=0.95×4×1.2×32.4=147.7 kN
P_0=(1/2)×(2/3)×1.0×147.7=49.2 kN
P_a=1.1×49.2=54.1 kN > 25.2 kN(軸力) →OK

・接合部2(繊維直交方向加力の例)

接合部2が支える梁材に発生するせん断力は 0.81kN であるため、これに対する構造計算を行う。[単位接合部]に対する計算は先ほどと同様である。

C=1.0、降伏モードが I のため、接合種別が JC、r_u=1.0 と判定される。

$p_y = 1.0 \times 12.7 \times 16 \times 105 = 21.3$ kN

[単位接合部]の終局耐力 p_{u0} を算出する。

$p_{u0} = r_u \times p_y = 1.0 \times 21.3 = 21.3$ kN

次に、接合部[全体]の耐力の計算を行う。P_{u0}を定めるためのP_{uj}とP_{uw}は繊維方向加力とは異なり、(4.3.11)式、(4.3.12)式、(4.3.13)式、(4.3.14)式のように

なる。

$$P_{uj} = m \times n \times r_u \times p_y \tag{4.3.11}$$

$$P_{uw} = \min \begin{cases} P_{uw1} \\ P_{uw2} \end{cases} \tag{4.3.12}$$

$$P_{uw1} = 2 \times C_r \times l \times \sqrt{\dfrac{h_e}{1 - h_e/h}} \tag{4.3.13}$$

$$P_{uw2} = \dfrac{2}{3} \times \xi \times h_e \times l \times F_s \tag{4.3.14}$$

以上の式に値を入力した結果は以下の通りである。

$P_{uj} = 2 \times 1 \times 21.3 = 42.6$ kN

$P_{uw1} = 2 \times 12 \times 165 \times \sqrt{(165/0.39)} = 51.8$ kN

$P_{uw2} = (2/3) \times 1 \times 165 \times 105 \times 2.4 = 27.7$ kN

よって、$P_{uw} = 27.7$ kN となる。また(4.3.8)式より $P_{u0} = P_{uj} = 39.6$ kN となる。

以上の計算より、設計用許容せん断耐力 P_a を求めることができる。そして発生するせん断力と比較すると、構造安全性を確認することができる。

$P_0 = (1/2) \times (2/3) \times 0.75 \times 27.7 = 6.9$ kN

$P_a = 1.1 \times 6.9 = 7.6$ kN > 0.81 kN →OK

以上、破壊力学を応用した設計手法について、いくつか紹介をした。破壊力学は、それを使って構造物を設計することが目的ではない。危険な破壊が起きてしまったことを理論的に解明することが目的であり(岡村1976)、その理論の裏付けによって危険な破壊が発生する条件を定めるというものである。つまり制約をつけるための裏付けを示すものである。近年は設計の自由度も高まったことから、設計の中でも使おうということが世界的な流れではないかと考えられる。しかしながら、現行の耐力算定は、き裂・破壊のみを考慮しても煩雑な点があり、合理的な設計を行うためには、適用すべき箇所とそうでない箇所を明確に区別することが重要である。

　木質構造における接合部の設計方法と破壊力学を応用した設計方法について説明した。これらの具体的な例として、日本建築学会より文献が発行された(木質構造接合部設計事例集 2012)。実際に手を動かし、計算の方法を確認して欲しい。

4.4 破壊力学とひずみ解析

材料の破壊過程の実験的評価には応力・ひずみ計測が不可欠である。一般にはひずみゲージが使用されているが、点計測であるために応力集中部を効果的に検知することは難しい。そこで、測定物表面の変形・ひずみ分布計測が求められ、それらは全視野計測法と呼ばれる。特に複雑な構造をもつ木材では全視野計測による応力・ひずみ評価が重要な役割を果たす。この節では、木材研究で利用されている代表的な全視野ひずみ計測法を紹介する。

4.4.1 応力塗膜法

ぜい性的な破壊特性をもつ塗膜が塗布された試験体にひずみが生じたとき、塗膜には大きなひずみが生じている部分から鮮明なき裂模様が現れる。き裂方向は引張主ひずみに垂直で、その間隔とひずみ値の間には対応性が見られるとされる。この特性を利用してき裂密度から試験体表面のひずみ値を求める方法が応力塗膜法(ぜい性塗膜法)であり、使用される塗料は応力塗料やひずみ塗料と呼ばれる。古くから試みられている方法であり、木材への適用については佐々木(1961)によって詳しく調べられている。

応力塗膜法に用いられる塗膜には自然乾燥型、熱乾燥型、特殊型などがあるが、自然乾燥型が主に用いられる(菅野ら 1986)。塗料膜のひずみ感度は、乾燥時の温度と湿度に大きく支配されるため、温度特性と湿度特性を把握することが重要である。各塗料で定められた適合温度以下で乾燥してはならず、適合条件の湿度より低湿度では焼割れが生じ、高湿度では感度が著しく低下する。ぜい性が高い塗膜ではあるが、一般的な塗料と同じように粘弾性挙動を示し、力学的な特性は時間と温度に支配される。標準的な乾燥を行った場合のひずみ感度は 700μ ストレイン前後であることが多い(**図 4-4-1**)。

4.4.2 光弾性皮膜法

エポキシ樹脂などの透明な等質等方体に荷重を加えると一時的に異方性をもち、複屈折現象を示すようになる。この一時的な複屈折性を用いて物体内の応

力(ひずみ)を測定する方法が光弾性法である。透明な高分子材料のモデルを使用し、偏光を通すことにより応力・ひずみを測定する方法をモデル光弾性法と呼ぶ。光弾性効果と呼ばれるこの現象は、次の実験的事実に基づいて応力解析に利用される。

(1) 光は主応力方向に振動する2つの光に分かれ、主応力面に沿って進行する。
(2) 2つの光の速度は2つの主応力に依存し、屈折率の差は関係式に従う。

$$n_1 - n_2 = C(\sigma_1 - \sigma_2) \tag{4.4.1}$$

ここで、n_1、n_2 は進行する2つの光の屈折率、σ_1 と σ_2 は主応力、C は光弾性係数(photoelastic coefficient)と呼ばれる定数である。波長 λ の光が厚さ d の板を通過した時、主応力差の増大にともない、以下の位相差 δ が生じる。

$$\delta = (2\pi dC/\lambda)(\sigma_1 - \sigma_2) \tag{4.4.2}$$

また偏光子(偏光板)の主軸が主応力方向となす角を ϕ として、検光子(偏光板)を通過して現われる光の強度は以下となる。

$$I = a^2 \sin^2 2\phi \cdot \sin^2 (\delta/2) \tag{4.4.3}$$

ここで $\phi = 0$、$\pi/2$ のとき主応力と偏光子・検光子の方向が一致し、暗線が現れる。この縞は等傾線(isoclinics)と呼ばれる。主応力が増大し、位相差が変化しても縞模様が現れる。位相差が 2π の整数倍になって現れる暗線を等色線

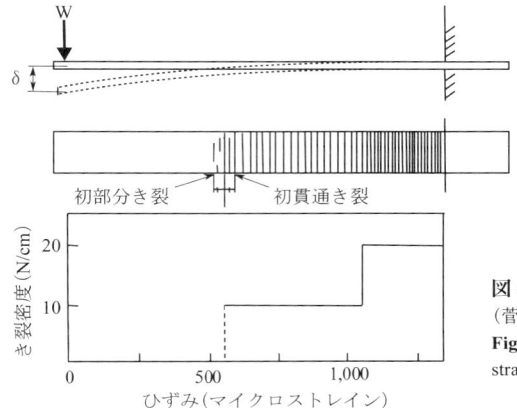

図 4-4-1 応力塗膜の亀裂とひずみ
(菅野ら 1986)
Fig. 4-4-1 Cracks in brittle coating and strain.

(isochromatics)という。偏光子・検光子だけを用いると、この等傾線と等色線が重なって現れる。1/4波長板を合わせて使用すると等傾線を除くことができる。位相差δを2πで割った値をNとすると次式のようになる。

$$N = \frac{\delta}{2\pi} = \frac{C}{\lambda} \cdot d(\sigma_1 - \sigma_2) = \alpha \cdot d(\sigma_1 - \sigma_2) \quad (4.4.4)$$

この光弾性係数Cを波長λで割った値αは光弾性感度または応力感度と呼ばれ、主応力差を求めるときに使われる。光弾性法実験で得られるものは主応力差と主応力の方向である。主応力のひとつがゼロである自由境界上などを測定できれば、主応力が得られるが、一般的には主応力を求めることは簡単ではない。せん断応力差積分法などの工夫が必要である(菅野ら 1986)。

構造物の表面に複屈折性をもつ光弾性材料を接着し、表面に生じた光弾性しま模様から構造物表面の応力・ひずみを解析する方法が光弾性皮膜法と呼ばれる。平面応力状態では、主応力σ_1、σ_2と主ひずみε_1、ε_2の関係は以下となる。

$$\sigma_1 - \sigma_2 = \frac{E}{1+\nu}(\varepsilon_1 - \varepsilon_2) \quad (4.4.5)$$

皮膜と下地材の接着が完全であれば、木材のひずみを($\varepsilon'_1=\varepsilon_1$、$\varepsilon'_2=\varepsilon_2$)とした場合に以下の関係式が得られる。

$$N = \alpha \cdot t(\sigma_1 - \sigma_2) = 2t\beta'(\varepsilon'_1 - \varepsilon'_2), \quad \beta' = \alpha E/(1+\nu) \quad (4.4.6)$$

ここでβ'は主ひずみ差感度とよばれる。単軸荷重の場合には、木材のポアソン比をν'とすると、$\varepsilon'_2 = -\nu'\varepsilon'_1$となるため、以下の関係が得られる。

$$N = 2t\beta\varepsilon_1, \quad \beta = \alpha E(1+\nu')/(1+\nu) \quad (4.4.7)$$

βは主ひずみ感度と呼ばれる。主ひずみ差感度および主ひずみ感度が既知であれば、しま次数Nから主ひずみ差がわかる。

木材への適用に関しては、高橋らの研究がある(高橋・中戸 1964a, b, c)。また引張荷重を受ける抜け節まわりのひずみ解析を行い、抜け節まわりの主ひずみは平均値の2倍を超えず、単純な有孔を有する木材の集中度にくらべて著しく小さいとした(高橋 1966)。この現象は佐々木ら(1962)も塗膜法で確認している。王(1973)は、木材の横圧縮過程を光弾性皮膜法で観察し、早材部のひずみ

集中を確認した。木下(1984)は単板切削時の切削応力の解析に光弾性皮膜法を利用し、ノーズバー作用点付近の引張応力・せん断応力を確認し、裏割れ発生への関係を指摘した。

4.4.3　デジタル画像相関法（DIC）

1990年代からの半導体技術の急速な発達により、コンピュータの性能が飛躍的に向上し、また撮像管がCCDやCMOSに取って代わられた。このことにより、光学的なひずみ計測法が多用されるようになってきた。代表的なものにデジタル画像相関法（DIC）があげられる。コンピュータによって変形前後の画像パターンを比較することで移動量・ひずみ量を得る方法である。1980年代前半にサウスカロライナ大学の研究者らによって、デジタル画像から微少なひずみを直接計算する方法が考案された（Peters et al. 1982; Sutton et al. 1983）。この方法は、試験体に直接格子点を書き込む方法に比べて測定精度が高く、モアレ法に比べてデータの後処理が簡単である。1990年代に入ってからは木材のひずみ解析に応用されはじめ、チョら（Choi et al. 1991）、ジンクら（Zink et al. 1995）、増田（1996）などから成果が報告されている。

基本的な原理は比較的シンプルである。変形前の画像上の注目する場所（画素）の周囲において、適当な大きさの小領域（Subset, Subimage）を仮定する（**図4-4-2 左**）。この領域にはランダムなパターンが必要であり、ランダムドットパターンを付与することも多い。この小領域の輝度情報を使って、変形前の画像と変形後の画像でパターンマッチングを行う。マッチングの計算手法には、SSDA（Sequential Similarity Detection Algorithm）(4.4.7)式と相互相関法(4.4.8)式があり、前者は処理速度が速く、後者は画像のコントラストが小さい場合にも有効である。

$$S(I, I') = \sum |I_{ij} - I'_{ij}| \tag{4.4.7}$$

$$R(I, I') = \frac{\sum (I_{ij} \cdot I'_{ij}) - N \cdot \bar{I} \cdot \bar{I}'}{\sqrt{\left(\sum I_{ij}^2 - N \cdot \bar{I}^2\right)\left(\sum I'^2_{ij} - N \cdot \bar{I}'^2\right)}} \tag{4.4.8}$$

ここでIとI'はそれぞれ変形前と変形後の小領域のパターン、I_{ij}とI'_{ij}はパターンを構成するそれぞれの画素の輝度値、$\bar{I}$と$\bar{I}'$は輝度の平均値、Nは小領域の画

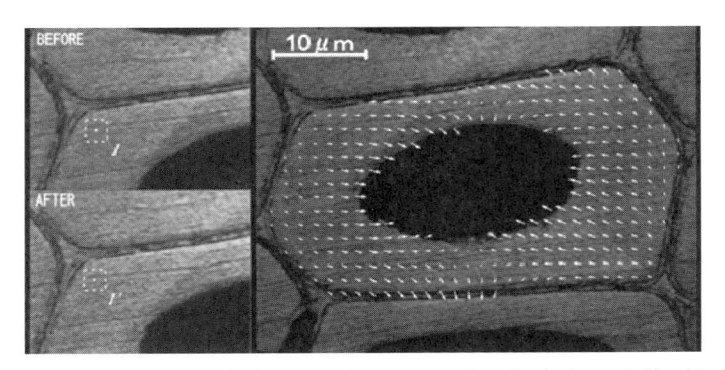

図 4-4-2 画像相関法による観察例(左:パターンマッチングのための小領域の例、右:ベイマツ晩材仮道管の膨潤挙動、Murata and Masuda 2006)
Fig. 4-4-2 Example of strain analysis using DIC. (Left: Subsets for pattern matching, Right: Latewood tracheid swelling (Douglas-fir), Murata and Masuda 2006)

素数である(**図 4-4-2** 左)。マッチングの際にサブピクセルのオーダーで移動量を計算することにより高い測定精度を実現され、0.02画素の精度での測定が可能であると報告されている(Sutton *et al.* 2009)。

木材への適用では、破壊過程の観察(Zink *et al.* 1995; Masuda 1995)の他に、応力拡大係数を求めるなど(Samarasinghe and Kulasiri 2004)、さまざまな試みが見られる。さらに、パターンマッチングが可能な画像さえあれば計測が可能となるため、湿潤状態など様々な条件下でのひずみ測定が可能である(村田ら 2001; Kang *et al.* 2011)。顕微鏡観察下での測定も可能で(Murata and Masuda 2006; 宍戸ら 2008)、高速度カメラで撮影された画像も利用できる(Kirugulige *et al.* 2007)。また2台のデジタルカメラを使用して、3次元での解析も可能である(Sutton *et al.* 2001; 村田ら 2005)。商業用、非商業用のソフトウエアがあり、今後も大いに活用されるであろう。

4.4.4 デジタルスペックル写真法(DSP)

レーザー光のような干渉可能な光(coherent light)を粗面に照射すると、表面の凹凸からの散乱光による干渉でスペックルパターン(speckle pattern)と呼ばれるランダムなパターンが現れる。古くはこのスペックルパターンを写真に2重露光したスペックル写真法が利用された。変形前後のスペックパターンを2

重露光したものはスペックルグラムと呼ばれる。スペックル写真法では二重露光で生じた干渉縞（Young's fringes）により局所的な変位ベクトルが評価される。写真ではなく CCD カメラ等で撮影し、コンピュータを使って電子的に処理する方法を電子スペックル干渉法（electronic speckle pattern interferometry: ESPI）と呼ぶ。光弾性法同様に干渉縞の解析は煩雑であり、コンピュータによる解析を行う場合でも短所となりうる。そこで DIC と同様に変形前後のパターンを直接比較することにより移動ベクトルを計算する方法が考え出された（Chen and Chiang 1992; Noh and Yamaguchi 1992; Sjödahl and Benckert 1993）。例えばショダール（Sjödahl）らの方法によると、DIC で使用されている相互相関係数はフーリエ領域では積で表されることから、以下の式で 2 次元の相関係数を求めている。

$$c(p,q) = \mathsf{F}^{-1}\left(H_{s1} * H_{s2}\right) \tag{4.4.9}$$

ここで、$c(p,q)$ は 2 つの小領域画像の相互相関係数であり、p、q は小領域画像での x 座標と y 座標である。F^{-1} は逆フーリエ変換を表し、H_{s1} と H_{s2} は変形前後の小領域画像のフーリエ変換、*は共役複素数による積である。一般的には移動ベクトルは整数値でない場合が多いので、以下の式によって連続的な相関係数分布 $u(x,y)$ を得て、相関係数のピークの位置を求める。

$$u(x,y) = \frac{1}{P^2} \sum_{p=0}^{P-1} \sum_{q=0}^{P-1} c(p,q) \times \frac{\sin[\pi(x-p)]\sin[\pi(y-q)]}{\sin[\pi(x-p)/P]\sin[\pi(y-q)/P]} \tag{4.4.10}$$

ここで P は奇数であり、連続的な相関関数の分布を求めるのに十分な大きさの数字である。このアルゴリズムはデジタルスペックル写真法（digital speckle photography: DSP）と呼ばれる。DIC 同様に木材の変形挙動の観察に利用されている（Liungdahl 2006）。また、レーザースペックルを使用せず、材料固有のパターンを使ってアルゴリズムだけを利用すると顕微鏡を使った観察も可能になる（Jernkvist 2001）。DIC 同様に今後の利用が期待される。

●文　献──────

Adams, D. F., Carlsson, L. A., and Pipes, R. B. (2003) *Experimental Characterization of Advanced Composite Materials*, 3$^\text{rd}$ Edition. CRC Press, pp. 185–212.（4.1）

Aicher, S., Reinhardt, H. W., and Klöck, W. (1993) Non linear fracture mechanics size effect law for spruce in tension perpendicular to grain. *Holz Roh Wekst* **52**(6): 361–370 (in German).

(4.2)

Aicher, S. (2010) Process zone length and fracture energy of spruce wood in mode-I from size effect. *Wood Fiber Sci.* **42**(2): 237–247. (4.2)

Anderson, T. L. (2005) *Fracture Mechanics: Fundamentals and Applications*, 3rd Edition. Taylor & Francis, pp. 25–102. (4.1)

Bažant, Z. P. (1984) Size effect in blunt fracture: concrete, rock, metal. *J. Eng. Mech.* **110**(4), 518–525. (4.2)

Boström, L. (1992) Method for determination of the softening behavior of wood and the applicability of a nonlinear fracture mechanics model. Doctoral Thesis, Report TVBM-1012, Lund, Sweden. (4.2)

Chen, D. J., and Chiang, F. P (1992) Optimal sampling and ranges of measurement in displacement-only laser-speckle correlation. *Exp. Mech.* **32**: 145–132. (4.4)

Choi, D., Thorpe, J. L., and Hanna, R. B. (1991) Image analysis to measure strain in wood and paper. *Wood Sci. Technol.* **25**(4): 251–262. (4.4)

de Moura, M. F. S. F., Silva, M. A. L., de Morais, A. B., and Morais, J. J. L. (2006) Equivalent crack based mode II fracture characterization of wood. *Eng. Fract. Mech.* **73**(8): 978–993. (4.1)

de Moura, M. F. S. F., Oliveira, J. M. Q., Morais, J. J. L. and Dourado, N. (2011) Mixed-mode (I+II) fracture characterization of wood bonded joints. *Constr. Build. Mater.* **25**(4): 1956–1962. (4.1)

Hillerborg, A., Modéer, M., and Petersson, P. E. (1976) Analysis of crack formation and crack growth in concrete by means of fracture mechanics and finite elements. *Cement and Concrete Research* **6**(6): 773–781. (4.2)

Jensen, J. L., and Quenneville, P. (2011) Experimental investigations on row shear and splitting in bolted connections. *Constr. Build. Mater.* **25**: 2420–2425. (4.3)

Jernkvist, L. O., and Thuvander F. (2001) Experimental determination of stiffness variation across growth rings in *Picea abies*. *Holzforschung* **55**(3): 309–317. (4.4)

JIS K 7086-98 (1993) 炭素繊維強化プラスチックの層間破壊じん性試験方法. 日本規格協会. (4.1)

Kang, H. Y., Muszynski, L., Milota, M. R., Kang, C. W., and Matsumura, J. (2011) Preliminary tests for optically measuring drying strains and check formation in wood. *Journal of the Faculty of Agriculture, Kyushu University* **56**(2): 313–316. (4.4)

Keunecke, D., Stanzl-Tschegg, S., and Niemz, P. (2007) Fracture characterisation of yew (*Taxus baccata L.) and spruce(*Picea abies* wL. x Karst.) in the radial-tangential and tangential-radial crack propagation system by a micro wedge splitting test. *Holzforscung* **61**(5): 582–588. (4.2)

Kirugulige, M. S., Tippur, H. V., and Denney, T. S. (2007) Measurement of transient deformations using digital image correlation method and high-speed photography: application to dynamic fracture. *Applied Optics* **46**(22): 5083–5096. (4.4)

Lee, S. M. (1993) An edge crack torsion method for mode III delamination fracture testing. *J. Compos. Technol. Res.* **15**(3): 193–201. (4.1)

Li, V. C., Chan, C. M., and Leung, C. K. Y. (1987) Experimental determination of the tension-softening relations for cementitious composites. *Cem. Concr. Res.* **17**(3), 441–452. (4.2)

Liungdahl, J., Berglund, L., and Burman, M. (2006) Transverse anisotropy of compressive failure in European oak — a digital speckle photography study. *Holzforschung* **60**(2): 190–195. (4.4)

Mall, S., Murphy, J. F., and Shottafer, J. E. (1983) Criterion for mixed mode fracture in wood. *J. Eng. Mech.* **109**(3): 680–690. (4.1)

Masuda, M. (1996) Application of the finite small area fracture criteria ot bending of beams with end sloped notches. *Proceedings of the International Wood Engineering Conference*, New Orleans, USA, 4, pp.136–143. (4.4)

Matsumoto, N. and Nairn, J. A. (2009) The fracture toughness of medium density fiberboard (MDF) including the effects of fiber bridging and crack–plane interference. *Eng. Fract. Mech.* **76**(18): 2748–2757. (4.1)

Miyauchi, K., and Murata, K. (2007) Strain-softening behavior of wood under tension perpendicular to the grain. *J. Wood Sci.* **53**(6): 463–469. (4.2)

Morel, S., Dourado, N., Valentin, G., and Morais, J. (2005) Wood: a quasibrittle material R-curve behavior and peak load evaluation. *Int. J. Fract.* **131**(4): 385–400 (4.2)

Murata, K., and Masuda, M. (2006) Microscopic observation of transverse swelling of latewood tracheid: effect of macroscopic/mesoscopic structure. *J. Wood Sci.* **52**(4): 283–289. (4.4)

Murata, K., Nagai, H., and Nakano, T. (2011) Estimation of width of fracture process zone in spruce wood by radial tensile test. *Mech. Mater.* **43**(7): 389–396. (4.2)

Nakao, T., Susanti, C. M. E., and Yoshihara, H. (2012) Examination of the failure behavior of wood with a short crack in the radial-longitudinal system by single-edge-notched bending test. *J. Wood Sci.* **58**(5): 453–458. (4.1)

Noh, S., and Yamaguchi, I. (1992) Two-dimensional measurement of strain distribution by speckle correlation. *Jpn. J. Appl. Phys.* **31**: L1299-L1301. (4.4)

Oliveira, J. M. Q., de Moura, M. F. S. F., Silva, M. A. L., and Morais, J. J. L. (2007) Numerical analysis of the MMB test for mixed-mode I/II wood fracture. *Compos. Sci. Technol.* **67**(9): 1764–1771. (4.1)

Peters, W. H., and Ranson, W. F. (1982) Digital imaging techniques in experimental stress analysis. *Opt. Eng.* **21**(3): 427–432. (4.4)

TACM van der Put, and AJM Leijiten (2000) : Evaluation of perpendicular to grain failure of beams caused by concentrated loads of joints. *Proceedings of 33rd Meeting of CIB-W18*, 33-7-7. (4.3)

Reiterer, A., Sinn, G., and Stanzl-Tschegg, S. E. (2002) Fracture characteristics of different wood species under mode I loading perpendicular to the grain. *Mater. Sci. Eng. A* **322**(1-2): 29–36. (4.2)

Russel, A. J., and Street, K. N. (1985) Moisture and temperature effects on the mixed-mode delamination fracture of unidirectional graphite epoxy. ASTM STP No. 876: 349–370. (4.1)

Samarasinghe, S., and Kulasiri S. (2004) Stress intensity factor of wood from crack-tip displacement fields obtained from digital image processing. *Silva Fennica* **38**(3), pp. 267–2783. (4.4)

Sharif, F., Kortschot, M. T., and Martin, R. H. (1995) Mode III delamination using a split cantilever beam. ASTM STP No. 1230: 85–99. (4.1)

Shödahl, M., and Benckert (1993) Electronic speckle photography: analysis of an algorithm giving the displacement with subpixel accuracy. *Appl. Opt.* **32**: 2278–2284. (4.4)

Sih, G. C., Paris, P. C., and Irwin, G. R. (1965) On cracks in rectilinearly anisotropic bodies. *Int. J. Fract. Mech.* **1**(3): 189–203. (4.1)

Smith, I., Landis, I., and Gong, M. (2003) *Fracture and Fatigue in Wood*. pp.84–92, Wiley. (4.2)

Smith, I., and Vasic, S. (2003) Fracture behavior of softwood. *Mech. Mater.* **35**(8): 803–815. (4.2)

Susanti, C. M. E., Nakao, T., and Yoshihara, H. (2010a) Examination of the failure behaviour of wood with a short crack in the tangential-radial system by single-edge-notched bending test. *Eng. Fract. Mech.* **77**(13): 2527–2536. (4.1)

Susanti, C. M. E., Nakao, T., and Yoshihara, H. (2011) Examination of the mode II fracture behaviour of wood with a short crack by asymmetric four-point bending test. *Eng. Fract. Mech.* **78**(16): 2775–2788. (4.1)

Sutton, M. A., Wolters, W. J., Peter, W. H., Ranson, W. F., and McNeil, S. R. (1983) Determination of displacements using an improved digital image correlating method. *Image Vision Comput* **1**: 133–139. (4.4)

Sutton, M. A., Helm, J. D., and Boone, M. L. (2001) Experimental study of crack growth in thin sheet material under tension-torsion loading. *Int. J. Fract.* **109**(3): 285–301. (4.4)

Sutton M. A, Orteu, J. J., and Schreier, H. W. (2009) *Image Correlation for Shape, Motion, and Deformation Measurements: Basic Concepts, Theory and Applications*. Springer-Verlag, New York, USA, p.172. (4.4)

Tschegg, E. K., Reiterer, A., Pleschberger, T., and Stanzl-Tschegg, S. E. (2001) Mixed mode fracture energy of sprucewood. *J. Mater. Sci.* **36**(14): 3531–3537. (4.1)

Wells, A. A. (1969) Crack opening displacements from elastic-plastic analyses of expernally notched tension bars. *Eng. Fract. Mech.* **1**(3): 399–410. (4.2)

Wilkins, D. J., Eisenmann, J. R., Camin, W. S., Margolis, W. S., and Benson, R. A. (1982) Characterizing delamination growth in graphite-epoxy. ASTM STP No. 775: 168–183. (4.1)

Wu, E. M. (1967) Application of fracture mechanics to anisotropic plates, Transactions of the ASME. *J. Appl. Mech.* **34**(4): 967–974. (4.1)

Yoshihara, H., and Satoh, A. (2009) Shear and crack tip deformation correction for the double cantilever beam and three-point end-notched flexure specimens for mode I and mode II fracture toughness measurement of wood. *Eng. Fract. Mech.* **76**(3): 335–346. (4.1)

Yoshihara, H. (2010) Mode I and mode II initiation fracture toughness and resistance curve of medium density fiberboard measured by double cantilever beam and three-point bend end-notched flexure tests. *Eng. Fract. Mech.* **77**(13): 2537–2549. (4.1)

Zink, A. G., Davidson, R. W., and Hanna, R. B. (1995) Strain measurement inwood using a digital image correlation technique. *Wood Fiber Sci.* **27**(4): 346–359. (4.4)

宇京斉一郎，増田　稔 (2004) 画像相関法による真のせん断応力－ひずみ関係の究明．木材学会誌 **50**(3)：146–150．(4.2)

王　松永 (1973) 木材集合体の横圧縮に関する研究（第 2 報）光弾性皮膜法によるひずみ分布．木材学会誌 **19**(5)：227–231．(4.4)

岡村弘之 (1976) 線形破壊力学入門．培風館，pp.66–72．(4.2) (4.3)

木下叙幸 (1984) 単板形成過程の解析（第 3 報）光弾性被膜法による切削応力の解析．木材学会誌 **30**(1)：　32–37．(4.4)

小林英男 (1993) 破壊力学．共立出版社，pp. 102–104．(4.2)

佐々木　光 (1961) 塗膜による木材のひずみおよび応力の解析．材料試験 **10**(98)：997–894．

(4.4)

佐々木　光，満久崇麿（1962）塗膜法の精度について．木材研究 **27**：40–43．(4.4)

宍戸信之，池田　徹，宮崎則幸，中村健太郎，宮崎政志，猿渡達郎（2008）デジタル画像相関法を用いた電子実装部の熱ひずみ分布計測．材料 **57**(1)：83–89．(4.4)

暮沼侑士，村田功二，中野隆人（2012）高温セット乾燥法をモデルとした熱処理の破壊じん性値への影響．材料 **61**(4)：317–322．(4.2)

菅野　昭，高橋　賞，吉野利男（1986）応力ひずみ解析．朝倉書店．(4.4)

祖父江信夫，浅野昭光（1987）木材の半径方向のき裂進展におよぼす負荷速度と含水率の影響．木材学会誌 **33**(1)：7–11．(4.2)

高橋　徹，中戸莞二（1964a）光弾性皮膜法による木材のひずみ測定（第1報）変性エポキシ樹脂の光弾性特性(1)．木材学会誌 **10**(2)：49–54．(4.4)

高橋　徹，中戸莞二（1964b）光弾性皮膜法による木材のひずみ測定（第2報）変性エポキシ樹脂の光弾性特性(2)．木材学会誌 **10**(2)，pp.55–61．(4.4)

高橋　徹，中戸莞二（1964c）光弾性皮膜法による木材のひずみ測定（第3報）光弾性皮膜の弾性率変化とひずみ分布について．木材学会誌 **10**(2)：176–181．(4.4)

高橋　徹（1966）光弾性皮膜法による木材のひずみ測定（第6報）引張荷重下における抜節板のひずみ分布．木材学会誌 **12**(2)：63–66．(4.4)

日本建築学会（2010）木質構造基礎理論．丸善，pp. 53–59．(4.3)

日本建築学会（2012）木質構造接合部設計事例集，丸善．(4.3)

日本建築学会関東支部（2008）木質構造の設計　学びやすい構造設計．pp. 61–72．(4.3)

（社）日本建築構造技術者協会（編）（2004）木造建築構造の設計．オーム社，pp. 267–272．(4.3)

野口昌宏，中村　昇（2012）破壊エネルギーを用いたクラックモデルの木材への適用性と破壊進行領域長さ．日本建築学会構造系論文集 **77**(674)：521–527．(4.2)

萩原芳彦，鈴木秀人（2000）よくわかる破壊力学．オーム社，pp. 59–72．(4.2)

北條正樹，影山和郎（1997）破壊力学とその特性評価．材料 **46**(5)：568–574．(4.1)

増田　稔（1986）木材の破壊条件に関する理論的考察．京都大学農学部演習林報告(58)：241–250．(4.1)

増田　稔，田浦　理（1995）有限小領域平均応力に基づく破壊基準を用いた材端切欠き梁の破壊解析．京都大学農学部演習林報告(67)：158–166．(4.1)

三橋博三，星野正宏（1990）非線形破壊力学的手法を用いた集成材の割裂強度特性に関する研究．日本建築学会構造系論文報告集 **414**(8)：11–21．(4.2)

村田功二，増田　稔，市丸美幸（1999）画像相関法を用いた木材の横圧縮挙動の解析．木

材学会誌 **45**(5)：375–381．(4.4)

村田功二，伊藤真浩，増田　稔(2001)画像相関法(DIC)および光学顕微鏡を用いた各種木材の膨潤挙動の解析材料．材料 **50**(4)：397–402．(4.4)

村田功二，増田　稔，宇京斉一郎(2005)デジタル画像相関法による木材のひずみ分布解析．可視化情報学会論文集 **25**(9)：57–63．(4.4)

コラム 4：航空機と木材――その 1

　木材は軽くて強い材料であり、かつては航空機の材料として多用された。例えばレオナルド・デカプリオ主演の映画「アビエイター」でも取り上げられた木製飛行艇「ヒューズ H-4 ハーキュリーズ」（Hughes H-4 Hercules、通称スプルース・グース）は現在でも翼幅（スパン）が世界最大の航空機であることからも、木材が航空機に適していたことが分かる。第二次世界対戦中の日本でも木製航空機に注目しており、当時の雑誌『航空朝日』からその様子がうかがえる。昭和 17 年 3 月に発行された号は特集・木製飛行機であり、その中から東大助教授・航空研究所員　山本峰雄氏の記事を簡単に紹介する。

「**近年における木製航空機の発達**」

　木製機と金属機の得失：木材は加工容易であって価格が低廉な点は大きな特徴であるが、その反面、非常に大きな欠点を持っている。木材を飛行機機

　ヒューズ H-4 ハーキュリーズはボーイング 747 よりもエアバス 380 よりも大きい、世界でただ 1 機だけ製造された世界最大の航空機。全長 66.65 メートル、全幅 97.51 メートル、全高 24.18 メートル。アルミニウム合金の供給不足からほとんどが木製で、第二次世界大戦の終結によって後続機は作られず、飛行したのはハワード・ヒューズの操縦によるテスト飛行ただ 1 回のみ。現在はアメリカ、オレゴン州のマクミンヴィルにあるエバーグリーン航空博物館にて展示中。

　写真は http://www.kotaro269.com/archives/51391849.html より。

体に応用する為には慎重な注意を必要とし、樹木伐採時より飛行機用材として適当なものを選択し、機体用素材を採取する際にもその繊維の方向を吟味しなければならない。また曲げモーメントを受ける部材の許容応力は、桁の断面の形状によって相当変化する。その原因は、木材の圧縮強度が引張強度に比して著しく低いことに起因する。木製機の寿命については、金属機が5千時間以上であるのに対し、木製機はわずかに半分の寿命を有するに過ぎない。

改良木材の発達：昔から木材の欠陥を改良しようという試みは、盛んに行われた。不均質性を除き、木材の強度を大きくする試みとしては木材に圧力をかけて圧縮する方法がある。不等方性を幾分でも直す試みとしては合板をあげることができるであろう。近年における改良木材としては、積層材と合成樹脂浸漬材をあげることができよう。積層材とは木材を極めて薄いベニヤ板とし、特殊な合成樹脂接着剤で結合したものである。欠陥や欠点は比較的狭い部分に極限されているから、多数のベニヤ板を再び結合すれば、ベニヤ板内に散在する欠陥は、全体的に分布されて比較的均質な材料が得られる。ドイツでは特殊なロータリー・ベニア製作機で作られた薄いベニヤ板をいわゆるテゴフィルムで接着している。テゴフィルムとはフェノール・フォルムアルデハイド合成樹脂に厚さ 0.05 mm ないし 0.10 mm の薄葉紙に浸漬乾燥したもので、加熱により溶融接着を完了する。積層材の原料は主に山毛欅材(ブナ)である。ベニヤ板の厚さは普通 0.3 mm ないし 0.5 mm であって、厚さ 0.1 mm のベニヤ板を 100 枚重ねた積層材では、圧縮強度は 2 倍以上となり、ボルト孔圧潰強度も 2 倍以上となる。プロペラ翼を木材で製作する場合、硬度が小さいこと、割裂強度が低いこと及び温度に敏感であることが欠点である。積層材はこれを解決する。シュワルツ式プロペラ翼ではテゴフィルムを使用せず、ベニヤ板を合成樹脂中に直接浸漬する。積層材の特殊なものとして、星状積層材や金属積層材、フエスト・ホルツなどがある。積層材の他の改良木材としては、樹脂浸漬木材がある。フェノール系樹脂を用いて特殊な缶中で 100 度以上の熱と 35 気圧の高圧力で、木材組織内に浸透させて樹脂を固形の状態に結合する。実際においては樹脂の浸透は極めて困難で、未だ成功の域には達していない。

— 村田功二 —

第5章　無欠点小試験体からの各種許容応力度の誘導

　構造物の設計においては、構造物に加わる外力を求め、その外力を十分に支持できる強度を持った部材を用いる必要がある。そのため、設計に用いる各部材の強度値が明確に定められていなければならない。木材は生物材料であるため、たとえ無欠点小試験体であっても、強度にばらつきを持つことは避けられない。実際に部材として使用されることになる実大材には、節や繊維傾斜などの欠点が含まれているため、これらの欠点による強度の低下を十分に考慮しなければならない。また、木材は含水率により強度が変化する。さらには、木材に荷重を加える時間によっても、木材の強度は変化する。以上の点をふまえると、設計値として定められる木材の強度は、強度試験を行った場合に測定される強度よりも、十分安全を見越した数値である必要がある。この設計値として用いられる値を許容応力度と呼んでおり、樹種、等級、強度の種類などによって様々な値が定められている。

　許容応力度の誘導方法には大きく分けて、無欠点小試験体からの誘導、実大材からの誘導の2つの方法があるが、本章では無欠点小試験体からの各種許容応力度の誘導について解説する。無欠点小試験体からの許容応力度の誘導は、無欠点小試験体の強度値に対して、実大材で存在する基本的に目視によって判別できる欠点等の影響を低減係数として乗じることによって実大材の強度を推測できるという思想に基づいている。また、欠点、荷重継続時間、寸法効果などの係数をそれぞれ無欠点小試験体の強度値に乗じる方法を取っているが、それはこれらの条件が独立して木材に影響を及ぼしているとみなしていることとなる。

5.1 ASTMによる許容応力度の誘導方法

　ASTMとは、北米を中心とした世界最大規模の規格化・標準化団体であるASTMインターナショナルが策定・発行する規格であり、その中で木材の無欠点小試験体の強度値から許容応力度を誘導する方法が示されている。該当する規格は、D245「視覚的に等級づけられた製材品について構造等級許容応力度を求めるための標準的方法(Standard Practice for Establishing Structural Grades and Related Allowable Properties for Visually Graded Lumber)」および、D2555「無欠点木材の強度値に関する標準的方法(Standard Practice for Establishing Clear Wood Strength Values)」である。D2555には無欠点小試験体による強度値等が示され、D245は、D2555の強度値から許容応力度を誘導する方法が示されている。以下にその方法を解説する。

　D2555には、生材状態の無欠点小試験体による曲げ強度、曲げヤング係数、縦圧縮強度、せん断強度、めり込み強度、比重の平均値と変動係数が示されている。これらの値を用いて無欠点小試験体における基準強度値を求めるが、曲げ、縦圧縮、せん断においては、安全性を考慮して、5%下限値を基準強度値としている。5%下限値とは、単純にいうと、例えば100本の木材があった場合、5本はその強度以下になる危険性はあるが、95本はそれ以上の強度となる値のことである。正規分布による5%下限値は、$\bar{x}$は強度の平均値、sは変動係数とした場合、5%下限値$=\bar{x}-1.645s$で表せる。

　一方、変形のしにくさを示す曲げヤング係数や、破壊が直接的には建築物の崩壊に繋がらないと考えられるめり込み強度は、平均値を基準強度値としている。縦引張りの値はD2555には示されておらず、後に述べるように曲げの基準強度値を元に誘導される。

　これらの基準強度値に対して、D245で示された各種の調整係数を乗じることによって許容応力度が算出される。以下に調整の方法を示す。

① 含水率による調整

　木材の強度は繊維飽和点以下において含水率の減少とともに増加する。基準となった無欠点小試験体の強度値は生材状態であるため、実際に使用する木材

表 5-1-1　公称厚さが 4 インチ(89mm)以下の製材における含水率の調整係数
Table 5-1-1　Modification of allowable stresses for seasoning effects for lumber 4 in. and less in nominal thickness（ASTM 2011）.

強度の種類	含水率	
	19%以下	15%以下
曲　　　　げ	1.25	1.35
弾 性 係 数	1.14	1.20
縦 引 張 り	1.25	1.35
縦 圧 縮	1.50	1.75
せ ん 断	1.08	1.13
め り 込 み	1.50	1.50

の含水率が低い場合には強度値を増加することとしている。表 5-1-1 に含水率による調整係数を示す。この表に示された、15%、19%の含水率は、ロット内の最大の含水率であり、これらのロットの含水率の平均値はそれぞれ 12%、15%と仮定している。ただし、調整を行うのは試験体の厚さが公称 4 インチ(89 mm)以下の製材とされており、それより厚い製材は、収縮や乾燥に伴う欠点の増加にしたがって強度低下と含水率の減少による強度増加とが相殺されるため、基本的には含水率による調整を行わないこととしている。また、めり込みに関しては、乾燥が早く進行する材表面の含水率が強度に与える影響が大きいため、材全体の含水率に関わらず、含水率による調整係数を 1.5 としている。

② 強度比による調整

　実大材は無欠点小試験体とは異なり、節、繊維傾斜、割れなど、強度を低下させる欠点を含んでいる。そのため、これらの欠点を考慮して強度を低減する必要がある。欠点による強度の低下割合をここでは強度比（Strength Ratio）と呼

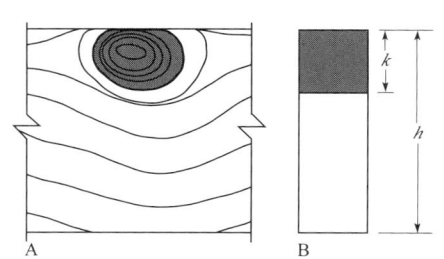

図 5-1-1　材縁の節による強度比の模式図
Fig. 5-1-1　Effect of edge knot: A, edge knot in lumber; B, assumed loss of cross section (cross-hatched area)（Forest Products Laboratory 2010）.

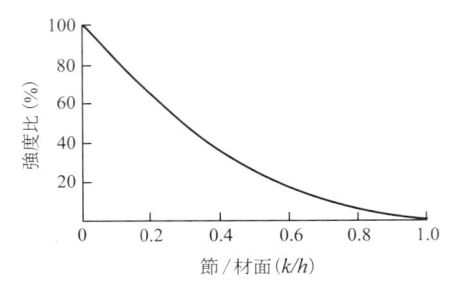

図 5-1-2 断面欠損の割合と強度比との関係
Fig. 5-1-2 Relation between bending strength ratio and size of edge knot expressed as fraction of face width. k is knot size; h, width of face containing the knot (Forest Products Laboratory 2010).

ぶ。節は、大きさはもちろん、材面に現れる位置によって強度の低下割合が異なる。そのため、節の位置による影響が大きいと考えられる曲げに関しては、節の大きさと位置により強度比を算出する。材縁に現れる節は材面の中央に現れる節よりも強度を低下させる可能性が大きい。材縁の節による強度比の基本的な考え方を**図 5-1-1** に示す。材面に現れる節を穴、すなわち断面欠損ととらえ、その分曲げモーメントが低下すると考える。断面欠損の割合に対する強度比の低下を示したのが**図 5-1-2** である。D245 には、材幅と節の大きさとの組み合わせによる強度比を記載した表およびその数式が示されている。縦圧縮は節の大きさのみにより強度比を算出し、縦引張りは曲げの 0.55 倍としている。

繊維傾斜の大きさも木材の強度に影響を及ぼす。**表 5-1-2** に繊維傾斜と強度比との関係を示す。割れ、干割れ、貫通割れについては、これらの割れが最大に影響を及ぼすことを考慮して、せん断の強度比を 0.5 としている。

上記の強度比は節や繊維傾斜などの欠点のうち、最も影響が大きいと考えら

表 5-1-2 繊維傾斜と強度比
Table 5-1-2 Strength ratios corresponding to various slopes of grain (ASTM 2011).

繊維傾斜	強度比	
	曲げ、縦引張り	縦圧縮
1/6	0.40	0.56
1/8	0.53	0.66
1/10	0.61	0.74
1/12	0.69	0.82
1/14	0.74	0.87
1/15	0.76	1.00
1/16	0.80	--
1/18	0.85	--
1/20	1.00	--

れるもの、すなわち強度比の低下割合が最も大きいものを基準強度値に乗じる。
③ 寸法による調整

　材料の破壊が「最弱リンク理論」に従うとき、寸法が大きくなるに従って強度は低下する。そこで、標準寸法よりも大きな材料に対しては、強度を低減することとしている。D245では、曲げ強度のみに材せいによる調整係数が示されている。標準材せいを公称2インチ（51 mm）とし、以下の数式から適用する材せいの強度が算出される。

$$F_n = (d_o/d_n)^{1/9} F_o$$

　ここで、F_n は新たな強度、F_o は元の強度、d_o は元の材せいすなわち2インチ、d_n は新たな材せいである。この式は、支点間距離/材せいの比を14倍とした中央集中荷重方式に基づいている。

④ 調整係数

　D245では、荷重継続時間による調整と安全率とがまとめて調整係数として示されている。調整係数を**表 5-1-3** に示す。木材に一定の荷重を継続して加えると、時間の経過とともに変形は増大する（クリープ現象）。加えた荷重の大きさによっては、木材は最終的に破壊に至るが、この荷重の限界をクリープ限度

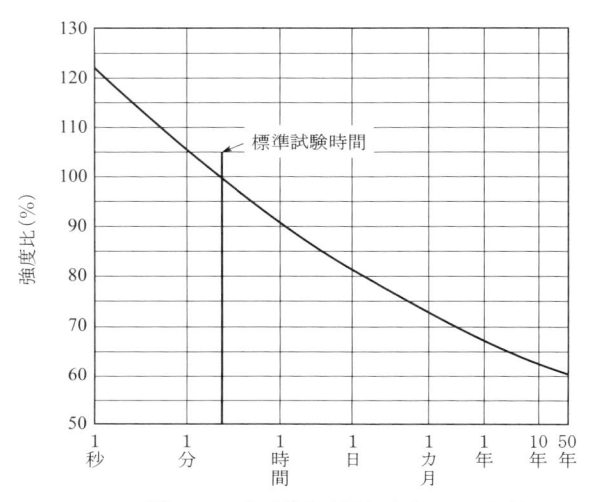

図 5-1-3 荷重継続時間と強度比との関係
Fig. 5-1-3 Relation of strength to duration of load（ASTM 2011）.

表 5-1-3 無欠点の木材の強度に適用される調整係数
Table 5-1-3 Adjustment factors to be applied to the clear wood properties (ASTM 2011).

	曲げ強度	曲げ弾性係数	縦引張り強度	縦圧縮強度	せん断強度	めり込み強度
針葉樹	2.1	0.94	2.1	1.9	2.1	1.67
広葉樹	2.3	0.94	2.3	2.1	2.3	1.67

表 5-1-4 各強度比を求めた例
Table 5-1-4 Example of selection of limiting characteristics (ASTM 2011).

強度の種類	特性値の制限	強度比
曲げ	狭い面の節=19mm	0.62
	広い面の中央の節=60mm	0.60
	広い面の材縁の節=35mm	0.60
	繊維傾斜=1/10	0.61
縦圧縮	いずれかの面の節=54mm	0.65
	繊維傾斜=1/8	0.66
せん断	割れの大きさ=13mm	0.50
	割れの長さ=105mm	0.50

表 5-1-5 許容応力度の算出例
Table 5-1-5 Allowable properties for the sample stress-grade (ASTM 2011)

強度の種類	無欠点小試験体の基準強度値 (N/mm^2)	調整係数	強度比による調整	含水率による調整	寸法による調整	許容応力度 (N/mm^2)
曲げ	30.56	1/2.1	0.60	1.25	0.89	9.310
縦圧縮	14.999	1/1.9	0.65	1.50	―	7.580
せん断	3.970	1/2.1	0.50	1.08	―	1.020
縦引張り	30.56	1/2.1	0.60×0.55	1.25	―	5.860
弾性係数	8,991	1/0.94	1.00	1.14	―	10,894
めり込み(比例限度)	1.940	1/1.67	1.00	1.50	―	1.745
めり込み(1mm変形時)	3.390	1/1.67	1.00	1.50	―	3.040

無欠点小試験体の基準強度値×調整係数×強度比による調整×含水率による調整×寸法効果による調整＝許容応力度

と呼ぶ。また、荷重を加えた時間が長いほど、より小さな強度で破壊を生じる。荷重継続時間と強度の低下率との関係は、**図 5-1-3** に示したいわゆるマジソンカーブと呼ばれる曲線で求められている。この曲線は、ウィスコンシン州マディソンにある Forest Products Laboratory が行った無欠点小試験体の曲げ試験に

よる結果(Wood 1951)を元にしたものである。約5分で破壊させた時の強度を1としたとき、10年で破壊させた時の強度の比は0.625となる。これが調整係数の中の荷重継続時間の調整分に相当する。この値から逆算すると安全率が算出される。例えば、0.625を針葉樹の曲げ強度の調整係数に乗じると 2.1×0.625＝1.31となり、実質の安全率は1.31となる。

以上の係数を用いて、厚さ38 mm×幅140 mm(206材)、最大含水率が19%、針葉樹の許容応力度を計算した例を表 5-1-4、5-1-5 に示す。

5.2 我が国の曲げ、縦圧縮、縦引張りの基準強度の誘導方法

我が国における許容応力度は、建築基準法によるものと、日本建築学会によるものとがある。ここでは、まず、許容応力度算出のベースとなるJIS(日本規格協会 1994)による無欠点小試験体の強度試験から算出された強度の誘導方法を示し、その後、許容応力度の誘導について解説する。また、せん断、めり込みは曲げ、縦圧縮、縦引張りに比べて無欠点小試験体から算出された強度の誘導方法が若干異なるため、項を分けて解説する。

曲げ、縦圧縮、縦引張りに関して、許容応力度算出のベースとなる無欠点小試験体から算出された強度には、建築基準法に基づく告示による無等級材の基準強度(平成12年5月31日建設省告示第1452号)と日本建築学会の木質構造設計規準に基づく普通構造材の基準材料強度とがある。ベースとなる無欠点小試

表 5-2-1　各樹種の基準強度値
Table 5-2-1　Basic strength of species.

樹　種			圧縮強度 (kgf/cm^2)	曲げ強度 (kgf/cm^2)	せん断強度 (kgf/cm^2)
針葉樹	I	あかまつ、くろまつ、べいまつ	450	800	90
	II	からまつ、ひば、ひのき、べいひ	425	750	80
	III	つが、べいつが	400	700	80
	IV	もみ、えぞまつ、とどまつ、べにまつ、すぎ、べいすぎ、スプルース	350	650	70
広葉樹	I	かし	550	1100	160
	II	くり、なら、ぶな、けやき	430	850	110

験体の基準強度値は、ASTM とは異なり気乾状態による強度試験結果から得られたものである。樹種あるいは樹種群ごとにまとめられ、基準強度値が定められている。**表 5-2-1** に「木質構造建築読本」（中井 1988）による各樹種の基準強度値を示す。この表は、木質構造設計規準の樹種群に対する樹種の割当てとは若干異なる。また、現行の無等級材の基準強度(SI 単位)は、当時の基準応力度（従来単位）から算出されていると考えられるため、基準強度値は従来単位で示している。

基準強度値は平均値を元にしているものと推測される。強度の分布が正規分布であると仮定すると、5.1 で示したように、5%下限値は 5%下限値＝$\bar{x}-1.645s$ で表せる。各基準強度値の変動係数($s/\bar{x}$)を 12%程度とすると、この式から、5%下限値/$\bar{x}$ の値としておよそ 4/5 が得られる。これは、平均値に 4/5 を乗じたものが下限値に相当することを意味し、この 4/5 を強度のばらつき係数とする。続いて、実大材を想定した場合の、節、繊維傾斜、丸身等の欠点による強度の低減を考える。無等級材では、欠点による低減係数αは曲げについては 0.45、圧縮は 0.62 としている。また、引張り強度は曲げ強度の 0.6 倍としている。木質構造設計規準においてはαの位置付けが若干異なる。日本建築学会では、旧「製材の日本農林規格(昭和 56 年 3 月 19 日農林水産省告示第 406 号)」に基づいて、普通構造材を原則 1 等相当、上級構造材については原則特等相当に加えて品質基準を独自に設定し、普通構造材、上級構造材それぞれに基準強度(当時は許容応力度)を設定していた。この等級区分と強度低減係数αは密接に関係しており、無欠点小試験体の強度に対する実大材(格付けされた製材品)の強度の比、すなわち強度比をαの値としていた。ただし、2006 年版木質構造設計規準には直接的にはαの値は記載されていない。また、普通構造材の基準材料強度については、各樹種群内の樹種割り当ての見直しが実施され、無等級材の樹種の割り当てとは一部異なっている。

以上のようにして基準強度が算出される。ところで、現行の無等級材の基準強度は、旧建築基準法施行令第 89 条に示されていた長期許容応力度を 3 倍し(これが旧施行令第 95 条に与えられていた材料強度の値)、単位を従来単位から SI 単位に変更した値である。すなわち、現行の基準強度は旧材料強度に相当するものである。基準強度の値は 0.3 で丸められているが、単位の換算、丸め方に

表 5-2-2　無等級材の基準強度（建設省 2000）
Table 5-2-2　Specified design strength of ungraded lumber (Ministry of Construction 2000).

樹　種			基準強度（N/mm²）			
			F_c	F_t	F_b	F_s
針葉樹	I	あかまつ、くろまつ、べいまつ	22.2	17.7	28.2	2.4
	II	からまつ、ひば、ひのき、べいひ	20.7	16.2	26.7	2.1
	III	つが、べいつが	19.2	14.7	25.2	2.1
	IV	もみ、えぞまつ、とどまつ、べにまつ、すぎ、べいすぎ、スプルース	17.7	13.5	22.2	1.8
広葉樹	I	かし	27.0	24.0	38.4	4.2
	II	くり、なら、ぶな、けやき	21.0	18.0	29.4	3.0

より旧材料強度との間に多少のずれが生じている。以下にスギの基準強度の算出例を示し、無等級材の基準強度を**表 5-2-2** に示す。

（式の意味）

基準強度＝無欠点小試験体の基準強度値×ばらつき係数×低減係数 α

曲げ基準強度：F_b＝650×4/5×0.45＝234（kgf/cm²）→丸めて、225（kgf/cm²）

単位換算および丸めて、22.2（N/mm²）

縦圧縮基準強度：F_c＝350×4/5×0.62＝174（kgf/cm²）→丸めて、180（kgf/cm²）

単位換算および丸めて、17.7（N/mm²）

縦引張り基準強度：F_t＝225×0.6＝135（kgf/cm²）

単位換算および丸めて、13.5（N/mm²）

5.3　我が国のせん断、めり込み基準強度の誘導方法

5.3.1　せん断の基準強度

　無欠点小試験体から得られたせん断の基準強度値は曲げ、縦圧縮と同様、5.2 で示した**表 5-2-1** の値が元になっていると考えられ、5%下限値の算出方法も同様である。一方、せん断の強度比 α は、材が 2 分された最悪の場合を想定して 0.5 としている。これは、例えば中央集中荷重方式によるせん断強度は $3F_{ult}/4A$、（ここで、F_{ult} は最大荷重、A は断面積）で算出されるが、材が 2 分されて断面積が 1/2 となるとせん断強度も 1/2 となる。スギの場合、無等級材（普通構造材）のせん断の基準強度は以下のように算出される。

せん断基準強度：F_s=70×4/5×0.50(α)×(**1/1.5**)=18.7(kgf/cm^2) →丸めて、18.0(kgf/cm^2)　単位換算および丸めて 1.8(N/mm^2)

太字の係数について、建築基準法および木質構造設計規準には明確な説明はない。ただし、木質構造設計規準では、曲げ材の設計の際の許容せん断応力度の算出において以下のような記載があり、製材の場合、割裂きによるせん断耐力の低下を前提に基準強度を低く設定していると考えられる(「木質構造建築読本」、p.119 に明記されている)。

> 「製材の場合曲げ材の支持点に切欠きがないものにおいては、その許容応力度として割裂きを伴わない値(1.50 倍)を採用することができる。」(「木質構造設計規準・同解説」(1995 年版)、p.204)

「製材の場合、曲げ材の支持点に切欠き・干割れの発生のおそれがないものについては、許容せん断応力度を 1.5 倍までの範囲で割増して計算することができる。」(「木質構造設計規準・同解説」(2006 年版)、p.188)

5.3.2　めり込みの基準強度

木材のめり込みの基準強度は、平成 13 年 6 月 12 日建設省告示第 1452 号に規定されており(**表 5-2-3**)、それ以前の建設省告示(昭和 55 年 12 月 1 日)に示されていた長期許容応力度を 3 倍し、SI 単位に変更した値と考えられる。昭和 55 年以前では建築基準法施行令第 89 条において、めり込み許容応力度(針葉樹)は圧縮許容応力度の材中央では 0.2 倍、材端では 0.16 倍としている。この点は

表 5-2-3　木材めり込みの基準強度(国土交通省 2001)
Table 5-2-3　Specified design strength of embedment of wood (Ministry of Land, Infrastructure, Transport and Tourism 2001).

	樹　　種	基準強度 F_{cv}(N/mm^2)
針葉樹	(あかまつ)、(くろまつ)、べいまつ	9.0
	からまつ、ひば、ひのき、べいひ	7.8
	(つが)、(べいつが)、もみ、えぞまつ、とどまつ、べにまつ、すぎ、べいすぎ、スプルース	6.0
広葉樹	かし	12.0
	くり、なら、ぶな、けやき	10.8

注)カッコ内の樹種は木質構造設計規準では異なる基準強度値(基準材料強度)を与えられている。

「木構造計算規準・同解説（1988年版）」が出版される前の日本建築学会と同様である。

現行の基準強度の算出方法については、「木質構造設計規準・同解説（2006年版）」を含め、すべての参考書で以下に示したものとほぼ同様の内容が記述してある。

「気乾状態の無欠点小試験体による比例限応力度に基づき、欠点による低減係数（α）を1.0として算出した。」

したがって、曲げの基準強度等と同様、めり込みの基準強度は以下に示した式によって誘導されたと考えられる。ただし、めり込み基準強度値は比例限応力であるので、最大応力に対する比例限度の比を2/3とすると、当時の短期許容応力度の1.5倍が現行の基準強度に相当することになる。

めり込み基準強度：$F_{cv} = {}_0F_{cv} \times 1.00(\alpha) \times 1.5$

ここで、${}_0F_{cv}$は樹種群ごとの無欠点小試験体によるめり込み試験によって得られた比例限応力の平均値である。ここで${}_0F_{cv}$を得るための基準強度値が必要となるが、めり込みについては、当時の許容応力度を算出するために使用された強度特性値の資料が明らかでない。樹種群として基準強度値をどのように算出しているかについての明確な記述はないが、短期許容応力度は比例限度応力の平均値にほぼ対応していると考えられる。したがって、現行のめり込み基準強度は無欠点小試験体によって得られた比例限度応力の平均値を1.5倍した値と考えられる。

5.4 我が国の許容応力度の誘導方法

我が国の無欠点小試験体からの許容応力度の誘導方法は、基本的にはASTMと同じ考え方を採用している。すなわち、無欠点小試験体の下限値（めり込みは除く）に各種の係数を乗じて許容応力度を算出する方法である。以下、木質構造設計規準を参考に許容応力度の算出方法を解説する。木質構造設計規準においては、各許容応力度は以下のように求められる。

基準許容応力度（${}_0f$）＝安全係数（K_f）×基準化係数（K_0）×基準材料強度（F）
設計用許容応力度（f）＝荷重継続期間影響係数（K_d）×寸法効果係数（K_z）×

$$\text{システム係数}(K_s) \times \text{含水率影響係数}(K_m) \times \text{基準許容応力度}(_0f)$$

基準材料強度に安全係数 2/3 および基準化係数 1/2 を乗じることにより基準許容応力度(すなわち基準材料強度×1/3)が算出される。安全係数とは、従来用いられていた圧縮・曲げにおいては比例限度の破壊強度に対する割合、引張りにおいては破壊強度の 2/3(すなわち安全率 1.5)を意味する係数である。基準化係数とは、5.1 に示したマジソンカーブを参考にして導かれた「標準試験時間 10 分によって得られる強度」を「荷重継続時間 250 年間の強度(基準強度)」に換算するための係数である。このようにして算出された基準許容応力度に対して、荷重継続期間影響係数、寸法効果係数、システム係数、含水率影響係数の各係数および基準許容応力度を乗じることにより、設計用許容応力度が算出される。以下に各係数について解説する。

① 荷重継続期間影響係数

基準荷重継続時間を250年とした基準化係数に対応する係数で、荷重継続期間をそれぞれ10分(短期)、3日(一般地域における積雪期間:中短期)、3か月(多雪地域における積雪期間:中長期)、50年(長期)としたものである。荷重継続期間影響係数はそれぞれ、短期2.00、中短期1.60、中長期1.43、長期1.10となる。建築基準法施行令第89条の1では、長期に生ずる力に対しては1.1/3を、短長期に生ずる力に対しては2/3をそれぞれ乗じることにより、許容応力度が算出される。また、長期積雪時には長期許容応力度に1.3を、短期積雪時には短期許容応力度に0.8をそれぞれ乗じることになっており、係数としては建築基準法施行令と木質構造設計規準の値は対応している。

② 寸法効果係数

5.1に示したように、寸法が強度に及ぼす影響は存在することは知られているものの、データの不足等の理由により、我が国では、「枠組壁工法構造用製材及び枠組壁工法構造用たて継ぎ材の日本農林規格」を除いた製材に関しては、現在設定されていない。

③ システム係数

床の根太や屋根の垂木のように、比較的小さな間隔で並べられた曲げ部材に対して構造用合板などの面材が張られている場合、マルチプル効果が期待できるため、曲げに対する基準許容応力度に割り増しを行うものである。普通構造

材においては、当該部材群に構造用合板またはこれと同等以上の面材を張る場合は 1.25、当該部材群に構造用合板以外の面材を張る場合は 1.15 の係数を乗じる。また、等級内の強度のばらつきが比較的小さい機械等級区分製材の場合は、当該部材群に構造用合板またはこれと同等以上の面材を張る場合は 1.15 倍することができる。

④ 含水率影響係数

木材の含水率が繊維飽和点以下になると、含水率の低下に伴い強度は増加する。含水率影響係数はその影響を考慮するための係数であり、使用環境に応じて設定する。常時湿潤状態の条件下にある場合の木材の含水率は繊維飽和点以上に達することを想定して強度にかかわる含水率影響係数を 0.70、弾性係数にかかわる含水率影響係数を 0.85 とし、屋外に面する部分に使用される下地材または構造用材料が断続的に湿潤状態になるおそれのある環境では強度にかかわる含水率影響係数を 0.80 として設計用許容応力度を低減している。

● 文　　献

ASTM D245-06（Reapproved 2011）(2011) Standard Practice for Establishing Structural Grades and Related Allowable Properties for Visually Graded Lumber.（5.1）

ASTM D2555-06（Reapproved 2011）(2011) Standard Practice for Establishing Clear Wood Strength Values.（5.1）

Forest Products Laboratory (2010) *Wood Handbook — Wood as an Engineering Material.* FPL-GTR-190, Chapter 7, Madison, U.S.D.A, Forest Service, Forest Products Laboratory.（5.1）

Wood, L. W. (1951) Relation of strength of wood to duration of load. *Forest Products Laboratory Report No. R1916.*（5.1）

中井　孝 (1988)「木材の許容応力度」『木質構造建築読本　ティンバーエンジニアリングのすべて』、木質構造研究会編、井上書院、pp.118–121.（5.2, 5.3）

日本規格協会 (1994) 木材の試験方法　JIS Z 2101-1994.（5.2）

日本建築学会 (1988) 木構造計算規準・同解説. 丸善.（5.2, 5.3）

日本建築学会 (1995) 木質構造設計規準・同解説. 丸善, p.160.（5.2, 5.3）

日本建築学会 (2006) 木質構造設計規準・同解説—許容応力度・許容耐力設計法—. 丸善.（5.2, 5.3, 5.4）

コラム5：係数には要注意

　2000年に作成された「構造用木材の強度試験法」では、含水率調整係数および寸法・荷重条件に関する調整係数を乗じ、標準試験条件に調整するようにしている。寸法効果は標準のせい（150 mm）に調整、含水率に関する調整方法はMOR（曲げ強度）では換算式 $P_2 = P_1\{(\alpha-\beta M_2)/(\alpha-\beta M_1)\}$（ASTM D2195）を用いて含水率15%時の値に、MOE（曲げヤング係数）では20%を超える場合には M_1 を20%、10%未満の場合には M_1 を10%として調整している。2009年までに収集された曲げ強度データに関し、これらの調整係数の値をまとめたものが表1である。MOEについては、調整係数全体で平均値は実験値と2%ほどの変化であるが、中には約10%減ったり、30%近く大きくなったりしているものがある。また、MORについては、平均値には実験値と5%ほどの変化であるが、中には30%近く減少するもの、50%以上大きくなってしまうものが存在している。強度については含水率依存性や寸法効果があることが知られているが、それでも50%以上も大きくなってしまうのは問題があるように思う。日本と欧米で使用されている製材などの寸法が異なっており、標準状態に調整する必要があるなら、わが国における標準の寸法などを変えることも考えるべきではないだろうかという発表が2009年にあったことが理由かどうかはわからないが、2012年版8.2.1では、表2に示すように、梁せいまたは長辺寸法を5つの区分に分け、それぞれに基準寸法を定め、2000年版と同様の係数を乗じることにしている。ただし、d_0 は右表の基準寸法である。しかし、5.3には、「曲げおよび引張り強さの評価に於ては、測定値

表1　調整係数の値

	項　目	平均値	最小値	最大値
MOE	含水率	1.03	0.92	1.10
	試験条件	0.99	0.97	1.18
	調整係数全体	1.02	0.89	1.29
MOR	含水率	1.05	0.88	1.15
	試験条件	0.99	0.67	1.32
	調整係数全体	1.05	0.72	1.52

表2 基準寸法

区分記号	梁せいまたは長辺寸法(mm)	基準寸法(mm)
D1	36〜55	45
D2	60〜80	75
D3	90〜135	120
D4	150〜270	240
D5	300〜	360

を「8.2 木材の寸法および荷重条件による調整」に示した方法により、梁せいまたは長辺が標準寸法(150 mm)のときの値に調整するものとする。」とある。これでは、どちらにしてよいのか分らない。

　そもそも、何のために標準寸法に調整する必要があるのかについて考える必要があろう。例えば、北米のディメンションランバーでは厚さは同じなので、ASTM D245 では、2インチのせいに調整している。こうすれば、基準強度は一つで、その他の寸法には寸法調整係数を乗ずればいいことになり、合理的であるからである。一方、わが国の場合、かなり多くの寸法が存在しており果して標準寸法に調整する必要があるのか疑問である。

－ 中村　昇 －

第6章　実大材からの各種基準強度の誘導

　許容応力度は、基準強度に各種係数を乗じて算定される。各種係数には、第5章で紹介したように、荷重継続時間影響係数、含水率影響係数、寸法効果係数、強度比、安全率がある。このような係数が、製材＝実大材に対しても適用可能か、カナダ UBC（University of British Colombia）のマドセン（Madsen）教授は検討を加えた（Madsen 1992）。つまり、上記5つの係数のうち4つを固定し、実大材の強度実験を行うことにより、一つ一つ係数を見直していったのである。その結果、各種係数は、実大材には適さないことが分かった。また、同教授は、"Timber is as different from wood as concrete is different from cement."という言葉も残している。これは、次に示すような意味である。無欠点小試験体の曲げ試験による初期破壊は、もめが圧縮側で生じ、中立軸が移動し、引張側で最終的な破壊に進展する。一方、製材は節などの成長に起因する欠点を含み、繊維に直交する横引張によるクラックが生じ、引張側での複合的な破壊モードに進展する。圧縮側強度が引張側強度より小さな無欠点小試験体（defect-free wood）と圧縮側強度が引張側強度より大きな製材（timber）では、異なる材料なのである。各種調整係数を見直し、製材に適用できるように改善すべきであるという意見もあるが、defect-free wood と timber では破壊の論理が異なり、試験体系を変えた方がいいのである。defect-free wood は木材科学者（wood scientist）にとっては恰好の材料であるが、構造材を扱う技術者的な観点からは信頼できるデータを与えてくれない。それは、コンクリートの強度を知りたければ、セメントだけの試験によらないのと同じなのである。

　以上より、製材に対する許容応力度を算定するには、無欠点小試験体を用いる試験体系ではなく、製材用の試験体系が必要であり、それが、In-Grade Testing Program である。したがって、In-Grade の理念は、基本的には、最終的に製材品が使われる状態にできるだけ近い状態で試験すべきであるということである。

本章では、まず、わが国における実大材強度データ収集の現状について紹介し、次に、基準強度算定手法について述べ、最後に機械的等級区分材に対する基準強度の算定手法を紹介する。

6.1 実大材の強度収集データと解析

6.1.1 実大材の強度データの収集

国内の実大材(製材)の強度データの収集に関する経緯や現況については、飯島ら(2009)が詳しく解説している。また、蓄積データを取りまとめた代表的な近年の資料としては、強度性能研究会(2005)および飯島ら(2011)が挙げられる。

材料として木材の強度を検討する場合、プラスチックや金属などと同様に管理された小試験体の強度試験を行い、性能を評価する方法が考えられる。無欠点小試験体(clear small specimen, clear wood)の強度データの蓄積は、国内では国立林業試験場(現独立行政法人森林総合研究所)において精力的に行われた。このデータは同機関の林業試験研究報告に報告され(例えば、中井ら 1982)、木材工業ハンドブック(2007)にはその要約が掲載されている。言うまでもなく、木材研究に極めて重要なデータである。建築構造に用いられるいわゆる実大材(timber)は、かつては無欠点小試験体のデータを元に欠点の影響を考慮して設計用強度が検討されてきた(中井 1982; 有馬 1991; 杉山 1971)。しかしながら、実大材には節などの欠点に代表される様々な要素により、強度低下やばらつきの拡大といった影響が表れる。その結果、1970年代にカナダで始められたIn-Grade Testing により実大材による強度評価の関心が高まり、わが国では1987年以降は公的な検討には実大材の強度データを取り入れている。

このように実大材の強度データの収集は重要である。2009年現在、各地の試験研究機関などで試験された20,000体におよぶ実大材の強度データが収集・蓄積されていると推測されている。蓄積データは曲げに関するものが大半を占め、樹種ではスギが最も多い。曲げ以外は、縦圧縮・縦引張り、せん断、めり込みがあり、曲げクリープの報告もある。今後、曲げ強度とともに他のデータの蓄積も望まれる。樹種は、スギの他、ベイマツ、ダフリカカラマツ、ベイツガ、アカマツ、エゾマツ、トドマツ、カラマツ、ヒノキ、ヒバといった建築構造に

よく用いられる針葉樹製材である(一部、集成材のデータも集められている)。

ところで、このようなデータ収集は一連の研究プロジェクトで網羅的に行われる場合もあるが、多くは個別の研究によるものである。わが国には大学を除いても40近い数の公設試験研究機関が全国に分布しており、地域の実情に即した研究が行われているという強みがある。収集データを一元的に扱うには、統一的な試験方法の普及、ならびに、異なる試験条件で行われた結果を標準的な試験条件に補正する評価方法が必要となってくる。そういった網羅的な試験規格はASTMやISOにはみられるが、わが国にはない。JASは試験規格ではないし、JISは無欠点小試験体を対象としている。既存の設備状況や木材の寸法体系など、ASTMやISOをそのままでは使いにくい事情もある。

この問題に対応するため、2000年に(財)日本住宅・木材技術センターから「構造用木材の強度試験法」(2000)が発表された。この試験法は公式な標準試験規格ではないものの、わが国に網羅的な公式規格が無い(飯島2007)ことから、公設試験研究機関を中心に実大材の強度試験や評価に多く用いられてきた。

2011年には「構造用木材の強度試験マニュアル」(2011)に改訂され、旧版作成時に原案だったISO 13910:2005との整合性の考慮、実験例や資料の追加と整理、試験法に関する近年の提案の採用がなされた。また、従来の試験規格の他、試験のマニュアル的な要素が加味された(飯島ら2012a・b)。

構造用木材の強度試験法には、下限強度算出についての具体的な統計処理と数理が述べられた。この統計処理は時に難解で煩雑だが、処理プログラム付テキスト(堀江1997)が頒布され、高度な統計処理も行われるようになった。

6.1.2 統計的解析方法
6.1.2.1 信頼水準75%の5%下限値

蓄積データの用途は広いが、最も重要なのは基準強度の元となる下限強度の算出である。材料にはばらつきがあるので、100本に5本は基準強度を下回ることを許して、弱い方から5%に相当する値をよく用いる。母集団の5%値を用いたいところだが、母集団の真の統計値は知りえないので、標本を取り出して実験で得たデータから推定する。このとき、標本数nを考慮し、信頼水準付の下限値を算出する。いわゆる(信頼水準○○%の)5%下限値である。これには区間

6.1 実大材の強度収集データと解析

■ 両側区間推定

Case HIT
$\hat{\theta}$ が従う確率分布
75%
A θ B θ
CI
Case MISS

■ 片側区間推定
（上限が+∞の例）

Case HIT
75%
θ A θ
CI +∞

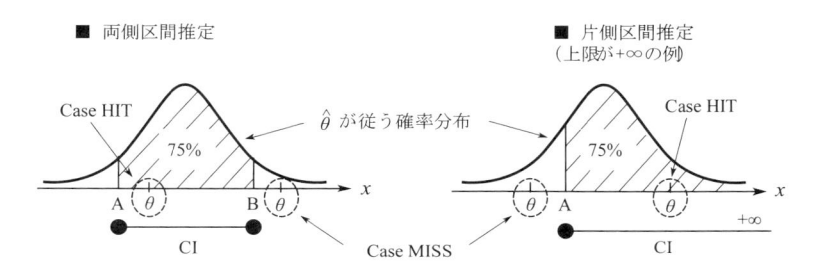

Case HIT: 本当は θ がこの値なら、アタリ。
Case MISS: 本当は θ がこの値なら、ハズレ。

CI: 信頼区間（confidence interval）
A: 下限値（lower limit）
B: 上限値（upper limit）

75%の確率で A≤θ。
100 回に 75 回は「アタリ」そう。
100 回に 25 回は「ハズレ」そう。

図 6-1-1 信頼水準 75%における母集団の母数 θ の区間推定
Fig. 6-1-1 Interval estimation of population parameter θ with confidence level of 75%.

推定（interval estimation）の概念を理解する必要がある（**図 6-1-1**）。

母集団の 5%点の値 θ の推定値 $\hat{\theta}$ が従う確率分布（probability distribution）を考える。θ はある一つの決まった値であるが、母集団の未知の値である。$\hat{\theta}$ は n 体の実験をするたびに推定できるが、母集団から抽出する標本によって変わる確率変数（random variable, r.v.）である。$\hat{\theta}$ が従う確率分布について補足しておこう。例えば、推定したい母集団の値を平均値（母平均）とする。標本平均は観測データの総和を標本数で割った値である。標本 6 個の実験を 100 セット行うと、標本平均は母平均を中心にばらつく。今度は、標本 100 個の実験を 100 セット行うと、ばらつきは小さくなるうえ、標本平均の分布は正規分布に近づく。詳しくは、中心極限定理（central limit theorem）を学ばれたいが、このように標本数によって $\hat{\theta}$ が従う確率分布は変化する。

さて、θ が含まれそうな区間 [A, B] を決める。この区間を信頼区間 CI（confidence interval）と呼ぶ。CI における $\hat{\theta}$ が従う確率分布の確率が表現できる。この確率を信頼水準（confidence level）、A を下側信頼限界（lower confidence limit）、B を上側信頼限界（upper confidence limit）と呼ぶ。真値 θ がこの区間内に

あるか否かは実際には確認できないが、少なくとも、「θ は信頼水準○○%で CI 内にある」という定量的な表現ができる。ところで、CI を広くとれば、θ が区間内に入る確率(信頼水準)は高くなる。一見良さそうだが、俗に言えば雑な推定になる。例えば、CI を $[-\infty, +\infty]$ とすれば、信頼水準は 100%だが、意味がない。逆に CI を狭め過ぎると信憑性に欠ける。

前述は、両側区間推定だが、下限強度の算定は、上限を $+\infty$ とした片側区間推定である。CI は $[A, +\infty]$ であり、信頼水準の値を具体的に決めると、A は必然的に決まる。信頼水準を 75%、θ を 5%点 $((100〜95)$%点$)$ と定めれば、A の期待値(平均値)が「信頼水準 75%の 95% 下側許容限界値(lower tolerance limit)」(いわゆる 5%下限値)に等しく、$TL_{75\%, 95\%}$ などと表す。

図 6-1-2 に示すように、(普通は 1 回しか行わないが)何回も標本 n 体の試験をし、A の値を決める試行を繰り返す。A の期待値 TL は $TL < \theta$ となり、安全側に決められる可能性が高い。直感的にも理解できるが、n を大きくすると TL は θ に近づく。逆に少ない標本では、TL は低く評価されがちとなり、ペナルティが付くことになる。

TL の算出方法には、順位法(rank order method)やパラメトリック法(parametric method)がある。前者は母集団の確率分布に依存しないが、後者は母集団の確率分布を特定して推定する。確率分布としては正規分布、対数正規分布、ワイブル分布がよく用いられるが、強度メカニズムから導かれた理論分布というよりは、データの分布形状を表現しやすいモデルとして利用されている。知見が豊富な正規分布以外の分布使う理由は、正規分布は負値(強度で言えば負の強度)を含んでしまい、5%値といった低い裾の方の値の評価への影響が懸念されるからである。また、正規分布は歪(skew)が表現できない。ワイブル分布は木材強度がとる、10〜50%程度の変動係数 CV に対して左右両方の歪を表現できる。更に表現力を高めるために位置母数(parameter)γ を導入し、データを γ だけずらす(シフトする)ことが可能な 3 母数の対数正規分布やワイブル分布を用いることもある。

TL 算出の具体的な方法は更に細かく様々あるが、国内でよく用いられているのは、信頼限界係数 K の数表を与えておき、次式で求める方法である。

$$TL = \bar{x} - Ks \tag{6.1.1}$$

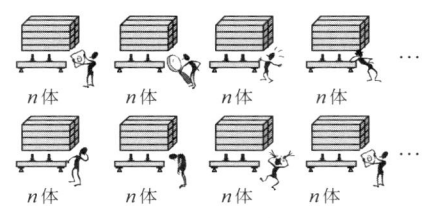

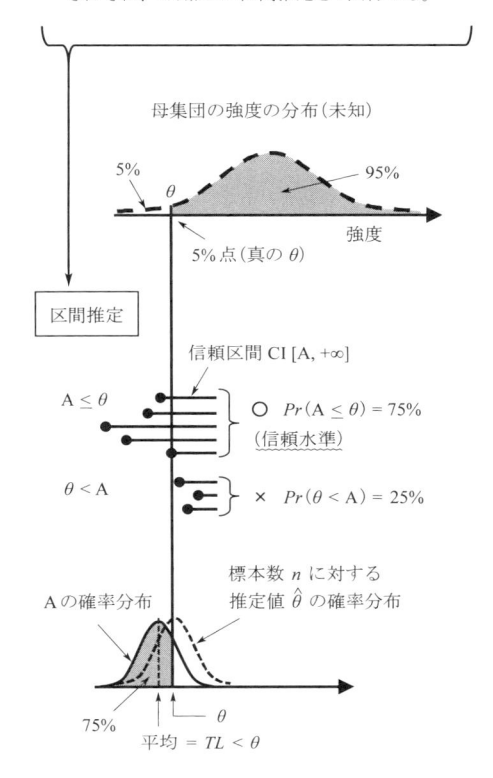

6.1 実大材の強度収集データと解析

ここで、$\bar{x}$ は n 個からなる標本の値 x の標本平均、s は x の標本標準偏差。

この方法は、K の数表さえ求めてあれば簡便に TL を求めることができる。またこの方法は、パラメトリック法であり、母集団を正規分布と仮定し、小標本理論に基づき、$\hat{\theta}$ の確率分布を非心 t 分布として K を求めている(堀江ら 1996)。したがって、母集団の分布が正規分布と大きく異なることが予想される場合には注意を要する。この場合、分布形に依存しない順位法を採用するか、分布形を特定して別のパラメトリック法を適用することになる。

ASTM D2915-03 では順位法にも言及しており、5%下限値について信頼水準別に n とデータ順位の関係が数表で示されている。

パラメトリック法を用いる場合、分布形が対数正規分布に適合するのであれば、データの対数値が正規分布に従うことを利用して次式で計算できるが、ワイブル分布の場合はこのような簡便な方法はとれないため、堀

図 6-1-2 信頼水準 75%の 95%下側許容限界
Fig. 6-1-2 95% lower tolerance limit with confidence level of 75%.

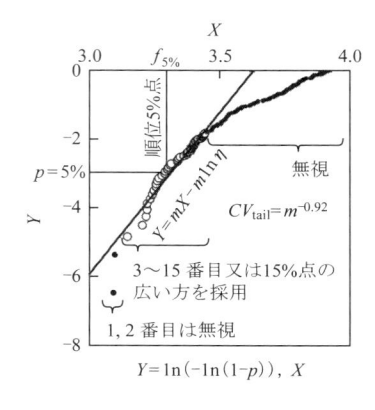

図 6-1-3　ワイブルプロットによるテールフィット法(ISO 13910)
Fig. 6-1-3　Procedure for tail fit to a Weibull distribution (ISO 13910: 2005 Annex C).

江ら(1990)は等価正規変換による方法を提案している。

$$TL = \exp\left(\overline{\ln x} - Ks_{\ln}\right) \tag{6.1.2}$$

ここで、$\overline{\ln x}$ は n 個からなる標本の値 x の自然対数の値 $\ln x$ の標本平均、$s_{\ln}$ は $\ln x$ の標本標準偏差。

ISO 13910:2005 Annex C は、5%値といった分布の裾野(tail)に適合するモデルを特定して限界値を算出するテールフィット法(tail fit method)を採用している。図 6-1-3 に示すように、小さい順に並べた i 番目の強度値 x_i の累積確率(cumulative probability)p_i をヘイゼン式(Hazen's formula)(星 1998)により $p_i = (i-0.5)/n$ とし、最小 3〜15 番目もしくは 15%までの広い方の範囲のデータにフィットする 2 母数ワイブル分布をワイブルプロットで特定し、信頼水準 75%の 5%下限値 TL を次式で求める。

$$TL = \left(1 - \frac{2.7 CV_{tail}}{\sqrt{n}}\right) f_{5\%} \tag{6.1.3}$$

ここで、$f_{5\%}$ は順位から、CV_{tail} はプロットの傾きから求める。なお、この手法については、中村(2006)が詳しく解説している。

6.1.2.2　統計的なサンプルサイズ問題

TL を求めることを目的に試験を行う場合、合理的に TL が算出できるだけの標本数 n が必要となる。TL の算出方法にもよるが、一般的な方法を用いるのであれば信頼限界係数 K の数表による n の最低値は必要となる。しかしながら、

母集団のばらつきが大きいにも関わらず、むやみに n を小さくすると TL は θ の推定値としては過小評価されることになる。

n の大きさを計画するときの考え方は TL 算出の概念と同様に順位法やパラメトリック法が適用できる。パラメトリック法では、大標本理論の中心極限定理に基づいて正規分布から計算する方法と小標本理論に基づいて t 分布から計算する方法が代表的である。いずれも母集団の期待値 μ を要求精度で求めるのに必要な n の大きさを計算する。ただし、標本平均 $\bar{x}$ と、前者では母分散 σ^2 が、後者では標本分散 s^2 の事前情報が必要である。

両者の具体的な計算式は以下のようになるが、t 分布による方法では右辺にも n が含まれるので、式を満たす値を探索する収束計算を行う。

$$\left. \begin{array}{l} 正規分布による方法：\quad n \geq \left[\dfrac{CV}{\beta} \times \Phi^{-1}\left(1 - \dfrac{\alpha}{2}\right) \right]^2 \\[2mm] \text{t 分布による方法：} \quad n \geq \left[\dfrac{CV}{\beta} \times F_t^{-1}\left(\dfrac{\alpha}{2}, n-1\right) \right]^2 \end{array} \right\} \quad (6.1.4)$$

ここで、Φ^{-1}(確率)と F_t^{-1}(確率，自由度)はそれぞれ、標準正規分布とスチューデント(Student)の t 分布の累積確率関数の逆関数。CV は、正規分布による方法では $\bar{x}/\sigma$、t 分布による方法では $\bar{x}/s$。信頼水準は $1-\alpha$。推定精度 β は 0.05 がよく使われる。

大標本理論は n が十分大きい($n \geq 30$ と言われることが多い)ことを前提とするが、$n < 30$ の場合でも、$CV = 20 \sim 30\%$ で計算してみると t 分布による方法よりもやや小さな n を与えるものの大差はない(堀江 1997)。

順位法では、n 個のデータの小さい方から i 番目の値が TL に相当するかを計算する。この計算は煩雑なので、ASTM D2915-03 では信頼水準 75%、95%、99% に対する 5%下限値の n と i の関係の数表が示されている。また、信頼水準 75% の 5%下限値の近似値は次式で得られる(堀江 1997、構造用木材の強度試験マニュアル 2011)。

$$\left. \begin{array}{ll} i = n^{2.066} / [34.1(n+1)] & (n \leq 100 \text{ のとき}) \\ i = n^{1.066} / 34.1 & (n > 100 \text{ のとき}) \end{array} \right\} \quad (6.1.5)$$

パラメトリック法では標本平均や分散が既知である必要があったり、順位法

ではデータのばらつきを考慮して何番目のデータを採用すべきかが不明であったりと、試験前に最小サンプル数を厳密に決定するのは困難である。そのため、ISO 13910:2005 や構造用木材の強度試験マニュアルでは最小サンプル数を 40 としている。実務的には、既往のデータを参考に n を算出し、十分な標本数で試験を行い、TL の信頼性を確保することになろう。

最後に、本節で述べた確率統計学の参考テキストを文献に挙げておく。
・郡山　彬，和泉澤正孝(2011)「統計・確率のしくみ」、日本実業出版社.
・Larry Gonick、Woollcott Smith、中村和幸訳(2001)「確率・統計が驚異的によくわかる」，白揚社.
・Alfredo H-S. Ang，Wilson H. Tang，伊藤　学，亀田弘行監訳(2007)「土木・建築のための確率・統計の基礎」，丸善.
・永田　靖(2007)「統計的方法のしくみ」，日科技連.
・永田　靖(2009)「サンプルサイズの決め方」，朝倉書店.
・平岡和幸，堀　玄(2009)「プログラミングのための確率統計」，オーム社.
・箕谷千凰彦(2004)「統計分布ハンドブック」，朝倉書店.

6.2 機械等級区分材における基準強度の算定

機械等級区分材の曲げ強度(MOR)に関する基準強度の算出方法は、次に示すような方法が考えられる。

1) バンド法(建設省建築研究所 1989)：曲げヤング係数(MOE)の値の範囲を決め、その範囲に含まれるデータの MOR 値の分布から TL 値を算出する。

2) 回帰分析を用いる方法(建設省建築研究所 1989)：MOE－MOR についての回帰分析を行い、必要であれば重み付けをした回帰直線から TL 値を算出する。

3) モンテカルロシミュレーションを用いる方法(建設省建築研究所 1989)：2)の回帰分析を用い、仮想の MOE－MOR を発生させ、MOE 値の範囲に含まれる発生値から TL 値を算出する。

4) 同時確率密度関数を用いる方法：MOE－MOR についての同時確率密度関数を用いて、MOE 値の上下限値で挟まれた範囲における TL 値を算出する。

しかし、各番号の方法に対して、以下の問題点もあげられる。
1) MOE 値の範囲におけるデータ数が少ない場合、算出された TL 値の信頼性が低い。2) MOE 値の範囲のどの値を代入すれば 5%下限値となるのか分からない。2、3)回帰分析そのものが残差標準偏差を正規分布と仮定しており、残差標準偏差の重ね合わせが MOR となるのであるから、MOR の分布も正規分布となってしまう。しかし、MOR が正規分布以外の分布にフィットした場合、整合性が取れない。また、重みの根拠についての理論的な裏付けがない。1〜4)実大材の強度試験データが、必ずしも母集団を表していないかも知れない。

確率・統計学的観点から正しい手法は 4)であるが、上述した問題点も存在する。しかし、どのような場合にも得られるデータの数には限度があること、また、いずれの方法においても MOE や MOR の分布が最もフィットした経験分布を母集団と考えていることを考慮すれば、この点は問題とはならないであろう。したがって、4)に示した同時確率密度関数を用いて、TL 値を算出することが最善と考えられる。次項では、この手法について紹介している。

6.2.1 非正規同時確率密度関数による基準強度の算定（中村ら 2007）

ヤング係数の区分ごとの基準強度の算定は、データ数が多い場合には信頼性の高い基準強度の値が得られると思われるが、少ない場合には信頼性が低くなってしまう。そこで、次に示すように、データ数を考慮する必要のない方法があるので紹介する。

2 つの確率変数 X、Y を正規分布、相関係数を ρ とし、X、Y の平均および標準偏差をそれぞれ μ_X、μ_Y および σ_X、σ_Y とすれば、同時確率密度関数は次式で表される。

$$f(x,y) = \frac{1}{2\pi\sigma_X\sigma_Y\sqrt{1-\rho^2}} \cdot \exp\left[-\frac{1}{2(1-\rho^2)} \cdot \left\{\left(\frac{x-\mu_X}{\sigma_X}\right)^2 - 2\rho\left(\frac{x-\mu_X}{\sigma_X}\right)\left(\frac{y-\mu_Y}{\sigma_Y}\right) + \left(\frac{y-\mu_Y}{\sigma_Y}\right)^2\right\}\right] \quad (6.2.1)$$

次に、2 つの非正規変数 X_1、X_2 について、それぞれの累積確率分布関数を $F_{X1}(x_1)$、$F_{X2}(x_2)$、確率密度関数を $f_{X1}(x_1)$、$f_{X2}(x_2)$、相関係数を ρ_{12} とし、同時確率密度関数を誘導する。

(1) まず、確率変数 X_1, X_2 の任意の値 (x_1, x_2) において、累積確率の値が等しい等価な正規変数のパラメータをそれぞれ m_{X1}, m_{X2} および s_{X1}, s_{X2} とすると、次式が成り立つ。ただし、$\Phi(\cdot)$ は標準正規累積分布関数、$\phi(\cdot)$ は標準正規確率密度関数を表す。

$$\left.\begin{aligned}
&\Phi\big((x_1 - m_{X1})/s_{X1}\big) = F_{X1}(x_1) \\
&x_1 \text{で微分して} \; 1/s_{X1} \phi\big((x_1 - m_{X1})/s_{X1}\big) = f_{X1}(x_1) \\
&\Phi\big((x_2 - m_{X2})/s_{X2}\big) = F_{X2}(x_2) \\
&x_2 \text{で微分して} \; 1/s_{X2} \phi\big((x_2 - m_{X2})/s_{X2}\big) = f_{X2}(x_2)
\end{aligned}\right\} \quad (6.2.2)$$

(2) 次に、$z_1 = (x_1 - m_{X1})/s_{X1}$、$z_2 = (x_2 - m_{X2})/s_{X2}$、$Z_1$ と Z_2 の相関係数を $\rho_{0,12}$ とし、(6.2.1)式を X_1, X_2 を用いて表したのが次式である。

$$\begin{aligned}
f(x_1, x_2) &= \frac{1}{2\pi s_{X1} s_{X2} \sqrt{1 - \rho_{0,12}^2}} \cdot \exp\left[-\frac{1}{2(1-\rho_{0,12}^2)} \cdot \left\{\left(\frac{x_1 - m_{X1}}{s_{X1}}\right)^2 \right.\right. \\
&\quad \left.\left. - 2\rho_{0,12}\left(\frac{x_1 - m_{X1}}{s_{X1}}\right)\left(\frac{x_2 - m_{X2}}{s_{X2}}\right) + \left(\frac{x_2 - m_{X2}}{s_{X2}}\right)^2 \right\}\right] \\
&= \frac{1}{2\pi\sqrt{1-\rho_{0,12}^2}} \cdot \exp\left[-\frac{1}{2(1-\rho_{0,12}^2)} \cdot \left\{z_1^2 - 2\rho_{0,12} z_1 z_2 + z_2^2\right\}\right] \cdot \frac{f_{X1}(x_1)}{\varphi(z_1)} \cdot \frac{f_{X2}(x_2)}{\varphi(z_2)} \\
&= \varphi(z_1, z_2, \rho_{0,12}) \cdot \frac{f_{X1}(x_1)}{\varphi(z_1)} \cdot \frac{f_{X2}(x_2)}{\varphi(z_2)}
\end{aligned}$$

ただし、

$$\phi(z_1, z_2, \rho_{0,12}) = \frac{1}{2\pi\sqrt{1-\rho_{0,12}^2}} \cdot \exp\left[-\frac{1}{2(1-\rho_{0,12}^2)} \cdot \left\{z_1^2 - 2\rho_{0,12} z_1 z_2 + z_2^2\right\}\right] \quad (6.2.3)$$

である。

(3) 定義より、確率変数 X_1, X_2 に関する相関係数 ρ_{12} は、それぞれの変数の平均および標準偏差を μ_{X1}, μ_{X2} および σ_{X1}, σ_{X2} とすれば、次式で算出される。

$$\rho_{12} = E\left\{\left(\frac{x_1 - \mu_{X1}}{\sigma_{X1}}\right) \cdot \left(\frac{x_2 - \mu_{X2}}{\sigma_{X2}}\right)\right\} \quad (6.2.4)$$

ここで、$E(\cdot)$ は期待値を表わす。

一方、確率変数 X, Y の関数 $h(x, y)$ に関する期待値の定義より、x と y の同時確率密度関数を $f(x, y)$ とすれば、

$$E\{h(x,y)\} = \int_{-\infty}^{\infty}\int_{-\infty}^{\infty} h(x,y) \cdot f(x,y)\,dxdy$$

と表される。$h(x,y) = ((x_1 - \mu_{X1})/\sigma_{X1}) \cdot ((x_2 - \mu_{X2})/\sigma_{X2})$ と考えれば、

$$\rho_{12} = \int_{-\infty}^{\infty}\int_{-\infty}^{\infty} \left(\frac{x_1 - \mu_{X1}}{\sigma_{X1}}\right) \cdot \left(\frac{x_2 - \mu_{X2}}{\sigma_{X2}}\right) \cdot f(x_1, x_2)\,dx_1 dx_2 \quad (6.2.5)$$

である。(6.2.3)式を(6.2.5)式に代入すれば、

$$\rho_{12} = \int_{-\infty}^{\infty}\int_{-\infty}^{\infty} \left(\frac{x_1 - \mu_{X1}}{\sigma_{X1}}\right) \cdot \left(\frac{x_2 - \mu_{X2}}{\sigma_{X2}}\right) \cdot \phi(z_1, z_2, \rho_{0,12}) \cdot \frac{f_{X1}(x_1)}{\phi(z_1)} \cdot \frac{f_{X2}(x_2)}{\phi(z_2)}\,dx_1 dx_2$$

となる。さらに、(6.2.2)式より

$$\frac{1}{s_{X1}}dx_1 = \frac{f_{X1}(x_1)}{\varphi(z_1)}dx_1 = dz_1,\quad \frac{1}{s_{X2}}dx_2 = \frac{f_{X2}(x_2)}{\varphi(z_2)}dx_2 = dz_2$$

であるから、これらを代入して、結局

$$\rho_{12} = \iint \left(\frac{x_1 - \mu_{X1}}{\sigma_{X1}}\right) \cdot \left(\frac{x_2 - \mu_{X2}}{\sigma_{X2}}\right) \cdot \phi(z_1, z_2, \rho_{0,12}) \cdot dz_1 dz_2 \quad (6.2.6)$$

と表すことができ、(2)で述べた $\rho_{0,12}$ は、(6.2.6)式を満足する値であることが分かる。したがって、非正規変数 X_1, X_2 についての同時確率密度関数は次式で表すことができる。

$$f(x_1, x_2) = \phi(z_1, z_2, \rho_{0,12}) \cdot \frac{f_{X1}(x_1)}{\phi(z_1)} \cdot \frac{f_{X2}(x_2)}{\phi(z_2)}$$

ただし、$\phi(z_1, z_2, \rho_{0,12})$ は(6.2.3)式で表され、$\rho_{0,12}$ は(6.2.6)式を満足する値である。

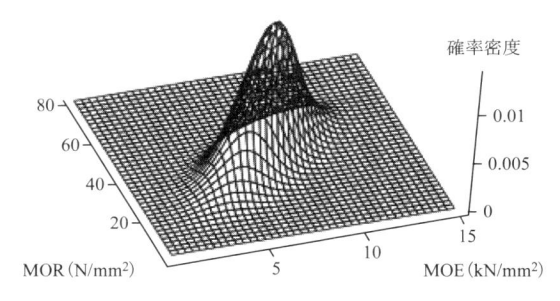

図 6-2-2　スギにおける同時確率密度関数

Fig. 6-2-2 Joint probability density function of flexural strength in Sugi full-scale specimens.

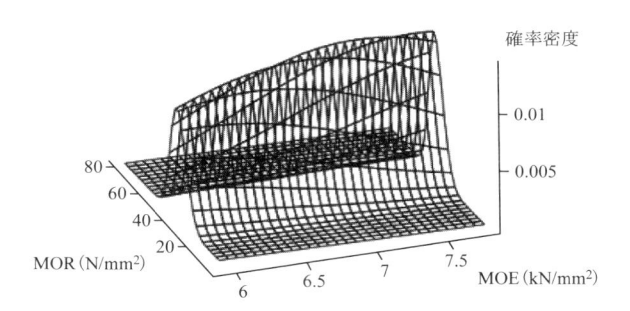

図 6-2-3 スギ E70 における同時確率密度関数
Fig. 6-2-3 Joint probability density function of flexural strength graded to E70 in Sugi full-scale specimens.

MOR および MOE をそれぞれ 2P ワイブル分布、正規分布とした非正規確率変数に関する同時確率密度関数を用いて、各等級区分における基準強度を算定した。例として、スギに関する同時確率密度関数を**図 6-2-2** 示したが、例えばE70 であれば、**図 6-2-3** に示すように下限値 5.9 (kN/mm^2) 上限値 7.8 (kN/mm^2) で区切り、経験分布にフィットしないで、この部分における下側 5%値に当たる強度値を基準強度とすることができる。

6.3　各種係数に関する研究の進展

6.3.1　荷重継続時間影響（Duration of Load Effect: DOL）係数
6.3.1.1　粘弾性クラック進展理論（Nielsen 1978）

木材をクラックを有する線形粘弾性体とし、クラックの先端が開口していく時間を推定する理論である。

遠方で一応力 σ、クラック縁で σ_Y の引張応力を受ける物体の弾性応力場問題と考え、2 次元弾性論に基づく方法で考える。まず、クラック先端の小規模降伏 (small scale yielding) より、クラック開口変位 δ は次式で表わすことができる。

$$\delta \fallingdotseq \frac{\pi \sigma^2 a}{E \sigma_Y} \tag{6.3.1}$$

クラックが進展し始めるのは、降伏応力 σ_Y により開口変位 δ になされた仕事がエネルギー解放率 Γ に等しくなったときであるから、このときの開口変位を δ_{cr} とすれば、

$$\sigma_Y \delta_{cr} = \Gamma \tag{6.3.2}$$

が成り立つ。クラックが進展し始めるときの、遠方で働く一応力 σ_{cr} は次式で与えられる。

$$\sigma_{cr} \fallingdotseq \sqrt{E\Gamma/\pi a} \tag{6.3.3}$$

(6.3.3)式における σ_{cr} は、通常の強度試験における強度と考えられる。また、このときのクラック長さ a_{cr} は

$$a_{cr} \fallingdotseq \frac{E\Gamma}{\pi \sigma^2} \tag{6.3.4}$$

であり、モードIにおける応力拡大係数を K_I とすれば、

$$K_I^2 = \sigma^2 \pi a \tag{6.3.5}$$

であり、(6.3.4)式より次式が成り立つ。

$$K_{I,cr}^2 = E\Gamma$$

さらに、(6.3.1)式と(6.3.5)式より、

$$\delta = \frac{K_I^2}{E\sigma_Y} \tag{6.3.6}$$

が得られる。

クリープ関数を $J(t)$ とすれば、ひずみ $\varepsilon(t)$ は次式で表される。

$$\varepsilon(t) = \frac{\sigma}{E} J(t)$$

応力と変形の線形性を積分的に表現したボルツマン(Boltzmann)の重ね合わせの原理を用いれば、弾性系における変位 $d(t)$ から粘弾性系における変位 $D(t)$ への変換は次式を用いて行うことができる。

$$D(t) = E \int_{-\infty}^{t} J(t-\tau) \cdot \frac{d[d(\tau)]}{d\tau} d\tau \tag{6.3.7}$$

この原理を弾性論に基づいたクラック先端の開口変位 $\delta(t)$ に適用することにより、クラックの進展を粘弾性的に扱おうという考えが、ニールセン(Nielsen, L.F.)の提案する粘弾性クラック進展理論(Wood as Cracked Linear Visco-Elastic

Material) である。

(6.3.7)式を(6.3.5)式に適用すると、

$$\delta(t) = \frac{1}{\sigma_Y} \int J(t-\tau) \frac{d\left[K_I^2 H(\tau)\right]}{d\tau} d\tau \tag{6.3.8}$$

と表すことができる。ここで、$H(t)$はヘヴィサイド(Heaviside)のステップ関数である。

$$H(t) = \begin{cases} 0 & t < 0 \\ 1 & 0 \leq t \end{cases} \tag{6.3.9}$$

$\delta(t)$は最終的に、$t=t_s$においてδ_{cr}に達するが、(6.3.9)式を用い、(6.3.8)式を積分すれば、次式を得る。

$$\delta_{cr}\sigma_Y \equiv \Gamma = K_I^2 J(t_s) \tag{6.3.10}$$

(6.3.3)式および(6.3.5)式を用いれば

$$K_I^2 = \left(\frac{\sigma}{\sigma_{cr}}\right)^2 E\Gamma$$

であり、(6.3.10)式より次式が得られる。

$$\Gamma = \left(\frac{\sigma}{\sigma_{cr}}\right)^2 E\Gamma J(t_s) \quad または \quad EJ(t_s) = \left(\frac{\sigma_{cr}}{\sigma}\right)^2 \tag{6.3.11}$$

σ/σ_{cr}はいわゆる応力比である。これからクラック先端の塑性域における応力σがクラックの進展し始める応力σ_{cr}に達するまでの時間t_sを算出すればよい。

ここで$F[EJ(t)] = t$という関数を定義すれば、(6.3.11)式は次式のように表される。

$$F\left[\left(\frac{\sigma_{cr}}{\sigma}\right)^2\right] = t_s \tag{6.3.12}$$

クラック先端の塑性域の進展する様子を**図 6-3-1** に示した。r_pはクラック先端の塑性域の大きさである。

このとき、クラック面が放物線の形をしているとすれば、$h_n(t)$は次式で表される。

$$h_n(t) = \left[\frac{a(t)-a_{n-1}}{r_p}\right]^Q \delta_n \quad (t_{n-1} < t < t_n) \tag{6.3.13}$$

ここでクラックの進展する速さをvとし、$r_p/v = \Delta t$とすれば、(6.3.13)式は次

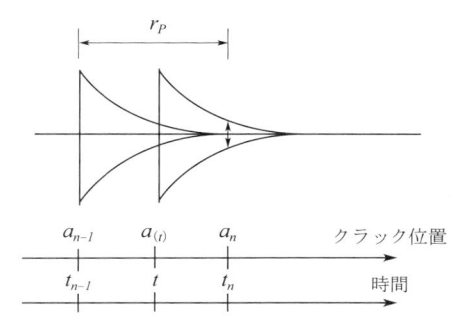

6.3 各種係数に関する研究の進展

図 6-3-1 クラック塑性域の進展
Fig. 6-3-1 Discrete positions of cracked plastic region.

式となる。

$$h_n(t) = \left[\frac{t-t_{n-1}}{\Delta t}\right]^Q \delta_n \tag{6.3.14}$$

クラックの開口変位は、時間とともに 0 から $h_n(t)$ となり δ_n と変化するので、(6.3.2)、(6.3.5)、(6.3.6)式より

$$\delta_n = \left(\frac{\sigma}{\sigma_{cr}}\right)^2 \frac{a_n}{a} \frac{\Gamma}{\sigma_Y} \tag{6.3.15}$$

が得られる。これを先述したような(6.3.7)式を用いて、δ_n の最大値 δ_{cr} を求めることにする。(6.3.15)式を(6.3.14)式に代入し、

$$h_n(t) = \left[\frac{t-t_{n-1}}{\Delta t}\right]^Q \left(\frac{\sigma}{\sigma_{cr}}\right)^2 \frac{a_n}{a} \frac{\Gamma}{\sigma_Y}$$

$t_{n-1} \to 0$、$t \to \tau$ とすれば、

$$\delta_{cr} = E\left(\frac{\sigma}{\sigma_{cr}}\right)^2 \left(\frac{a_n}{a}\right) \frac{\Gamma}{\sigma_Y} \int_0^{\Delta t} \left(\frac{\tau}{\Delta t}\right)^Q \frac{dJ(\tau)}{d\tau} d\tau \tag{6.3.16}$$

が得られる。これから Δt を求めなければならないが、(6.3.16)式中の積分は、$J(t)$ が

$$\varepsilon(t) = \frac{\sigma}{E}(1+at^b) = \frac{\sigma}{E}J(t)$$

のような形で表すことができるならば、次のように近似できる。ただし、$\alpha>1$

である。

$$\int_0^{\Delta t} \left(\frac{\tau}{\Delta t}\right)^Q \frac{dJ(\tau)}{d\tau} d\tau = \int_0^{\Delta t} \left(\frac{\tau}{\Delta t}\right)^Q \left(ab\tau^{b-1}\right) d\tau = \int_0^{\Delta t} \frac{ab}{(\Delta t)^Q} \tau^{Q+b-1} d\tau = \frac{ab}{(\Delta t)^Q} \left[\frac{1}{Q+b} \tau^{Q+b}\right]_0^{\Delta t}$$

$$= a\left[\Delta t \frac{b}{b+Q}\right]^b = a\left[\frac{\Delta t}{\{1+Q/b\}^{\frac{1}{b}}}\right]^b \approx a\left[\frac{\Delta t}{\alpha \cdot Q + 1}\right]^b$$

これは、クラック先端の塑性域の進展は弾性変形以後のことであることを考慮するならば、重み付きクリープ関数 $J^*(t)$ を用いて次のように表せる。

$$J^*(\Delta t) = J\left[\frac{\Delta t}{\alpha Q + 1}\right]$$

この重み付きクリープ関数を用いると、(6.3.16)式は次式に変換される。

$$EJ\left[\frac{\Delta t}{\alpha Q + 1}\right] = \left(\frac{\sigma_{cr}}{\sigma}\right)^2 \left(\frac{a}{a_n}\right) \tag{6.3.17}$$

$\Delta t = r_p / v$ であるから、次式が得られる。

$$\Delta t = \frac{\pi^2}{8}\left(\frac{\sigma}{\sigma_Y}\right)^2 \frac{a_n}{v}$$

これを(6.3.17)式に代入すれば

$$EJ\left[\frac{\pi}{8(\alpha Q + 1)}\left(\frac{\sigma}{\sigma_Y}\right)^2 \frac{a_n}{v}\right] = \left(\frac{\sigma_{cr}}{\sigma}\right)^2 \left(\frac{a}{a_n}\right)$$

が得られるが、上述した関数 F を用いれば

$$\frac{\pi^2}{8(\alpha Q + 1)}\left(\frac{\sigma}{\sigma_Y}\right)^2 \frac{a_n}{v} = F\left[\left(\frac{\sigma_{cr}}{\sigma}\right)^2 \left(\frac{a}{a_n}\right)\right]$$

と表すことができる。これより、

$$\theta = \left(\frac{\sigma_{cr}}{\sigma}\right)^2 \frac{a}{a_n} \tag{6.3.18}$$

とすれば、クラックの進展する速さの逆数は

$$\frac{1}{v} = \frac{8(\alpha Q + 1)}{\pi^2}\left(\frac{\sigma_Y}{\sigma}\right)^2 \frac{1}{a_n} F(\theta) \tag{6.3.19}$$

と表される。いまクラックが a_i から a_j の間 da_n を進展するために要する時間は、それぞれのクラックに対応する時間を t_i および t_j とすれば、次式で表される。

6.3 各種係数に関する研究の進展

$$t_j - t_i = \int_{c_i}^{c_j} \frac{da_n}{v}$$

(6.3.18)式を用いて、変数を a_n から θ に変換すると、次式が得られる。

$$t_j - t_i = \int_{(\sigma_{cr}/\sigma)^2 c/c_i}^{(\sigma_{cr}/\sigma)^2 c/c_j} -\left(\frac{\sigma_{cr}}{\sigma}\right)^2 \frac{a}{\theta^2 v} d\theta \tag{6.3.20}$$

したがって、クラックの進展し始める時間を $t_s = t_i$、終局的な破壊が生じる時間を $t_{cat} = t_j$ とすれば、(6.3.19)、(6.3.20)式より次式が得られる。

$$t_{cat} - t_s = \frac{8}{\pi^2}(\alpha Q + 1)\left(\frac{\sigma_Y}{\sigma_{cr}}\right)^2 \left(\frac{\sigma_{cr}}{\sigma}\right)^2 \times \int_{1_i}^{(\sigma_{cr}/\sigma)^2} \frac{F(\theta)}{\theta} d\theta \tag{6.3.21}$$

(6.3.12)式に(6.3.21)式を加えれば、破壊するまでのトータルの時間を求めることでできる。以上、これまで述べてきたことをまとめると、**図 6-3-2** のように表すことができる。応力が加えられていない状態では、クラックの長さは $2a$ であり、もちろん塑性域も生じていない。クラックを開口させる引張応力が作用すると、クラック面間に長さ r_p、距離 δ_0 の塑性域が生じるが、クラックの長さは $2a$ のままである。さらに時間がたち t_s となると、クラック面間の距離がクリティカルな大きさ δ_{cr} となり、クラックの長さとともに塑性域も増加し始める。そして、ついには、時間 t_{cat} において、これ以上応力を保持できなくなり、破壊してしまうと言うモデルである。

6.3.1.2 ダメージ累積理論（Yao *et al.* 1993）

クリープ破壊における破壊時間を、材料の内部で生じている物理的な現象に関連づけて説明する試みは様々行われている。ダメージ累積理論はその中の一つであり、新しいものではなくかなり古くから提案されている。これは、$\alpha = 0$

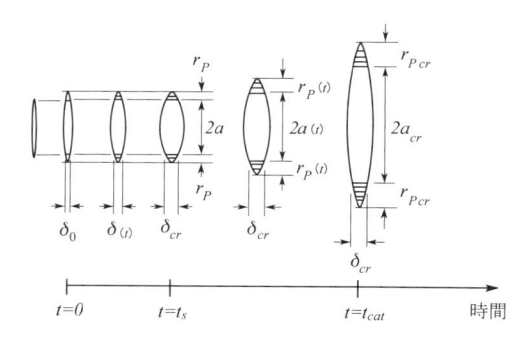

図 6-3-2 クラックの進展
Fig. 6-3-2 Crack development with time.

はダメージがない場合に、$\alpha=1$ は破壊に対応し、ダメージの累積する割合 $d\alpha/dt$ が、t における応力 σ と累積ダメージ α の関数と考えるもので、次式で表すことができる。

$$\frac{d\alpha}{dt} = F(\sigma, \alpha) \tag{6.3.22}$$

実験結果に適合する関数を選ぶことにより、$F(\sigma, \alpha)$ を決めることができる。(6.3.22)式は、一般的には指数級数を用いて、

$$\frac{d\alpha}{dt} = F(\tau(t), \alpha) = F_1(\tau(t)) + F_2(\tau(t))\alpha + \cdots + F_n(\tau(t))\alpha^{n-1} \tag{6.3.23}$$

と表されるが、この中の第2項までを用いて、

$$\frac{d\alpha}{dt} = a\left[\tau(t) - \sigma_0\tau_s\right]^b + c\left[\tau(t) - \sigma_0\tau_s\right]^n \alpha \tag{6.3.24}$$

と表す。ただし、$\tau(t)$ は加える応力、τ_s は標準的なランプ荷重による強度、σ_0 は応力比で表された閾値である。この微分方程式を閉じた式で解くことはできず、次ぎに示す手法により、破壊時間を求めている。

時間をある一定の時間 Δt で区切り、Δt では加えられる応力を一定とみなす。区切られた時間を1番目から n 番目とし、i 番目では τ_i が加わるが、Δt の最初の時点での累積ダメージが α_{i-1}、Δt の最後の時点での累積ダメージが α_i とすれば、

$$\alpha_i = \alpha_{i-1} K_i + L_i$$

が成り立つ。ただし、K_i および L_i は次式で得られる。

$$K_i = \exp\left[c(\tau_i - \sigma_0\tau_s)^n \Delta t\right], \quad L_i = \frac{a}{c}(\tau_i - \sigma_0\tau_s)^{b-n}(K_i - 1)$$

これを繰り返すことによって、累積ダメージ α が1になる時間を求めることができるのである。(6.3.24)式には、5つメータ a、b、c、n、σ_0 があるが、これらは対数正規分布にしたがう確率変数とし、それらの平均値と変動係数を実験により求める必要がある。正規分布ではなく、対数正規分布としたのは、察するところ、負の値になることを嫌ってではないかと考えられる。これらのパラメータは、次のようにして求める。

実際の実験では、**図6-3-3** のような荷重履歴を加える場合が多いが、この場合の破壊時間 T_f は次式で表される。

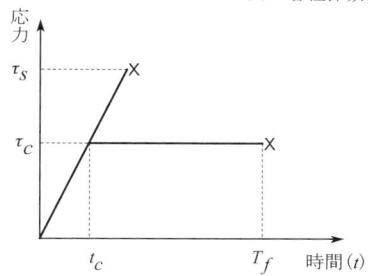

図 6-3-3 実験における荷重履歴
Fig. 6-3-3 Load history for the experiment.

$$T_f = t_c + \frac{1}{c(\tau_c - \sigma_0 \tau_s)^n} \ln\left[\frac{c + a(\tau_c - \sigma_0 \tau_s)^{b-n}}{\alpha_c c + (\tau_c - \sigma_0 \tau_s)^{b-n}}\right] \tag{6.3.25}$$

5つのパラメータ a、b、c、n、σ_0 の初期値を与え、それぞれの試験について、(6.3.24)式で算出される破壊時間 T_f を求める。T_f と実験による破壊時間 T_d から、次式を最小にするようなパラメータ a、b、c、n、σ_0 の値を求める値である。N は試験体数である。

$$\Phi = \sum_{i=1}^{N}\left(1 - \frac{T_{fi}}{T_{di}}\right)^2 \quad \text{または、} \quad \Phi = \sum_{i=1}^{N}\left(T_{di} - T_{fi}\right)^2$$

ただし、(6.3.24)式には5つのパラメータ a、b、c、n、σ_0 があるが、a および b には関係式が成り立つ。(6.3.24)式から、閉じた形での関係式を求めることはできないが、短期のランプ荷重試験では、(6.3.24)式の第2項は大きな影響を及ぼすことはないと考えられるので、省略したモデル式を用いて、関係式を求めると次式となり、これで代用する。ただし、k は荷重速度である。

$$a = \frac{k(b+1)}{\left[\tau_s(1-\sigma_0)\right]^{b+1}}$$

これより、α_c を求めると次式のようになる。

$$\alpha_c = \left[\frac{\tau_c - \sigma_0 \tau_s}{\tau_s - \sigma_0 \tau_s}\right]^{b+1}$$

6.3.2 寸法効果(Size Effect)係数

基礎的なことは、1.3 に述べられているので参照されたい。

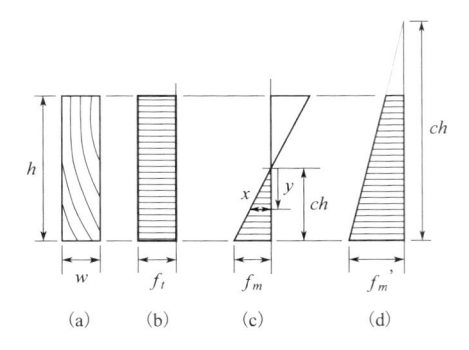

図 6-3-4 引張応力の分布
Fig. 6-3-4 Tension stress distribution.

6.3.2.1　応力効果（Buchanan *et al.* 1984）
6.3.2.1.1　引張応力の場合

　強度分布を 2P ワイブル分布とし、幅（厚さ）を一定とした場合、(1.3.9)式は次のように表される。

$$F(x) = 1 - \exp\left[-\frac{1}{h_1}\int_h \left(\frac{x}{m}\right)^k dh\right] \tag{6.3.26}$$

h は材料のせい、h_1 は一つのエレメントのせいである。**図 6-3-4** の(b)における一様な引張応力の場合、$x = f_t =$ 一定なので、上式は

$$F(x) = 1 - \exp\left[-\frac{h}{h_1}\left(\frac{f_t}{m}\right)^k\right]$$

となる。(c)と(d)の場合は、

$$x = \frac{y}{ch}f_m = rf_m、\text{ただし、} r = \frac{y}{ch}$$

と変換することにより、次式となる。

$$F(x) = F(rf_m) = 1 - \exp\left[-\frac{ch}{h_1}\int_r \left(\frac{rf_m}{m}\right)^k dr\right]$$

　図 6-3-4 における(c)や(d)のような場合、破壊は引張応力の最も大きい材縁で生じる確率が高いと考えられるので、f_t と f_m の比が影響してくる。f_t と f_m の関係は次のように表される。

$$f_m = \left[c\int_r r^k dr\right]^{-1/k} f_t \tag{6.3.27}$$

ここで、中立軸が材中にある(c)の場合、(6.3.27)式は

$$f_m = \left[c\int_0^1 r^k dr\right]^{-1/k} f_t = \left[\frac{c}{k+1}\right]^{-1/k} f_t$$

となり、特に中立軸が材の中央、つまり $c=0.5$ であるなら、

$$f_m = [2(k+1)]^{1/k} f_t \qquad (6.3.28)$$

となる。中立軸が材中にない場合つまり(d)の場合には、

$$f'_m = \left[c\int_{1-1/c}^1 r^k dr\right]^{-1/k} = \left[\frac{c}{k+1}\left[1-\left(1-\frac{1}{c}\right)^{k+1}\right]\right]^{-1/k} f_t \qquad (6.3.29)$$

となる。

6.3.2.1.2 荷重方法の違い

図 **6-3-5** に示した 4 点荷重方式の場合を考える。(6.3.34)式における $\int_h (x/m)^k dh$ は、一般的には $\int_V (x/m)^k dV$ となることは容易に理解されよう。したがって、$\int_V (x/m)^k dV$ を全域にわたって計算すればよい。b、h はそれぞれ材料の幅、せいである。また、L はスパンなので、$bhL=V$(材料の全体積)となる。(6.3.26)式における h_1 は V_1(一つのエレメントの体積)となる。

これより、次のように展開できる。

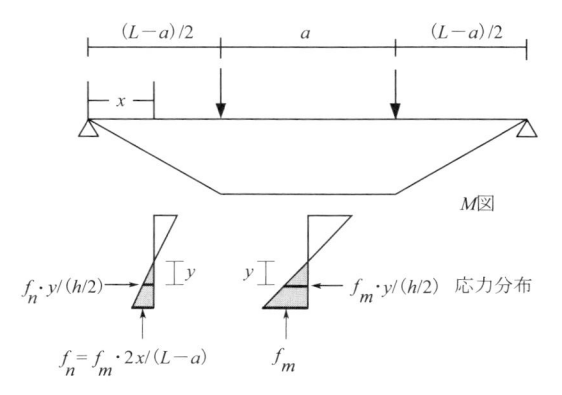

図 **6-3-5** 4 点荷重方式における応力分布
Fig. 6-3-5 Stress distribution for 4 points loading.

$$\int_V \left(\frac{x}{m}\right)^k dV = 2\int_0^{a/2}\int_0^{h/2}\left(\frac{f_m}{m}\cdot\frac{2y}{h}\right)^k b\cdot dy\cdot dx + 2\int_0^{(L-a)/2}\int_0^{h/2}\left(\frac{f_m}{m}\cdot\frac{2x}{L-a}\cdot\frac{2y}{h}\right)^k b\cdot dy\cdot dx$$

$$= 2\left(\frac{2f_m}{mh}\right)^k\cdot b\cdot\frac{1}{k+1}\cdot\left(\frac{h}{2}\right)^{k+1}\cdot\frac{a}{2}+2\left(\frac{4f_m}{m(L-a)h}\right)^k\cdot b\cdot\frac{1}{(k+1)^2}\cdot\left(\frac{h}{2}\right)^{k+1}\cdot\left(\frac{L-a}{2}\right)^{k+1}$$

$$= \left(\frac{f_m}{m}\right)^k\cdot\frac{1+\dfrac{a}{L}k}{2(k+1)^2}\cdot bhL$$

一様な引張応力の場合、

$$\frac{1}{V_1}\int_V\left(\frac{x}{m}\right)^k dV = \frac{1}{V_1}\int_V\left(\frac{f_t}{m}\right)^k dV = \frac{1}{V_1}\left(\frac{f_t}{m}\right)^k V$$

となるので、f_{m4} は次式で表せる。

$$f_{m4} = \left[\frac{1+\dfrac{a}{L}k}{2(k+1)^2}\right]^{-1/k} f_t \tag{6.3.30}$$

(6.3.30)式を見れば、スパンと荷重点間の距離の比により、f_{m4} と f_t の関係が異なってくることが理解できる。

このように、モーメントが材の長さ方向によって異なってくると、引張応力と曲げ応力の比の値が異なってくる。実際には、両端単純支持、等分布荷重で設計していると考えられ、この場合は次式で算出される。

$$\int_V\left(\frac{x}{m}\right)^k dV = 2\int_0^{L/2}\int_0^{h/2}\left(\frac{f_m}{m}\cdot\frac{4}{L}x\left(1-\frac{x}{L}\right)\cdot\frac{2y}{h}\right)^k b\cdot dy\cdot dx$$

$$= \left(\frac{f_m}{m}\right)^k\cdot\frac{1}{k+1}\cdot b\cdot h\cdot\int_0^{L/2}\left(\frac{4}{L}x\left(1-\frac{x}{L}\right)\right)^k dx$$

● 文　献

Buchanan, A. H. (1984) *Strength Model and Design Methods for Bending and Axial Load Interaction in Timber Members*. Doctoral Dissertation, Department of Civil Engineering, U.B.C. (6.3)

Madsen, B. (1992) Structural Behaviour of Timber. Timber Engineering ltd.

Nielsen, L. F. (1978) Crack Failure of Dead-, Ramp- and Combined-Loaded Viscoelastic Materials. *Proceedings of First International Conference on Wood Fracture*, pp. 187–200. (6.3)

文　献

Yao, F. Z., and Foschi, R. O. (1993) Duration of load in wood: Canadian results and implementation in reliability-based design, *Can. J. Civil Eng.* **20**: 358–365. (6.3)

有馬孝礼 (1991) III. 木材の構造用材料としての性能. 「木材の工学」所収, 文英堂, pp. 74–122. (6.1)

飯島泰男 (2007) 構造用木材の強度性能評価法の標準化. 木材学会誌 **53**(2): 63–71. (6.1)

飯島泰男, 園田里見, 青井秀樹, 相馬智明, 荒武志朗, 森　拓郎, 大橋義徳 (2009) 国内における木材強度データ蓄積の現状. 木材工業 **64**(10): 455–460. (6.1)

飯島泰男, 園田里見, 平松　靖, 大橋義徳, 荒武志朗 (2011) 木材の強度等データおよび解説. 木構造振興. (6.1)

飯島泰男 (他) (2012a) 構造用木材の強度試験マニュアル (1). 住宅と木材 **409**: 6–8. (6.1)

飯島泰男 (他) (2012b) 構造用木材の強度試験マニュアル (2). 住宅と木材 **410**: 8–11. (6.1)

強度性能研究会 (編) (2005) 製材品の強度性能に関するデータベース データ集第7版. 強度性能研究会. (6.1)

建設省建築研究所 (1989) 建設省総合技術開発プロジェクト　新木造建築技術の開発報告. pp. 12–68. (6.2)

森林総合研究所 (監修) (2007) 2.4 木材の強度的性質. 「改訂 4 版　木材工業ハンドブック」所収, 丸善, pp. 133–138. (6.1)

杉山英男 (1971) 許容応力度とそれに影響を及ぼす因子. 「木構造」所収, 彰国社, pp.136–158. (6.1)

中井　孝, 山井良三郎 (1982) 日本産主要 35 樹種の強度的性質. 林業試験場研究報告 (319): 13–46. (6.1)

中井　孝 (1982) 許容応力度. 木材工業 **37**(11): 546–547. (6.1)

中村　昇 (2006) ISO の根拠. *J. Timber Eng.* **19**(6): 176–181. (6.1)

中村　昇, 堀江和美, 飯島泰男 (2007) 正規確率変数の同時確率密度関数を用いた基準強度の算定. 日本建築学会構造系論文集 (615): 169–172. (6.2)

(財) 日本住宅・木材技術センター (2000) 地域材性能評価事業・報告書＜構造用木材の強度試験法＞. (6.1)

(財) 日本住宅・木材技術センター (2009) 平成 20 年度住宅分野への地域材供給支援事業データ収集・整備事業報告書. (6.3)

(財) 日本住宅・木材技術センター (2011) 構造用木材の強度試験マニュアル. (6.1)

星　清 (1998) 現場のための水文統計 (1). 北海道開発土木研究月報 (540): 31–63. (6.1)

堀江和美, 中村　昇, 飯島泰男 (1990) 限界状態設計法のための強度データ解析 (第 2 報) ワイブル分布における下側許容限界算出法の提案. 木材学会誌 **45**(6): 455–460. (6.1)

堀江和美 (1997) 木材強度データの確率・統計手法. 木質構造研究所. (6.1)

コラム6：いかなる式にもきちんとした理由がある！

　工学的な判断による数値のまるめ等は別にして、いかなる式にもそうなる、きちんとした理由があるはずである。「こんなものであろう」ということで判断してしまうと、式の解釈の誤りを犯す危険性がある。例えば、寸法効果の例を用いて、このことを考えよう。

　「構造用木材の強度試験マニュアル」（日本住宅・木材技術センター2011）における寸法効果に関する調整係数を紹介すれば、次のように記述されている。

　『曲げ試験条件が標準荷重条件と異なるときは、曲げ強さに対し調整係数 k_2 を乗じる。材料の破壊が「最弱リンク理論にしたがう」と仮定したとき、その関係式は一般に次式で表される。

$$\left(\frac{\sigma_1}{\sigma_2}\right) = \left(\frac{V_1}{V_2}\right)^{\alpha}$$

ここで、σ と V はそれぞれ添え字の条件時の破壊応力と体積、α は定数である。この考え方は、引張、圧縮のように、部材中に比較的均一の応力が発生する荷重条件では認識しやすい。しかし、曲げ条件の場合にこの仮定を導入するとき、V の範囲を長さ方向のどこまでに設定するかが問題になる。

　本文の調整式は、いずれも EN384 の下限5%強度値に対する調整係数である。ここでは、d、L、S をそれぞれ実験条件における梁せい、スパン、荷重スパン、d_0、L_0、S_0 をそれぞれ標準条件における梁せい、スパン、荷重スパンとすれば、梁せいに関しては、

$$k_1 = \left(\frac{d}{d_0}\right)^{0.2}$$

荷重条件に関しては、

$$k_2 = \left(\frac{L + 5S}{L_0 + 5S_0}\right)^{0.2}$$

をそれぞれ乗じるものとしている。これを総合すると、

$$k_3 = k_2 \cdot k_1 = \left[\frac{d(L+5S)}{d_0(L_0+5S_0)}\right]^{0.2} = \left(\frac{d(S+0.2L)}{d_0(S_0+0.2L_0)}\right)^{0.2} \quad \text{(a)}$$

と書き換えられるから、幅方向の影響を無視した上で、モーメント一定の中央区間の両側にモーメントの影響を考慮して材長の 10%をそれぞれ加え、この区間の体積の 0.2 乗が曲げ強さに反比例する、との関係から誘導されたものと思われる。』

次に、6.3.2.1.2 で紹介した、曲げ試験における調整係数を算出してみる。寸法効果に影響を及ぼす体積 V_e は、次式で表わされる。

$$V_e = V \frac{1+\dfrac{a}{L}k}{2(k+1)^2}$$

ここでは、試験法に違いによる影響を見るのであるから、長さだけを考慮すれば、次式となる。

$$V_e = L \frac{1+\dfrac{a}{L}k}{2(k+1)^2} = \frac{L+ak}{2(k+1)^2}$$

したがって、次式の調整係数が得られる。k=5 であることに注意すれば、(a)式が得られる。

$$\left(\frac{L+ak}{L_0+a_0 k}\right)^{1/k}$$

この解釈は、上述した構造用木材の強度試験マニュアルの解釈と異なっている。(a)式の 0.2 が L に乗じてあることから、材長の片側 0.1 ほど、合わせて 0.2 が寸法効果を受けるというように単純に考えたのであろう。しかし、上述したように、式にはきちんとした理由があるはずであり、理論はしっかりと理解する必要があろう。

－ 中村　昇 －

第 7 章　テーパー梁に関する理論

　テーパー梁の強度に関しては、古くから理論的、実験的に研究されてきた。しかし、最近、これらの理論が誤りではないかという研究がされている。これまで行なわれてきたのは、主に初等力学に基づいた解析であり、そもそも曲げを受ける梁には適用できず、応力関数を用いた解析を行なう必要がある。本章では、応力関数を用いたテーパー梁の強度に関する理論および実験を紹介する。

7.1　初等力学解析による解析

　「梁」に関する理論は後述し、まず初等力学解析によるテーパー梁の応力解析を紹介する。

　マキら(Maki and Kuenzi 1965)、沢田ら(1970)が、図 7-1-1 に示すようなテーパーのついた対称な梁について応力解析を行なっている。中央集中荷重であるが、一般的な梁への展開が可能なので、まず、これを用いた力解析を示す。ただし、b = 梁幅、h_a = 中央の最大せい、h_0 = 支持上のせい

$$\tan\alpha = \frac{h_a - h_0}{\ell/2}$$

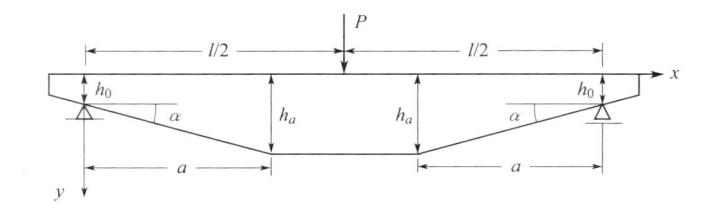

図 7-1-1　対称なテーパー梁
Fig. 7-1-1　Symmetrical taper beam.

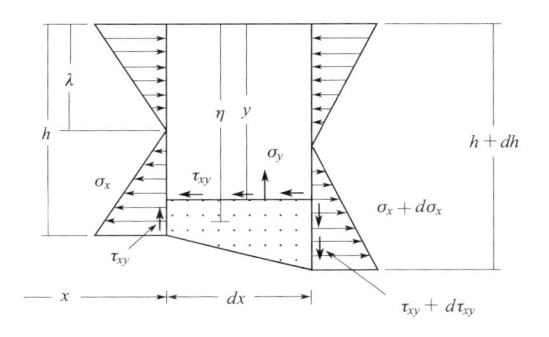

図 7-1-2 テーパー梁に生じる応力
Fig. 7-1-2 Stress in the cross section of taper beam.

- M = 位置 x におけるモーメント = $Px/2$
- h = 位置 x における梁せい = $h_0 + x \cdot \tan\alpha$
- I = 位置 x における断面二次モーメント = $bh^3/12$
- λ = 位置 x における中立軸 = $h/2$

とする。図 7-1-1 に示すテーパー梁の一端から x の距離にある微小長さ dx に生じる応力は図 7-1-2 のように表せる。材料力学における、「変形後の断面は平面を保持する」と言う仮定に基づけば、梁のテーパー縁における、軸方向の応力

表 7-1-1 テーパー梁の実験結果 (桑村 2009)
Table 7-1-1 Results of bending experiment for taper beams.

樹種	$\tan\alpha$	h_0(mm)	テーパー面	断面(mm)	破壊位置
スギ	0.2	40	下面	30×80	1.70 h_0
スギ	0.2	25	下面	20×80	1.88 h_0
スギ	0.2	40	下面	30×120	1.53 h_0
スギ	0.2	25	上面	20×80	1.52 h_0
S-P-F	0.25	50	下面	38×140	1.30 h_0
スギ	0.4	30	下面	30×80	1.70 h_0
S-P-F	0.5	35	下面	38×89	1.69 h_0
スギ	0.5	25	上面	20×80	1.80 h_0
スギ	0.9	40	下面	20×110	1.62 h_0
S-P-F	1.0	35	下面	38×89	1.29 h_0

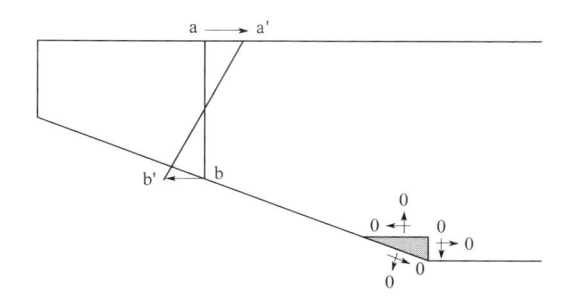

図 7-1-3 平面保持仮定の問題
Fig. 7-1-3 Assumption of linear distribution of strains.

σ_x、せん断応力 τ_{xy}、鉛直方向の応力 σ_y はすべて、テーパーせいが $2h_0$ のところで生じることになる。

ところが、実際に実験(桑村 2009)を行なってみると、**表 7-1-1** に示すように $2h_0$ より小さい梁せいの位置から割裂破壊する。また、力学の法則と合わないこととして、**図 7-1-3** が示されている。鉛直断面 a–b は、梁がたわんだ後も平面を保持するとしているので、a、b 点の変位は aa′、bb′ の水平ベクトルとなる。すると、b 点は物体から離脱してしまうことになり、ひずみの適合条件を満たさないことになってしまう。さらに、テーパー下端は、応力の釣合からいかなる応力も存在しないゼロストレスでなければならないが、初等力学解はそうではない。すなわち、初等力学解はテーパー下端での境界条件を満たしていない。

7.2 梁に関する理論

テーパー梁において、平面保持の法則が成り立つか否かを論じる前に、そもそも「梁」とはいかなるものを言うのだろうか？ 教科書には、「細長い棒が、長さ方向の軸線に、垂直に外力として荷重(横荷重)または曲げモーメントを受ける場合」の棒を梁(beam)と呼んでいる。したがって、この場合の棒とは、非常に細長いもの、少し定量的に書くと、3 次元の空間に横たわる物体のある 1 方向への拡がりが他の 2 方向への拡がり方よりもかなり大きなものとして定義できよう。

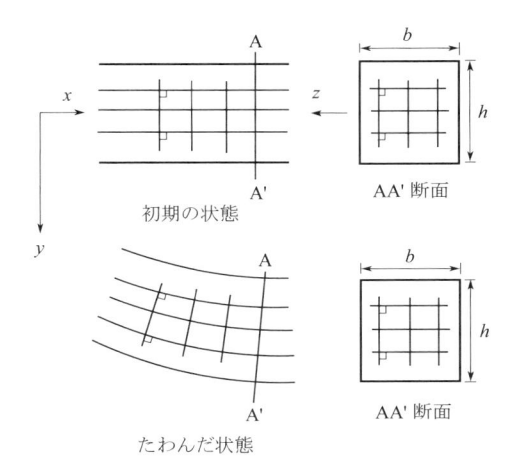

図 7-2-1 曲げを受けた棒の変形
Fig. 7-2-1 Deformation of flexural beam.

　このような物体であれば、寸法が一番長い方向への力学諸量の変化に比べて他の2方向への変化はそれほど大きくならず、何等かの簡略化すなわち近似ができるかも知れない。もし、そう言った近似によって得ることができる理論が簡便で、かつ解が、実用上問題が無いくらいの精度を有することができれば、変形できる物体の力学として2次元あるいは3次元解析するよりも実用的である。そういった工学的に有用な理論としての、曲げを受ける棒の力学の定式化を梁理論と呼んでいる。梁理論では、次の2つの仮定を設けている。

　1）断面形不変の仮定： 断面形は，梁がたわんだあとも変化しない。

　2）ベルヌーイ–オイラー（Bernoulli-Euler）の仮定： 梁を側面から見た場合、その面内ではせん断変形が生じず、直交していた2直線は梁がたわんだあとも直交を保つ。

　これらの仮定が、平面保持の法則であり、**図 7-2-1** のように表わすことができよう。

7.2.1　ひずみの仮定

　x 軸を梁の細長い方向とし、軸線と呼ぶ。また、通常 z 軸を鉛直下向きとするが、後節において2次元で考察するため、鉛直下向きを y 方向とし、x–y 面内の曲げ変形を対象とする。

上述した、断面不変の仮定は、
$$\varepsilon_{yy} = \varepsilon_{zz} = \varepsilon_{yz} = 0 \tag{7.2.1}$$
と表現できる。つまり、$y-z$ 面内の 2 方向の伸びと角変化がゼロになることである。また、同様に、ベルヌーイ–オイラーの仮定は、
$$\varepsilon_{xy} = \varepsilon_{xz} = 0 \tag{7.2.2}$$
となり、$x-y$、$x-z$ 面内の角変化がゼロになることである。

7.2.2 変位成分とひずみ分布

(7.2.1)および(7.2.2)式から、梁は**図 7-2-2** のようにたわんだ状態になる。つまり、断面不変の仮定より、ある断面の x 軸から y だけ離れた点 A は、たわんだ後もたわんだ状態の軸線(点線)から同じ距離だけ離れた点 B に変位する。また、ベルヌーイ–オイラーの仮定により、x 軸に直交していた任意の断面はたわんだ後も軸と直交する。したがって、点 A の 2 方向の変位成分は幾何学的な関係から、
$$u_x(x, y) = u(x) + z\sin\theta(x) \cong u(x) + y\theta(x) \tag{7.2.3}$$
$$u_y(x, y) = w(x) + z[\cos\theta(x) - 1] \cong w(x) \tag{7.2.4}$$
となる。ただし、$\theta(x)$ が微小な範囲を対象にしており、$\sin\theta(x) \fallingdotseq \theta(x)$、$\cos\theta(x) \fallingdotseq 1$ と近似し、また、$\theta(x)$ の 2 次項以上を無視した。$w(x)$ をたわみ、$u(x)$ を軸方向変位、$\theta(x)$ をたわみ角と呼んでいる。

せん断ひずみの定義を用いて、(7.2.3)および(7.2.4)式を(7.2.2)式に代入すると、
$$\varepsilon_{xy} = \frac{1}{2}\left(\frac{\partial u_x}{\partial y} + \frac{\partial u_y}{\partial x}\right) = \frac{1}{2}\left(\theta(x) + \frac{dw(x)}{dx}\right) = 0$$

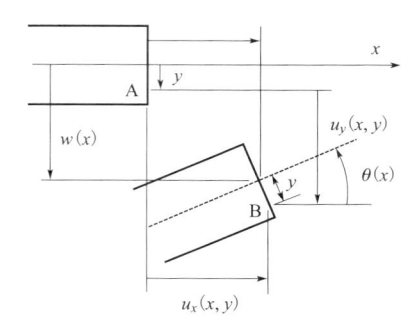

図 7-2-2 梁の変形と変位成分
Fig. 7-2-2 Deformation of beam and components of displacement.

7.2 梁に関する理論

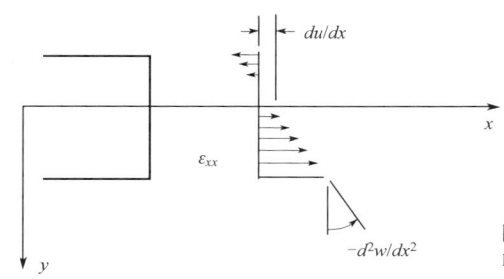

図 7-2-3 ひずみの線形分布
Fig. 7-2-3 Linear distribution of strains.

となり、たわみ角が1階の微分方程式で表わせることができる。これより、

$$\theta(x) = -\frac{dw(x)}{dx}$$

と表せる。ここでは、たわみ角を、反時計回りを正として定義したため、右辺にマイナス記号がある。このように、微小な変位しか生じない範囲での梁の変位成分は、

$$u_x(x,y) = u(x) - y\frac{dw(x)}{dx}, \quad u_y(x,y) = w(x)$$

となる。

ここで、梁理論では、ゼロでないひずみ成分はε_{xx}だけであり、ひずみの定義より、

$$\varepsilon_{xx}(x,y) = \frac{du(x)}{dx} - y\frac{d^2w(x)}{dx^2} = \frac{du(x)}{dx} + y\frac{d\theta(x)}{dx}$$

となる。これより、xをある位置、つまり $x = \text{const.}$ とすれば、$-d^2w/dx^2$ もある値(一定)となるから、ε_{xx} のひずみ分布は**図 7-2-3** に示すようにy方向に線形分布していることになる。du/dx は軸線の伸び、$d\theta/dx$ は変形して曲がった梁の軸線の曲率を表わしており、ベルヌーイ–オイラーの仮定は、**図 7-2-4** に示すように、梁が円弧のように変形する場合であり、曲げモーメントが一定の「純曲げ」と呼ばれる状態である。

7.2.3 平面保持の法則は成り立たないのか？

梁理論は、上述したように、面内のひずみは生じない、つまりせん断応力は

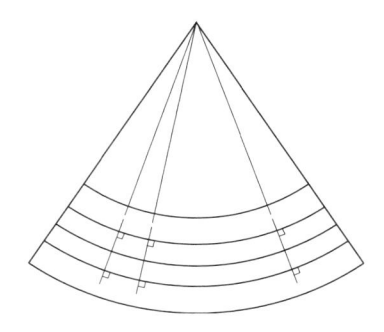

図 7-2-4　純曲げによる梁の変形
Fig. 7-2-4　Beam deformation due to pure bending.

ないと仮定している。ところが、せん断力は、曲げモーメントの微分として与えられてしまう。「純曲げ」状態でなくとも、ベルヌーイ-オイラーの仮定が成り立つとしてしまったために、このような矛盾が生じてしまっているのである。そこで、せん断応力は無視しても、曲げモーメントの釣合いを満たすように、モーメントの変化率としてせん断力を定義することで、梁に対する実用的な予測が行えるようにしていると言って良いであろう。このような実用的な見地から、教科書に記述してあるように、矩形断面の場合、放物線分布をしているせん断応力が求められることになる。

　結局、テーパー梁にかかわらず、長さ方向に等断面の梁でも、厳密に言えば、平面保持の法則は成り立っていない。長さ方向に等断面の梁では、以上のような天下り的なせん断応力の導入でも、実用的には十分満足のいくものである。それでは、テーパー梁の場合、実用的に満足のいくものではないのであろうか？

7.3　応力関数による応力の算定（桑村 2009）

　上述した断面に関する仮定を一切含まない、弾性論に依拠した応力関数 (stress function) を用いた方法がある。**図 7-2-5** に示す r-θ 極座標系において、適合条件と境界条件を満たす関数 ϕ が見つかれば、応力は次式で表わすことができるが、これらの式は応力の釣り合い条件である。

7.3 応力関数による応力の算定(桑村 2009)

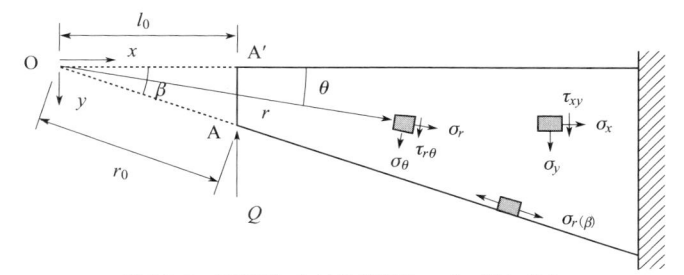

図 7-2-5 極座標における無限テーパー梁と応力
Fig. 7-2-5 Infinite taper beam and stress in the polar coordinates.

$$\left.\begin{aligned}
\sigma_r &= \frac{1}{r}\cdot\frac{\partial \phi}{\partial r} + \frac{1}{r^2}\cdot\frac{\partial^2 \phi}{\partial \theta^2} \\
\sigma_\theta &= \frac{\partial^2 \phi}{\partial r^2} \\
\tau_{r\theta} &= \frac{1}{r^2}\cdot\frac{\partial \phi}{\partial \theta} - \frac{1}{r}\cdot\frac{\partial^2 \phi}{\partial r \partial \theta} = -\frac{\partial}{\partial r}\left(\frac{1}{r}\cdot\frac{\partial \phi}{\partial \theta}\right)
\end{aligned}\right\} \quad (7.2.5)$$

σ_r は半径方向の応力、σ_θ は接線方向の応力、$\tau_{r\theta}$ はせん断応力である。また、適合条件は次式で表わされる。

$$\nabla^2\nabla^2\varphi = 0 \text{、}\quad \nabla^2 = \left(\frac{\partial^2}{\partial r^2} + \frac{1}{r}\frac{\partial}{\partial r} + \frac{1}{r^2}\frac{\partial}{\partial \theta^2}\right) \quad (7.2.6)$$

(7.2.6)式を満たす応力関数の一般解はミッシェル(Michell 1899)が導いている。この中から、**図 7-2-1** に示すテーパー梁の境界条件を満たす関数を見つければよいことになる。

図 7-2-5 に示す無限テーパー梁は、**図 7-2-6** に示す 2 つの荷重の組合せである。まず、**図 7-2-6**(a)の荷重条件を満たす応力関数は次式となる。

$$\varphi_M = a_0\theta + a_1\sin(2\theta - \beta)$$

ただし、a_0, a_1 は係数である。(7.2.5)式を用いて応力を計算すると次式となる。
添え字 M は応力関数 ϕ_M がもたらす応力であることを表わす。

$$\left.\begin{aligned}
\sigma_{r(M)} &= -\frac{4}{r^2}a_1\sin(2\theta - \beta) \\
\sigma_{\theta(M)} &= 0 \\
\tau_{r\theta(M)} &= \frac{1}{r^2}\left[a_0 + 2a_1\cos(2\theta - \beta)\right]
\end{aligned}\right\} \quad (7.2.7)$$

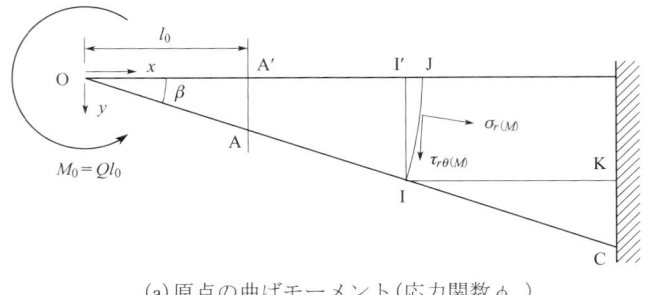

(a) 原点の曲げモーメント(応力関数 ϕ_M)

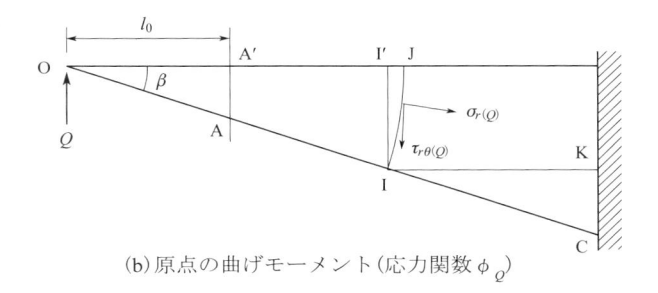

(b) 原点の曲げモーメント(応力関数 ϕ_Q)

図 7-2-6 荷重条件と応力関数
Fig. 7-2-6 Load configuration and stress function.

この応力関数は、梁の上縁とテーパー縁が自由縁であるという境界条件、$\theta=0$、β で $\sigma_\theta=\tau_{r\theta}=0$ を満たすために、次式を満足しなければならない。

$$a_0 + 2a_1 \cos(2\theta - \beta) = 0 \tag{7.2.8}$$

次に、任意の円弧断面 IJ に働く応力の 0 点まわりの合モーメント M_r を計算すると

$$M_r = \int_0^\beta \tau_{r\theta(M)} r^2 d\theta = a_0 \beta + 2a_1 \sin\beta$$

となる。これが $M_0 = Q \cdot \ell_0$ と等しいことから、次式が得られる。

$$a_0 \beta + 2a_1 \sin\beta = Q\ell_0 \tag{7.2.9}$$

(7.2.8)および(7.2.9)式から、次式のように係数が求められる。

$$a_0 = \frac{Q\ell_0}{2(\sin\beta - \beta\cos\beta)} \,、\quad a_1 = -2a_1 \cos\beta$$

7.3 応力関数による応力の算定（桑村 2009）

次に、**図 7-2-6**(b)の荷重条件を満たす応力関数は、次式となる。

$$\varphi_Q = \frac{b_1}{2} r\theta \cos\theta + \frac{b_2}{2} r\theta \sin\theta$$

(7.2.5)式より、応力は次式で与えられる。

$$\left.\begin{aligned}\sigma_{r(Q)} &= \frac{1}{r}(b_2 \cos\theta - b_1 \sin\theta) \\ \sigma_{\theta(Q)} &= 0 \\ \tau_{r\theta(Q)} &= 0\end{aligned}\right\} \quad (7.2.10)$$

同様にして、任意の円弧断面 IJ に働く応力の水平方向合力 $N_x(Q)$ が 0、鉛直方向合力 $Q_y(Q)$ が Q であるという条件から係数を求めると次式となる。

$$b_1 = -\frac{2\beta + \sin 2\beta}{\beta^2 - \sin^2\beta} \cdot Q, \quad b_2 = -\frac{2\sin^2\beta}{\beta^2 - \sin^2\beta} \cdot Q$$

以上から、無限テーパー梁の応力関数は $\phi_M + \phi_Q$ であり、応力も(7.2.7)式と(7.2.10)式を足し合わせればよい。特に、テーパー縁（$\theta = \beta$）のテーパー方向（r方向）における応力は次式である。

$$\sigma_{r(\beta)} = -\frac{4}{r^2} a_1 \sin\beta + \frac{1}{r}(b_2 \cos\theta - b_1 \sin\theta) \quad (7.2.11)$$

ここで終わりではない。**図 7-2-7** に示すように、テーパー梁は途中で水平な下縁に折れ曲がっているからである。(7.2.11)式はこのことを考慮していない。有限テーパー梁の解は、無限テーパー梁の解から BD に働く応力を外力に変化を与えないで解放すればいいのだが、数理的扱いが困難である。そこで、テーパー下端 B を通り、O を中心とする円弧 BB′ で応力を解放する方法を採る。つまり、B 点における解放応力を $-\sigma_{rB}$ と書けば、(7.2.11)式から、次式となる。

$$\sigma_{rB} = -\frac{4}{r_1^2} a_1 \sin\beta + \frac{1}{r_1}(b_2 \cos\theta - b_1 \sin\theta) \quad (7.2.12)$$

外力を伴わず、自己釣り合い状態の応力関数は、ミッシェル式の中にあり、次式で表わされる。

$$\varphi_R = r^{\lambda+1} \cdot f(\theta)$$

ただし、

$$f(\theta) = c_1 \cos\left[(\lambda+1)(\theta - \beta/2)\right] + c_2 \cos\left[(\lambda-1)(\theta - \beta/2)\right] \quad (7.2.13)$$

c_1、c_2、λ は係数であり、c_1、c_2 は複素数なので、ϕ_R は複素関数である。これ

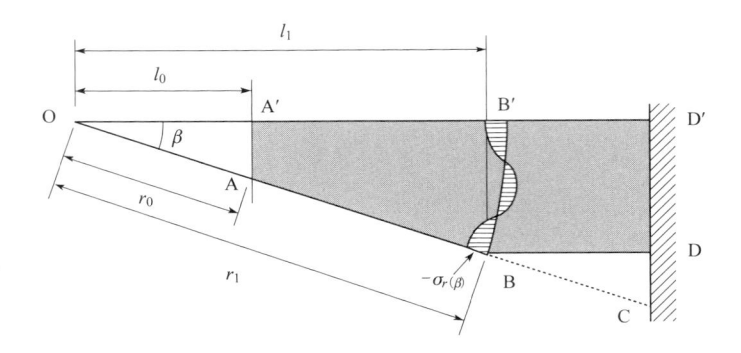

図 7-2-7 有限テーパー梁の解放応力
Fig. 7-2-7 Finite taper beam and release stress.

より、(7.2.5)式より、応力は次式で与えられる。

$$\left.\begin{array}{l}\sigma_{r(R)} = r^{\lambda-1} \cdot \left[(\lambda+1) \cdot f(\theta) + f''(\theta)\right] \\ \sigma_{\theta(R)} = r^{\lambda-1} \cdot \left[\lambda(\lambda+1) \cdot f(\theta)\right] \\ \tau_{r\theta(R)} = r^{\lambda-1} \cdot \left[-\lambda \cdot f'(\theta)\right]\end{array}\right\} \quad (7.2.14)$$

次に、梁の上縁とテーパー縁が自由縁であるという境界条件から、次式を満たさなければならい。

$$\left.\begin{array}{l}c_1 \cos\left[(\lambda+1)(\theta-\beta/2)\right] + c_2 \cos\left[(\lambda-1)(\theta-\beta/2)\right] = 0 \\ c_1(\lambda+1)\sin\left[(\lambda+1)\beta/2\right] + c_2(\lambda-1)\sin\left[(\lambda-1)\beta/2\right] = 0\end{array}\right\} \quad (7.2.15)$$

c_1、c_2 が 0 でない有意な解を持つためには、係数行列式が 0 でなければならないことから、次式が得られる。

$$\lambda \sin \beta + \sin \lambda \beta = 0$$

この式を満足するλは無限に存在するが、最小値を採用することにする。

テーパー梁下端 B 点における解放応力は $-\sigma_{rB}$ となるので、(7.2.14)式より、

$$r_1^{\lambda-1} \lambda \left\{ c_1(\lambda+1)\cos\left[(\lambda+1)\beta/2\right] \right. \\ \left. + c_2(\lambda-3)\cos\left[(\lambda-1)\beta/2\right] \right\} = \sigma_{rB}$$

となるが、(7.2.15)式と連立させると、係数 c_1、c_2 が次式のように求まる。

7.3 応力関数による応力の算定（桑村 2009）

表 7-2-1　λ の値
Table 7-2-1　Value of λ.

$\tan\beta$	λ_r	λ_i	$\tan\beta$	λ_r	λ_i
0.1	42.3	22.6	0.9	5.77	2.94
0.2	21.3	11.4	1.0	5.39	2.72
0.25	17.2	9.14	1.1	5.09	2.55
0.3	14.5	7.67	1.2	4.84	2.41
0.4	11.1	5.85	1.3	4.63	2.29
0.5	9.10	4.77	1.4	4.46	2.19
0.6	7.81	4.07	1.5	4.32	2.11
0.7	6.92	3.57	2.0	3.84	1.82
0.8	6.27	3.21	5.0	3.12	1.37

$$\left. \begin{array}{l} c_1 = \dfrac{\sigma_{rB}}{4r_1^{\lambda-1}\lambda \cdot \cos\left[(\lambda+1)\beta/2\right]} \\[2mm] c_2 = \dfrac{\sigma_{rB}}{4r_1^{\lambda-1}\lambda \cdot \cos\left[(\lambda-1)\beta/2\right]} \end{array} \right\} \qquad (7.2.16)$$

(7.2.14)式に(7.2.13)式および(7.2.16)式を代入してテーパー縁の解放応力を計算すると次式となる。

$$\sigma_{r(R)(\beta)} = -\sigma_{rB}\left(\dfrac{r}{r_1}\right)^{\lambda_r-1} \cdot \cos\left(\lambda_i \cdot \ln\dfrac{r}{r_1}\right)$$

λ の虚部 λ_i は実用上関与しないので、結局次式となる。

$$\sigma_{r(R)(\beta)} = -\sigma_{rB}\left(\dfrac{r}{r_1}\right)^{\lambda_r-1} \qquad (7.2.17)$$

重ね合わせの原理により、有限テーパー梁のテーパー縁の応力は、無限テーパー梁の解(7.2.12)式に(7.2.17)式を足すことにより、次式で表わすことができる。

$$\sigma_{rB} = -\dfrac{4}{r_1^2}a_1\sin\beta + \dfrac{1}{r_1}(b_2\cos\theta - b_1\sin\theta) - \sigma_{rB}\left(\dfrac{r}{r_1}\right)^{\lambda_r-1} \qquad (7.2.18)$$

詳しくは、桑村(2009)を参照されたい。(7.2.18)式を用いて、**表 7-2-1** におけるテーパー梁の応力解析を行なうと、$2h_0$ より小さい位置で最大応力が生じることが明らかになった。また、テーパー勾配が緩やか（勾配が1/5程度以下）で、かつ梁の全体せいが支点におけるテーパーせい h_0 に比べて十分大きければ（h_0

の3倍程度以上あれば)、初等力学による解は十分な精度を有するが、そうでない場合には誤差が大きいことが分った。

● 文　献

Maki, A., and Kuenzi, E.W. (1965) Deflection and stresses of tapered wood beams. *Research Paper, US Forest Service* (34): 1–53.（7.3）

Michell, J. H. (1899) On the direct determination of stress in an elastic solid with application to the theory of plates. *Proceedings of the London Mathematical Society, Ser.1* **3**: 100–124.（7.3）

沢田　稔，丸山　武（1970）木質テーパービームに関する研究．北海道大学農学部演習林研究報告 **27**(2): 395–427.（7.3）

大草克己（1989）木材テーパーはりのたわみとせん断破壊強さについて．鹿児島大学農学部演習林報告(17): 13–26.（7.3）

桑村　仁（2009）テーパー梁の応力分布．日本建築学会構造系論文集(635): 83–90.（7.3）

コラム7：航空機と木材——その2

　航空朝日(昭和19年第1号)特集：航空機と木材
「ド・ハヴィランド・モスキート」
　第二次大戦中の英空軍の高速中型爆撃兼重戦闘機であるド・ハヴィランド・モスキートは有名である．その高速性能だけでなく木製構造であることが特徴的である．同時期の日本でも注目され、英国雑誌「エアロプレーン」の記事が掲載されている．航空機材料に木材を利用する上で興味深い内容が含まれる．
　同記事によると木製機を選んだ理由としては、次の三点が主として考慮された
　　一．設計を迅速にし、原型を出来るだけ早く生産にはいらしめるため
　　二．需要のあまり多くない資材を求めるため
　　三．新しい労働力を使用するため

高速性能を得るための滑らかな外皮を得ることが木材だと容易だったこともあるが、技術者や生産設備の確保も重要であったようだ。モスキートの生産が開始された当時、失業していた熟練木工労働者は英国では1万2千人に達していた。また木材を使用すると生産設備の広範な分散が非常に出来易く、修理も非常に容易であることを挙げている。翼の構造は、合板とスプルース薄板で作られた2つの箱型桁が使われ、合板の外皮とスプルース材の縦通小材からなる。翼全体はネジ締めや釘止め或は接着剤が使われている。

「強化木材と積層材木材」

当時でも最新鋭の航空機は金属製であったが、グライダーや練習機は依然木製であり、木材が強度、工作、構造の点で有利な点があるからだとしている。長所がある反面、吸湿性が大きく、不等方性、不均質性などの欠点があり、強力な接着剤がなかったことも木材が航空用材料として劣るとされた原因である。この時期には合成樹脂接着剤に対する研究が進み、カゼイン膠に代わって利用せられるようになって木材に画期的改良が加えられた結果、ついに素材の持つ欠点を克服することができた。ただ、当時の本邦産材では、シトカスプルース等とは異なり、材幹は細く、無疵の木材がなかなか得難かったようだ。その点は現在に至ってもそれほど変わらない。その点で、合成接着剤を利用した積層木材は非常に有用である。製品比重が 1.0 以下のものを積層木材、1.0 以上のものを強化木材と呼び、最大の利点は何といっても上述の木材の致命的欠点が改善され、機械的強度が素材の二倍ないし三倍に増強せられたことである。

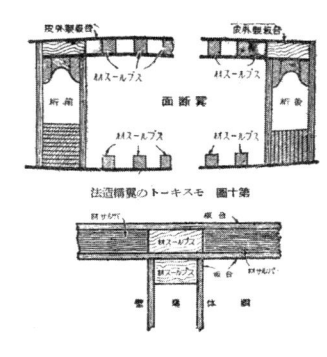

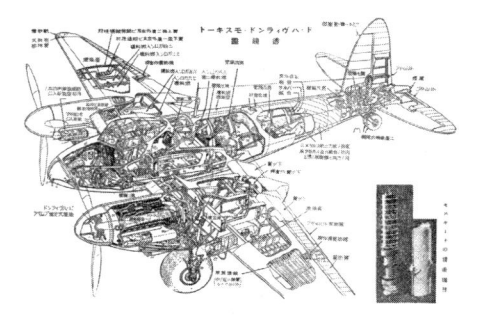

図1　翼構造と胴体隔壁　　図2　ド・ハヴィランド・モスキート透視図

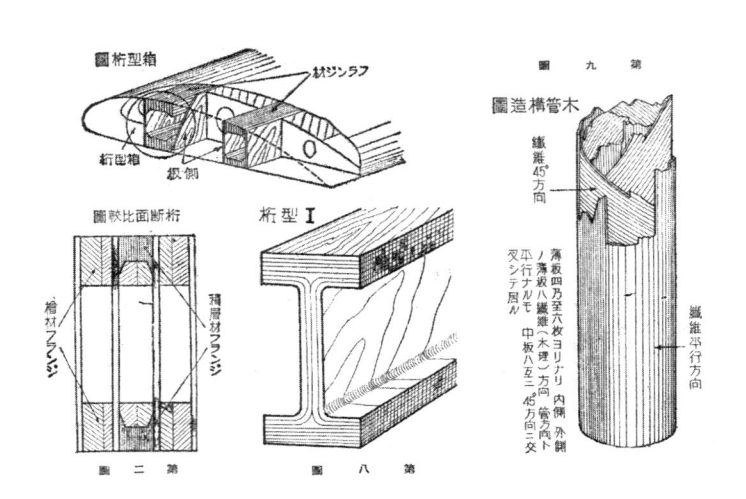

図3 積層材の利用　左上：箱型桁の翼構造、左下：箱型桁の構造、中下：押型治具によるI型桁、右：桁材として利用できる積層構造の木管

　このような積層材の特徴を一番活用できるのが翼桁である。積層材をフランジ材にした場合に、翼の断面積を非常に小さくできる。さらに尾翼などに使用されるI型桁では押型治具の使用で工作加工がいらない。現代のIビームそのものだ。また、補助翼・昇降舵・方向舵等の桁材に使用できる積層材構造の木管も開発されている。

— 村田功二 —

第8章　エンジニアードウッドの強度設計

　エンジニアードウッドは、構成要素の材質を用いることにより、強度設計が可能な木質材料である。例えば、集成材についてはこれまで様々な設計法が提案されてきたが、最近わが国ではシミュレーションを用いて基準強度が算定された異樹種集成材が製品化されている。このように、確率・統計論に基づいて設計された集成材の製品化は、世界的にみてもわが国だけであり、世界の最先端をいっていると言っても過言ではない。本章では、シミュレーションを用いた集成材の強度設計理論を紹介するとともに、現行の日本農林規格(JAS規格)における規定についても述べる。また、単板積層材(LVL)もエンジニアードウッドの一つであるが、接着層付きの単板が構成エレメントと考えられ、その材質などが分らず、これまで設計法は示されていないのが現状である。しかし、最近、構成エレメントを間接的に求める手法が開発されたので紹介する。

8.1　集成材の断面設計理論

8.1.1　クライテリアとシミュレーション
8.1.1.1　任意等級ラミナで構成された集成材の剛性

　等級区分したひき板(ラミナ)を接着し、主として構造物の耐力部材として用いられる構造用集成材が、JAS規格で定められている。ラミナ配置として、同じ等級のみを用いる同一等級構成、積層方向の両外側ほど高い等級を配置する異等級構成があるが、曲げを受ける梁桁材には最外層に最大応力が発生するため、異等級構成が合理的である。ここでは、異なる等級のラミナを任意に組み合わせた集成材の剛性の求め方を説明する。

　図 8-1-1 に集成材の断面諸量の定義を示す。以降、幅 b、厚さ t、断面積 A、断面二次モーメント I、ヤング係数 E、曲げモーメント M、縦ひずみ ε、応力 σ

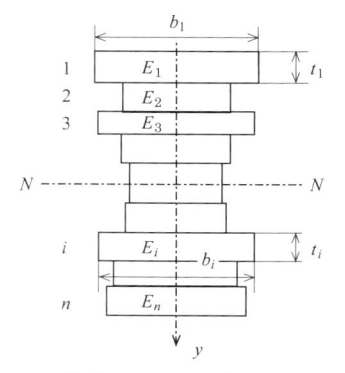

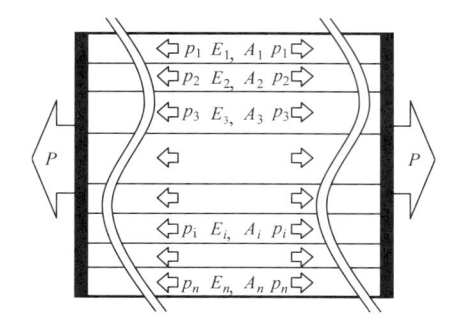

図 8-1-1 任意ラミナで構成された集成材断面の模式図
Fig. 8-1-1 Cross-sectional model of Glued Laminated Timber (GLT) with varied laminae.

図 8-1-2 引張り力を受ける集成材の模式図
Fig. 8-1-2 Schematic of forces acting laminae in GLT in tension.

の記号を用い、添え字 i が i 番目のラミナ(i 層)を示すことにする。

8.1.1.2 集成材の軸剛性

図 8-1-2 に示すように、集成材に引張り力 P が作用しているとする(圧縮の場合も同様)。全断面にわたってひずみが等しいと仮定すると、i 層の引張り応力 σ_{ti} は、フックの法則に従えば、$\sigma_{ti} = E_i \varepsilon$ となる。両辺に断面積を乗じれば、i 層が負担する引張り力 p_i は $p_i = E_i A_i \varepsilon$ と表せる。各ラミナの負担力の総和は外力 P と等しいので、次の関係が得られる。

$$P = \left[\sum_{i=1}^{n} (E_i A_i) \right] \varepsilon \tag{8.1.1}$$

いま、俯瞰的に見直し、この集成材の等価軸剛性(見かけの軸剛性)を $(EA)_a$ とすれば、$P = (EA)_a \varepsilon$ だから、次のように再定義できる。

$$(EA)_a = \sum_{i=1}^{n} (E_i A_i) \tag{8.1.2}$$

また、i 層の引張り応力は次式で表せる。

$$\sigma_{ti} = \frac{E_i}{(EA)_a} P \tag{8.1.3}$$

断面積が A_o の集成材の見かけの引張りヤング係数 E_a は、$E_a = (EA)_a / A_o$ と表

8.1 集成材の断面設計理論

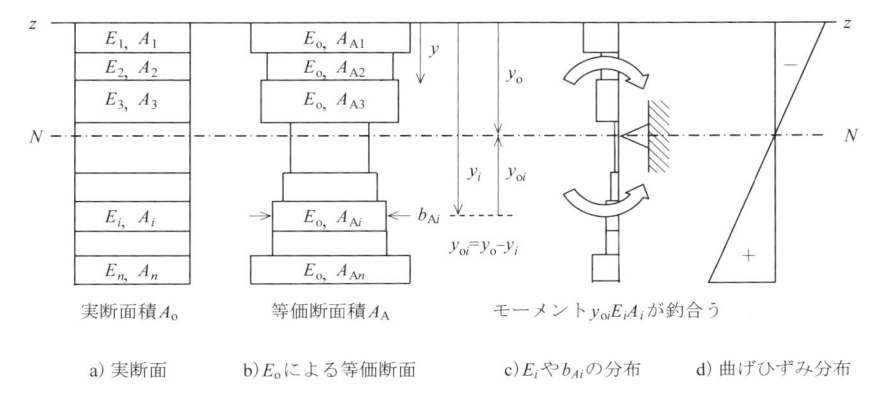

図 8-1-3 実断面と等価断面

a) 実断面　b) E_o による等価断面　c) E_i や b_{Ai} の分布　d) 曲げひずみ分布

実断面積 A_o　等価断面積 A_A　モーメント $y_{oi}E_iA_i$ が釣合う

Fig. 8-1-3 Cross section and transformed section by equivalent sectional area method.

せ、E_a が既知ならば単一材と同様な応力解析ができる。E_a は E_i の A_i による重み付き平均でもある。集成材全体の見かけの引張り応力 $\sigma_{ta}(=P/A_o)$ は次式で表せる。

$$\sigma_{ta} = \frac{E_a}{E_i}\sigma_{ti} \tag{8.1.4}$$

ところで、基準となるヤング係数 E_o を決め、$E_o A_{Ai}=E_i A_i$ を満たす断面積 A_{Ai} を考える。A_{Ai} は i 層の等価断面積 (equivalent sectional area) と呼ばれ、$A_{Ai}=E_i/E_o \times A_i$ である。$E_i A_i$ は $E_o A_{Ai}$ と置換できるので、(8.1.2)式から次の関係が導ける。A_A は E_o で規準化した集成材の等価断面積といえる。

$$A_A = \sum_{i=1}^{n} A_{Ai} = \sum_{i=1}^{n}\left(\frac{E_i}{E_o}A_i\right) = \frac{(EA)_a}{E_o} \tag{8.1.5}$$

等価断面積比 (ratio of equivalent sectional area) $R_A(=A_A/A_o)$ を用いると、$(EA)_a$ と E_a は次のように表せる。

$$(EA)_a = E_o A_A = R_A E_o A_o, \quad E_a = R_A E_o \tag{8.1.6}$$

また、集成材全体の見かけの引張り応力 $\sigma_{ta}(=P/A_o)$ は、R_A と基準となる応力 $\sigma_{to}(=E_o\varepsilon)$ の積として表せる。

$$\sigma_{ta} = R_A \sigma_{to}\left(=E_a\varepsilon\right) \tag{8.1.7}$$

このように、各層のヤング係数を統一し、剛性が等価な断面を想定すること

で積層材の応力や剛性を求める手法を等価断面法 (equivalent sectional area method) とよぶ (図 **8-1-3a, b** 参照)。

8.1.1.3 集成材の曲げ剛性

集成材の梁に曲げモーメントが作用しているとする。i 層の中立軸と梁の中立軸 NN との距離を $y_{oi} (= y_o - y_i)$ とし、接触面でラミナがすべらない完全合成梁 (complete composite beam) と仮定すると、ひずみ ε_i は次式で表せる (図 **8-1-3**、**8-1-4** 参照)。

$$\varepsilon_i = \frac{y_{oi}}{r} \tag{8.1.8}$$

ここで、r は曲げ変形を生じたときの中立軸 NN の曲率半径。

曲げ応力を $\sigma (= E\varepsilon)$ とすると、(8.1.8) 式は次のように書き換えられる。

$$\frac{1}{r} = \frac{\sigma_i}{E_i y_{oi}} \tag{8.1.9}$$

図 **8-1-4** に示すように、曲げにより横断面に生じるひずみは、直線 I となり、力学的性質の異なるラミナを組み合わせても、その大きさは距離 y_{oi} に比例する。一方、曲げ応力は E_i が変わるごとに II のように階段状に変化する。

横断面の釣合いにより、各層の応力の中立軸 NN 回りのモーメントの断面全体にわたる積分値は、この断面に作用する曲げモーメント M に等しい。

$$M = \sum_{i=1}^{n} \left(\int_{A_i} \sigma_i y_{oi} \, dA_i \right)$$

これに (8.1.9) 式より得られる σ_i を代入して整理してみよう。中立軸 NN に関

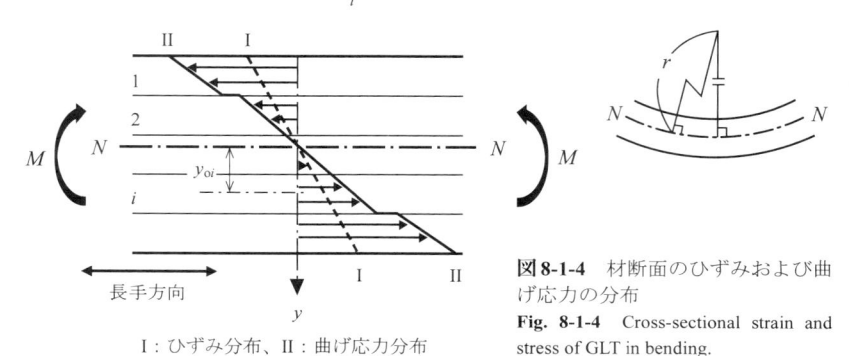

図 **8-1-4** 材断面のひずみおよび曲げ応力の分布
Fig. 8-1-4 Cross-sectional strain and stress of GLT in bending.

I：ひずみ分布、II：曲げ応力分布

する i 層の断面二次モーメントを I_{i-NN} とすれば、次式の関係が得られる。なお、平行軸定理(parallel axis theorem)により $I_{i-NN}=I_i+y_{oi}^2 A_i$ である。

$$\frac{1}{r}=\frac{M}{\sum_{i=1}^{n}\left(E_i \int_{A_i} y_{oi}^2 dA_i\right)}=\frac{M}{\sum_{i=1}^{n}(E_i I_{i-NN})} \tag{8.1.10}$$

いま、俯瞰的に見直し、この集成材の等価曲げ剛性(見かけの曲げ剛性)を $(EI)_a$ とすれば、$1/r=M/(EI)_a$ だから、(8.1.10)式から次のように再定義できる。

$$(EI)_a=\sum_{i=1}^{n}(E_i I_{i-NN})=\sum_{i=1}^{n}\left[E_i\left(I_i+y_{oi}^2 A_i\right)\right] \tag{8.1.11}$$

(8.1.9)式に(8.1.10)式と(8.1.11)式を代入すると、σ_i が次式で表現できる。

$$\sigma_i=\frac{E_i y_{oi}}{(EI)_a}M \tag{8.1.12}$$

集成材の実断面の断面二次モーメントを I_{vo} とすると、見かけの曲げヤング係数 E_{ba} は、$E_{ba}=(EI)_a/I_{vo}$ であり、E_{ba} が既知であれば単一梁と同様にたわみ曲線を決定することができる。また、曲げに関しても等価断面法が適用できる。各ラミナの厚さは変えずに幅を変えて等価断面を設定するとき、i 層が負担する曲げ剛性は等価断面を用いて次のように表現できる(**図 8-1-3** 参照)。

$$E_i I_{i-NN}=E_o\left(I_{Ai}+y_{oi}^2 A_{Ai}\right) \tag{8.1.13}$$

矩形断面で説明すると、E_o に対する i 層の等価断面の幅 b_{Ai} は $(E_i/E_o)b_i$ と等しいので、厚さ t_i が変わらなければ、次のように $E_o I_{Ai}=E_i I_i$ が成り立つ。

$$E_o I_{Ai}=E_o\frac{b_{Ai}t_i^3}{12}=E_o\frac{E_i}{E_o}\frac{b_i t_i^3}{12}=E_i I_i$$

一方、定義より $E_o A_{Ai}=E_i A_i$ の関係があるので、(8.1.13)式と(8.1.11)式の[ ]内の式が同値となることが理解できよう。

E_o に対する集成材の等価断面二次モーメント I_{vA} は、原義的に $y^2 dA_A$ の積分で定義できるが、断面二次モーメントの加法定理に従い次のように定義できる。

$$I_{vA}=\sum_{i=1}^{n}\left(I_{Ai}+y_{oi}^2 A_{Ai}\right) \tag{8.1.14}$$

これにより、$(EI)_a=E_o I_{vA}$ と簡便に表現できる。また、等価断面二次モーメント比を $R_{Iv}(=I_{vA}/I_{vo})$ とすると、集成材全体の見かけの曲げヤング係数 E_{ba} は

$E_{ba}=R_{lv}E_o$ となる。

8.1.1.4 中立軸の算出方法

図 8-1-3 における中立軸 NN は、図 b の等価断面の図心を通り、z 軸に平行な軸である。図 d の曲げひずみ分布は、釣り合っていないように感じるが、幅が異なるのである。図 c のように幅を重みとみなせば釣合うことが想像できよう。あるいは、幅を奥行とした立体を想像してみてもよい。z 軸から図心軸までの距離(z 軸を原点とした図心の y 座標の値)y_o は次式で表せる。

$$y_o = \frac{S_{Az}}{A_A} \tag{8.1.15}$$

ここで、S_{Az} は z 軸に関する等価断面の断面一次モーメント。なお、中立軸(図心軸)において、断面一次モーメントは 0($S_{AN}=0$)であり、平行軸定理から $S_{Az}=S_{AN}+y_o A_A$ とみてもよい。ちなみに、平行軸定理は一般的には断面二次モーメントの定理として説明されることが多いが、断面一次モーメントにも成り立つ。

S_{Az} は原義的に $y\,dA_A$ を積分して求まるが、加法定理を用いれば次式となる。

$$S_{Az} = \sum_{i=1}^{n}(S_{Azi} + y_i A_{Ai}) = \sum_{i=1}^{n}(y_i A_{Ai}) \qquad (\because S_{Azi}=0) \tag{8.1.16}$$

ここで、S_{Azi} は i 層の図心を通る z 軸と平行な軸に関する i 層の断面一次モーメント。

さらに、等価断面を用いずに y_o を表現してみよう。

(8.1.16)式は次のように書き換えられる。

$$S_{Az} = \frac{1}{E_o}\sum_{i=1}^{n}(y_i E_i A_i) \qquad \left(\because A_{Ai}=\frac{E_i}{E_o}A_i\right) \tag{8.1.16'}$$

(8.1.15)式は、(8.1.5)式の関係と(8.1.16')式を用いて、次式で表せる。

$$y_o = \frac{\sum_{i=1}^{n}(y_i E_i A_i)}{\sum_{i=1}^{n}(E_i A_i)} \tag{8.1.15'}$$

8.1.1.5 集成材の断面内の曲げ応力分布

図 8-1-5 に、集成材の梁に曲げモーメント M が作用しているときに、i 層に働く曲げモーメント M_i および軸力 F_i と、縦ひずみ ε の分布を示す。i 層の縦ひ

8.1 集成材の断面設計理論

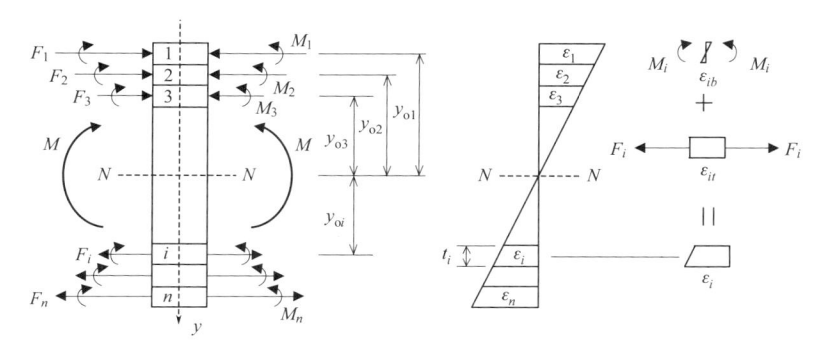

図 8-1-5 曲げを受ける集成材の梁要素の各層に働く力とひずみ分布
Fig. 8-1-5 Bending moment and axial force acting layers of element of a GLT beam in bending, and bending strain distribution.

ずみ ε_i は、M_i による成分 ε_{ib} と F_i による成分 ε_{it} の和である。

$$\varepsilon_i = \varepsilon_{it} + \varepsilon_{ib}$$

梁全体と層の曲率の一致から、幾何的に $\varepsilon_{ib} = (t_i/2)/r$ である。また、i 層の図心で $\varepsilon_{ib}=0$ となるから、(8.1.8)式より $\varepsilon_{it} = y_{oi}/r$ となる。したがって、i 層の縁応力 $\sigma_i (= E_i \varepsilon_i)$ は次式で表せる。$(EI)_a$ については(8.1.11)式を参照されたい。

$$\sigma_i = E_i \left(y_{oi} + \frac{t_i}{2} \right) \frac{M}{(EI)_a} \quad \left(\because \frac{1}{r} = \frac{M}{(EI)_a} \right) \tag{8.1.17}$$

M_i と F_i および応力 σ_{ib} と σ_{it} は次のように表せる。なお、σ_{it} は(8.1.12)式と同値であり、最大応力の検討には σ_{ib} を含めた縁応力を考慮する必要がある。

$$M_i = E_i I_i \frac{M}{(EI)_a}, \quad F_i = E_i A_i y_{oi} \frac{M}{(EI)_a} \tag{8.1.18}$$

$$\sigma_{ib} = \frac{E_i t_i}{2} \frac{M}{(EI)_a} = \frac{M_i}{Z_i}, \quad \sigma_{it} = E_i y_{oi} \frac{M}{(EI)_a} \tag{8.1.19}$$

8.1.1.6 簡易式

ここでは、ラミナの幅 b と厚さ t が一定の矩形断面に限定する。層数を n とすれば、集成材の幅は b、厚さ H は nt、$A_o = nbt$、$I_{vo} = n^3 bt^3/12$ である。

$$(EA)_a = E_a A_o, \quad E_a = \frac{1}{n} \sum_{i=1}^{n} E_i$$

$$y_\mathrm{o} = \left[\frac{1}{E_\mathrm{a} n}\sum_{i=1}^{n}(iE_i) - \frac{1}{2}\right]t, \quad y_i = \left(i - \tfrac{1}{2}\right)t$$

$$I_{i-NN} = \frac{1}{n^3}I_\mathrm{vo}\left[1 + 12\left(\frac{y_{oi}}{t}\right)^2\right]$$

$$(EI)_\mathrm{e} = E_\mathrm{ba}I_\mathrm{vo}, \quad E_\mathrm{ba} = \frac{1}{n^2}\left\{E_\mathrm{a} + \frac{12}{n}\sum_{i=1}^{n}\left[E_i\left(\frac{y_{oi}}{t}\right)^2\right]\right\}$$

特に、中立軸が $y_\mathrm{o}=H/2$ にあることを条件に加えると、次のように表現できる。

$$y_{oi} = (n+1-2i)\frac{t}{2}$$

$$I_{i-NN} = \frac{1}{n^3}I_\mathrm{vo}\left[1 + 3(n+1-2i)^2\right]$$

$$\begin{aligned}E_\mathrm{ba} &= \frac{1}{n^3}\sum_{i=1}^{n}\left\{E_i\left[1 + 3(n+1-2i)^2\right]\right\}\\ &= \frac{1}{n^3}\left\{12\sum_{i=1}^{n}(i^2 E_i) - \left[3(n+1)^2 - 1\right]\sum_{i=1}^{n}E_i\right\}\end{aligned}$$

8.1.2 破壊クライテリア

　集成材はラミナの性能や配置により強度性能が変わる。すなわち、ある程度の材料強度設計が可能である。曲げ剛性や軸剛性は、これまでに述べた方法でかなり正確に計算できることがわかっている。建築構造材料には基準強度が必要なので、新たな集成材を開発するには、強度の材料設計が重要となる。これまでに、集成材の曲げ、引張り、圧縮の強さについて検討が重ねられ、幾つかの破壊モデルが提案されてきた。だが、未だ統一的な破壊モデル、もしくは、複数の破壊モデルに対する明確な選択条件が解明されるに至っていない。

　ここでは、通直集成材に絞って破壊モデルを紹介する。記号等は原則、前項8.1.1に従う。なお、中村(2006a)は集成材の強度モデルについて詳しく述べている。

8.1.2.1 引張り・圧縮強さの推定

　集成材の軸方向に引張り力を負荷するとき、各層に生じるひずみ ε が等しいと仮定すると、各層はそれぞれのヤング係数 E_i に反比例した大きさの軸応力 σ_i を分担する。すなわち、強度的に集成材はラミナという並列要素で構成された

8.1 集成材の断面設計理論

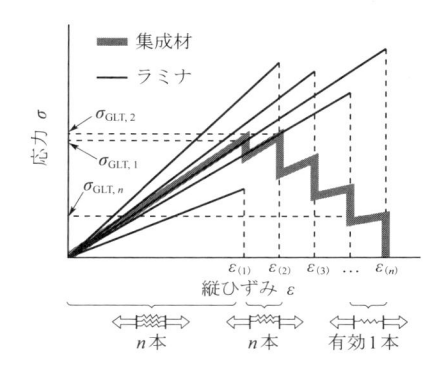

図 8-1-6 並列モデルの概念図
Fig. 8-1-6 Parallel system.

系とみなすことができる。破壊はσ_iがラミナの軸強さf_iに達したときに始まると考えられる。いま、各ラミナの破壊ひずみを小さい順に並べ$\varepsilon_{(k)}$と表すことにする。また、$\varepsilon_{(k)}$のラミナのヤング係数と断面積をそれぞれ$E_{[k]}$、$A_{[k]}$のように表すこととする。

破壊力学における一般的な並列モデル(束モデル)を適用すると次のようになる。**図 8-1-6**に示すように、n本のラミナを積層した集成材の中で、最弱なラミナがまず破壊し、実質断面積が減少し、残存ラミナが破壊していく。これを繰返した中で、見かけの破壊応力σ_{GLT}の最大値(図では$\sigma_{GLT,2}$)を集成材の軸強さf_{GLT}とみなす。このモデルは粘性的な破壊表現となる。

$$f_{GLT} = \max_{k=1,2,3,\ldots,n}(\sigma_{GLT,k}), \quad \sigma_{GLT,k} = \frac{\varepsilon_{(k)}}{A}\sum_{j=k}^{n}(E_{[j]}A_{[j]}) \tag{8.1.20}$$

ここで、Aは集成材の断面積(ラミナの総断面積)。

林と宮武(1991)は、3種類の基本的な破壊モデル(直列モデル、並列モデル、平均モデル)を集成材の引張り破壊に適用し、その中で並列モデルが最も適合性がよいと報告している。

一方、集成材の引張り破壊は脆性的であり、最弱リンクモデル(直列モデル)の要素も考えられる。このモデルは、鎖状に要素が連なった系で、一つの要素の破壊が系全体の破壊となる。次式はこの点を考慮した破壊モデルである。

$$f_{GLT} = \sigma_{GLT,1} = \frac{\varepsilon_{(1)}}{A}\sum_{j=1}^{n}(E_j A_j) \tag{8.1.21}$$

先述の並列モデルと異なるのは、いずれかのラミナの負担応力がその軸強さに達したときに集成材全体が破壊する点である(**図 8-1-6** 中の$\sigma_{GLT,1}$)。そのため、(8.1.21)式ではf_{GLT}は、残存ラミナではなく、全ラミナで評価した$\sigma_{GLT,k}$の最小値に等しい。計算は並列モデルよりも簡便である。

これらの他にもいくつかのモデルが考えられる。例えば、国内の代表的な集成材強度シミュレーションソフトウェア SiViG は、軸強さの破壊クライテリアに、上記 2 つのモデルの他、(8.1.21)式で全層の最小値をとる代わりに両最外層の弱い方で評価するモデルと、全ての層の破壊を評価するモデルの計 4 つのモデルを採用している。後述する JAS 規格は最外層で評価し、調整係数を乗じている。

圧縮破壊については、ラミナの局部座屈等の特徴的な現象が観察されるが、引張り破壊モデルと同様のモデルが用いられることが多い。

8.1.2.2 曲げ強さの推定

集成材の梁に曲げモーメントが作用するとき、断面内の曲率 $1/r$ を一定とすれば、各ラミナには曲げ応力σ_{bi}と軸応力σ_{ti}が複合的に作用する。破壊条件に次式の経験的な複合応力モデルを適用すると、左辺が 1 に達するとラミナが曲げ破壊に至ったと評価できる。

$$\left(\frac{\sigma_{bi}}{f_{bi}}\right)^a + \left(\frac{\sigma_{ti}}{f_{ti}}\right)^b = 1 \tag{8.1.22}$$

ここで、f_{bi}とf_{ti}はそれぞれ、i層のラミナの曲げ強さと軸(引張りまたは圧縮)強さ。a と b は定数。

丸山と山嶋(1989)や平嶋ら(1994)は、$a=b=2$ とした 2 次複合形式が実験とよく一致すると報告している。小松(1997)は $a=b=1$ とした 1 次複合形式を採用し、この式から導いた曲げ破壊係数(MOR)の推定式が寸法効果を明快に説明できるとしている。三橋ら(1996)は、幾つかのモデルをスギ集成材に適用し、2 次複合形式に積層による補強効果と圧縮塑性を考慮すると適合性がよいと報告している。

層と全体の破壊の関係については、幾つかのケースが想定できるが、全層について(8.1.22)式の最小の MOR を与えるケースを採用する(小松 1997)のが一般的である。なお、JAS 規格では後述のように最外層に着目して評価する。

8.1.2.3　破壊強度の補正

　集成材の中ではラミナは隣接層で接着補強されているとみなせる。これを積層効果（laminating effect）と呼ぶ。最外層は片面で、他の層は両面で補強される。特に、節などの欠点や縦継ぎは弱点となるので、積層効果が強く現れる。林ら（1992）は2層積層材の引張り試験を行い、引張り強さのばらつきが顕著に減少し、平均値と下限値が向上することを報告している。三橋ら（1996）は実験結果にワイブルモデルを適用し、最外層で1.21倍の補強効果があるとしている。

　また、製材同様に集成材も寸法効果の影響が考えられる。紙数の都合で詳細は省略するが、寸法効果は広義に寸法調整係数として与えられることが多く、集成材の場合は先の積層効果も含まれている場合がある。

　この他に、欠点が集成材の強度へ及ぼす影響を検討する方法として、様々な研究があるが、例えば、有限要素モデルへの適用が挙げられる（森ら 2001）。特に、欧米では有限要素法によるアプローチがよく用いられている。

8.1.3　集成材のJAS規格のクライテリア

　JAS規格で認定される構造用集成材の基準強度や日本建築学会の木質構造設計規準・同解説に掲載されている特性値は、最外層ラミナのヤング係数 E_o を基準とした等価断面法で算出されてきた（宮武ら 2008）。その詳細は「8.2.2　構造用集成材の基準強度の算出」をご覧いただきたい。

　JAS規格で用いられている各強度の誘導式で特徴的なのは、先述の他の破壊メカニズム的なモデルに比べ、最外層ラミナの性能を重視している点である。これらの誘導式は等価断面理論を基に、多くの実験データから導かれた実験式と言われている。実際、簡便な式でありながら、既存の規格で製造された集成材の強度をよく推定できる。

8.1.4　集成材の強度シミュレーション

　集成材のJAS規格では、強度等級に応じてラミナの構成や性能といった仕様が規定されている。この他、実証試験を伴うシミュレーションを行った場合にはこの規定が緩和可能であり、より自由に集成材が設計できる。

　このシミュレーションは、強度等級に応じた集成材のヤング係数と各種強度

を評価するもので、基準強度等の統計的な下限値を推定する。現在行われているのは乱数を用いたモンテカルロ法(Monte Carlo method)である。すなわち、ラミナの各種強度の統計情報を予め実験で把握しておき、その確率分布を反映した乱数を大量に生成し、集成材として構成した場合の剛性や強度を計算し、その統計量からJAS規格が求める性能を満たすかを確認するのである。信頼性の問題からラミナの実験データはかなり必要となるが、集成材の強度試験は数体程度(通常は6体以上)で済む。シミュレーションにより仮想的に生成する集成材は1仕様500～1000体程度が普通である。手法の技巧的な部分や歴史的な経緯は様々あるが、紙数の都合上、現在の代表的な方法のみを紹介する。集成材の強度シミュレーション手法については中村(2006b)が詳しく述べている。

8.1.4.1 ラミナ特性に従う乱数の生成

まず、ラミナのヤング係数 E と各種強度 f の実測データを収集し、強度特性に適した確率分布モデルを決定する。確率分布には、正規分布、対数正規分布、ワイブル分布がよく用いられる。また、各強度は互いに統計的な独立ではないので、各強度間の相関係数 ρ を算出する。非破壊測定が可能な E と各強度との ρ は容易に観測できるが、各強度間の ρ は求めにくい。実験では試験体のマッチングを工夫して同一材から採取するのが無難であろう。岩崎と中村(2006)は強度間の ρ が測定できない場合に、既知の ρ の情報を用いて多変量乱数セットを生成し、未知の ρ を推測する方法を提案している。

この統計情報を用いてラミナ特性に従う有相関乱数を生成する。準備として、単変量の確率分布モデルに従う乱数生成法を述べておく。代表的な方法に逆関数法(inverse function method)がある。まず、0～1の一様乱数を生成する。次に、この乱数の値を累積確率 p とみなし、$x = F^{-1}(p)$ と変換すると目的の確率分布に従う強度値 x が得られる。ここで、$p = F(x)$ は確率分布モデルの累積分布関数であり、$F^{-1}(p)$ はその逆関数である。

有相関乱数の生成は次のようなものである。相関係数が ρ の2変量(例えば引張り強さ f_t と曲げ強さ f_b)を例にとると、(1)まず、相関係数が ρ_z の1組の標準正規乱数列 (z_1, z_2) を生成する。ただし、$z_1 = \{z_{1,1}, z_{1,2}, z_{1,3}, ..., z_{1,i}, ..., z_{1,n}\}$ のように表す。標準正規乱数とは標準正規分布に従う乱数である。有相関乱数の生成方法は幾つかあるが、コレスキー(Cholesky)分解(中村2010)が一般的である。例

えば、独立な標準正規乱数列 u と v を発生させ、$z_{1,i} = u_i$、$z_{2,i} = \rho_z u_i + (1-\rho_z^2)^{1/2} v_i$ とすれば、(z_1, z_2) は相関係数が ρ_z となる。(2)次に、標準正規分布の累積分布関数 $\Phi(z) = p$ を用いて、z_1 と z_2 を累積確率 p_1 と p_2 に変換する。(3)逆関数法を適用して、$f_t = F_t^{-1}(p_1)$、$f_b = F_b^{-1}(p_2)$ と変換すると、各強度の確率分布に従う乱数列の組 (f_t, f_b) が得られる。

なお、一般に $\rho \fallingdotseq \rho_z$ ではあるが、等しくはならない。ρ_z を求めるには、デル・キューリアンら(Der Kiureghian and Liu 1986)による近似式が適用できる。あるいは、生成した乱数 (f_t, f_b) の相関係数が ρ となる条件で、ρ_z を変化させて探索する収束計算を行ってもよい。

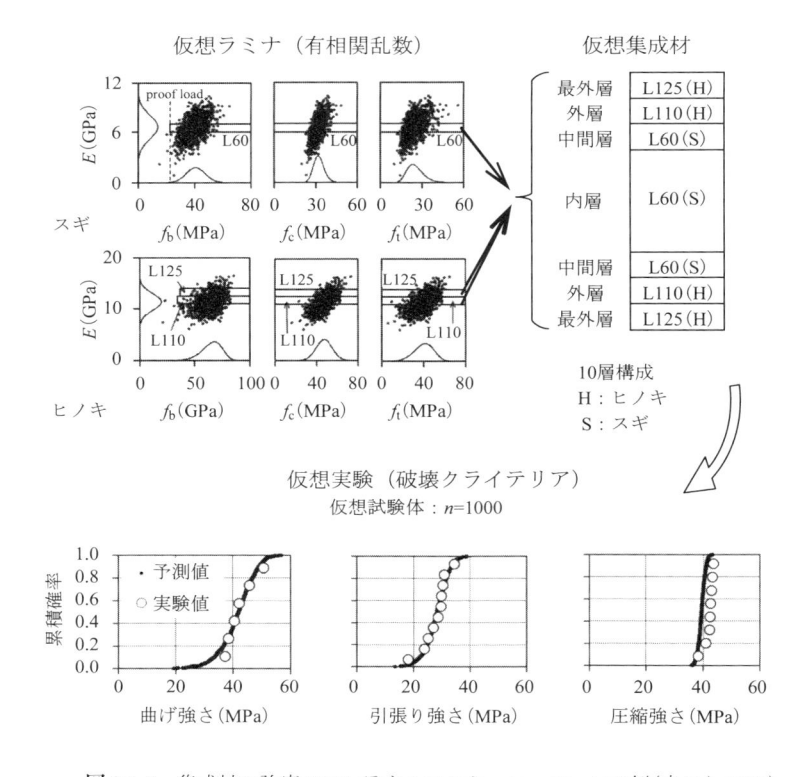

図 8-1-7 集成材の強度のモンテカルロシミュレーションの例(森田ら 2009)
Fig. 8-1-7 Example of measuring strength properties of GLT based on Monte Carlo simulation (Morita *et al.*, 2009).

ところで、モンテカルロ法では乱数の質が重要である。コンピュータが作る乱数は疑似乱数(pseudorandom numbers)であり、周期的に同じ乱数が繰り返されるので、必要な乱数列の長さよりも周期の長い乱数を採用したい。使用目的によって様々な乱数生成アルゴリズムが提案されているが、本シミュレーションのような場合は、超長周期乱数生成アルゴリズムである Mersenne Twister (http://www.soi.wide.ad.jp/class/20010000/slides/03/index_1.html.)が適している。Mersenne Twister は多くの統計アプリケーション(例えば R 言語)に実装されており、Microsoft Excel でも Add-in プログラム(http://www.ntrand.com/jp/)として利用できる。

8.1.4.2 仮想的につくられた集成材の評価

前項で仮想的に生成したラミナ(有相関乱数)を配置した集成材について、これまでに述べた計算方法によって、1体ごとに剛性と強度を計算する。結果、大量の集成材の強度データが得られる。このデータから強度特性値(特に5%下限値)を推定し、JAS 規格が求める強度性能を満たすかを評価する。

図 8-1-7 に異樹種集成材によるシミュレーションの例(森田ら 2009)を示す。本例では破壊クライテリアを、曲げ強さは2次式、引張り強さは等価断面積比による最外層の最小値、縦圧縮強さは全ての層の破壊とした。各強さとデータの累積確率の関係を比較すると、シミュレーション結果と実験値が良好に一致していることがうかがえる。

8.2 集成材の日本農林規格(JAS 規格)

8.2.1 集成材の JAS 規格の変遷

集成材の JAS 規格は 1966 年に制定され(昭和 41 年農林省告示第 1055 号)、以降、幾度となく改正されてきたが、現在の集成材の JAS 規格(全部改正:平成 19 年農林水産省告示第 1152 号、一部改正:平成 24 年農林水産省告示第 1587 号)における構造用集成材の規格の原型と言えるものは、1996 年に制定された構造用集成材のJAS規格(平成8年農林水産省告示第111号)である。このとき、目視区分が中心であったラミナ(ひき板)の等級区分について機械区分が導入され、ラミナの曲げヤング係数、曲げ、引張り強度に応じた等級区分(Lによる表

示)が定められた。さらに集成材について対称異等級構成、非対称異等級構成、同一等級構成が設定され、ラミナ構成、曲げヤング係数と曲げ強度に応じた強度等級(E-F による表示)が定められた。

8.2.2 構造用集成材の基準強度の算出

集成材の JAS 規格では構造用集成材に使用されるラミナの材面の品質および強度性能の基準を、目視等級区分、機械区分されたラミナそれぞれについて定めている。また、集成材のラミナ構成、それぞれの強度等級についての曲げヤング係数、曲げ強さの基準が定められている。集成材の JAS 規格で認定された構造用集成材の基準強度は平成 13 年国土交通省告示第 1024 号(最終改正平成 24 年国土交通省告示第 1027 号)により与えられ、木質構造設計基準・同解説においては、基準弾性係数や基準強度が示されている。これらの基準強度は以下の式を用いて算出されている(宮武ら 2008)。

1) 曲げ(積層方向)の基準強度 f_{bv} [N/mm^2]

$$f_{bv} = \sigma_{b_{oml}} \frac{I_{vA}}{I_{v0}} k_b k_{5th} \tag{8.2.1}$$

ここで、$\sigma_{b_{oml}}$ は最外層ラミナの曲げ強度 [N/mm^2]、I_{vA} は等価断面の断面二次モーメント、I_{v0} は実断面の断面二次モーメント、k_b は積層方向曲げ係数(同一等級構成:1.0、対称異等級構成:0.9、非対称異等級構成:0.9)、k_{5th} は 95%下側許容限界値算出係数(3/4)である。

2) 曲げ(幅方向)の基準強度 f_{bh} [N/mm^2]

$$f_{bh} = \sigma_{b_{oml}} k_{bh} \left(\frac{A_{hA}}{A_{h0}}\right)^2 k_{lb} k_{5th} \tag{8.2.2}$$

ここで、$\sigma_{b_{oml}}$ は最外層ラミナの曲げ強度 [N/mm^2]、A_{hA} は等価断面の面積 [mm^2]、A_{h0} は実断面の面積 [mm^2]、k_{bh} は幅方向曲げ係数(0.836)、k_{lb} は曲げ積層効果(laminating effect)係数(同一等級構成 2 枚:1.0、同一等級構成 3 枚:1.1、これら以外の構成:1.2)、k_{5th} は 95%下側許容限界値算出係数(3/4)である。

3) 繊維方向の引張りの基準強度 f_t [N/mm^2]

$$f_t = \sigma_{t_{oml}} \frac{A_A}{A_0} k_{tl} k_{5th} \tag{8.2.3}$$

ここで、$\sigma_{t_{oml}}$は最外層ラミナの縦引張り強度［N/mm^2］、A_Aは［mm^2］、等価断面の面積 A_0 は実断面の面積［mm^2］、k_{tl} は引張り積層効果係数(同一等級構成 2枚：1.0、同一等級構成 3 枚：1.1、これら以外の構成：1.2)、k_{5th} は 95%下側許容限界値算出係数(3/4)である。

4）繊維方向の圧縮の基準強度 f_c［N/mm^2］

$$f_c = \sigma_{c_{oml}} \frac{A_A}{A_0} k_{cl} k_{5th} \tag{8.2.4}$$

ここで、$\sigma_{C_{oml}}$は最外層ラミナの縦圧縮強度［N/mm^2］、A_Aは［mm^2］、等価断面の面積 A_0 は実断面の面積［mm^2］、k_{cl} は圧縮積層効果係数(同一等級構成 2 枚：1.0、これら以外の構成：1.1)、k_{5th} は 95%下側許容限界値算出係数(3/4)である。

8.3 単板積層材(LVL)におけるエレメントの推定

8.1 に解説されているように、集成材の強度設計に関しては、モンテカルロシミュレーションを用いて、強度分布を推定する手法が確立されていると考えられる。一方、LVL では、モンテカルロシミュレーションを用いた強度分布推定に関する研究が皆無である。その理由は、エレメントの特定が難しいことが挙げられる。一般的には、LVL のエレメントは、単板と推定されるが、単板は厚さが数 mm と薄く、裏割れ等も多数発生し、裏割れ等に侵入した接着層の強度が単板の強度等に与える影響を無視することは出来ない。したがって、LVL のエレメントは接着層を含む単板をエレメントとして仮定するのが現状ではベストであろう。しかし、このエレメントに対し強度試験を実施する場合、正確にその部分だけを切り出して試料とする必要が生じる。特に、モンテカルロシミュレーションの基礎データを収集する場合、測定データの統計的信頼性を確保するために、ある程度の試料数を用意しなければならない。それに伴う危険度及び労力を考慮に入れると、エレメントを切り出して強度試験を行う方法は実用的とは言えない。むしろ、エレメントの強度分布を間接的に推定する手法が必要になる。そこで、材料構成が単一な LVL の強度試験データから、非線形最小二乗法(non-linear least squares method)を用いてエレメントの強度分布を推定する手法が確立されており、以下に紹介する。詳しくは小関ら(2012)を参照さ

8.3 単板積層材(LVL)におけるエレメントの推定

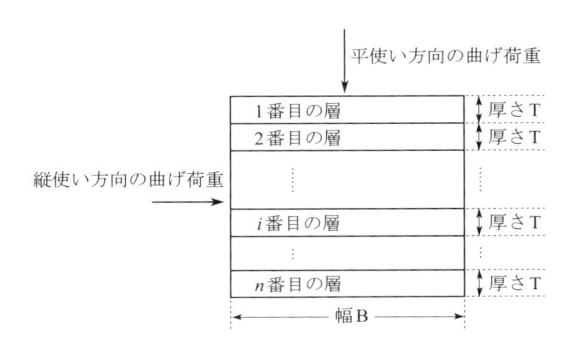

図 8-3-1　LVL の断面
Fig. 8-3-1　Cross section of LVL.

れたい。

8.3.1　エレメントの強度分布推定手法

図 **8-3-1** に示す矩形断面の LVL を考える。この LVL を構成するエレメントは、接着層を含む単板とする。ただし、曲げなどによる応力が生じても、エレメント間には、接着によりズレが生じないこと、また、断面は破壊が生じるまで同一平面を維持すると仮定する。次に、縦使い方向の強度分布を例にして、エレメントの推定手法について述べる。

8.3.2　破壊クライテリア

n 層の LVL に縦使い方向の曲げモーメントが生じると、エレメント各層の曲率は LVL の曲率と一致する。更に、エレメント各層のモーメントの総和が単板積層材のモーメントとなることから、MOE_v は (8.3.1) 式で表される。

$$MOE_v = \frac{\sum_{i=1}^{n} Ev_i}{n} \tag{8.3.1}$$

中立軸の位置を $B/2$ とすると、各エレメントの応力が求められ、i 層目のエレメントの引張側最外縁における σ_i が算出できる。エレメントの破壊クライテリア (criteria) を σ_i が Fv_i に達した時とし、また、LVL の破壊をエレメントが破壊した時と仮定すれば、n 個の LVL の曲げ強度が算出される。n 個の中の最小値を $MORv$ とすると、MOR_v は (8.3.2) 式で表される。

$$MOR_v = \min\left[\frac{Fv_i}{Ev_i} MOE_v\right] \quad (i = 1、\cdots、n) \tag{8.3.2}$$

ここで、min[*]は、*の最小値を表す。

8.3.3 ヤング係数分布の推定手法

エレメントのヤング係数分布パラメータは、例えば正規分布と仮定すると、(8.3.1)式より 2 次元ベクトル(Ev_{avg}, Ev_{std})で表される。アルゴリズムは、以下の通りとなる。

① (Ev_{avg}, Ev_{std})の初期値として、適当な値(P_1, P_2) ($0<P_2<P_1$)を与える。

② 積層数 n の試験データ数を $l(n)$ とする。$l(n)$ の s 番目の実験値を $Etest_{n,s}$ とし、これに対応する計算値を $MOEv_{n,s}$ とする。

③ 0 以上 1 未満の一様乱数 $U_{n,s,i}$ を発生させ、平均 P_1 及び標準偏差 P_2 となる正規乱数 $Etest_{n,s,1}$ を作る。これ以降、一様乱数は 0 以上 1 未満とする。

④ ③を n 回繰り返して正規乱数 $Etest_{n,s,1}$, ···, $Etest_{n,s,n}$ を作り、(8.3.1)式から $MOEv_{n,s}$ を計算する。ただし、これ以降 $U_{n,s,1}$, ···, $U_{n,s,n}$ は固定する。

⑤ 積層数毎に、②～④を繰り返して $MOEv_{n,s}$ を計算する。

⑥ 次式による $Etest_{n,s}$ と $MOEv_{n,s}$ の残差二乗和 Se が最小になるよう P_1、P_2 を動かし、収束値を(Ev_{avg}, Ev_{std})とする。

$$Se = \sum_{n=1} \sum_{s=1}^{l(n)} \left(Etest_{n,s} - MOEv_{n,s}\right)^2$$

(Ev_{avg}, Ev_{std})が正規方程式の解として収束したか、(8.3.3)式を用いて確認する（金谷 2005）。

$$\frac{\partial Se}{\partial Ev_{avg}} \cong 0 、 \frac{\partial Se}{\partial Ev_{std}} \cong 0 \tag{8.3.3}$$

8.3.4 強度分布の推定手法

エレメントの強度分布のパラメータは、(8.3.1)式及び(8.3.2)式より、Ev 及び Fv の統計分布パラメータと、両変数間の相関係数とする。Ev 及び Fv の分布形を正規分布と仮定すると、エレメント強度分布のパラメータは、5 次元ベクトル(Ev_{avg}, Ev_{std}, Fv_{avg}, Fv_{std}, R_{Ev-Fv})で表される。その内、(Fv_{avg}, Fv_{std}, R_{Ev-Fv})を推定するアルゴリズムは、8.3.3 の(Ev_{avg}, Ev_{std})を利用して、以下の通りとなる。他の分布を仮定する場合も同様である。

① $(Fv_{avg}, Fv_{std}, R_{Ev-Fv})$ の初期値として、適当な値 (P_1, P_2, P_3) $(0<P_2<P_1, 0<P_3<1)$ を与える。

② 積層数 n の s 番目の実験値を $Ftest_{n,s}$ とし、これに対応する計算値を $MORv_{n,s}$ とする。

③ Ev と Fv には相関が存在する。従って、Ev 用の一様乱数 $U_{1,n,s,i}$ を発生させ、同時に Fv の乱数を作るため、もう一つの一様乱数 $U_{2,n,s,i}$ を発生させる。ただし、これらはお互いに独立である。

④ $U_{1,n,s,i}$ を用いて、平均 Ev_{avg} 及び標準偏差 Ev_{std} となる正規乱数 $Ev_{n,s,i}$ を作る。

⑤ $U_{1,n,s,i}$ と $U_{2,n,s,i}$ を用いて、平均 P_1、標準偏差 P_2、相関係数 P_3 の有相関正規乱数 $Fv_{n,s,i}$ を作る。

⑥ ③〜⑤を n 回繰り返し、有相関正規乱数 $(Ev_{n,s,1}, Fv_{n,s,1})$、…、$(Ev_{n,s,n}, Fv_{n,s,n})$ を作り、(8.3.2)式から $MORv_{n,s}$ を計算する。ただし、これ以降 $(U_{1,n,s,i}, U_{2,n,s,i})$、…、$(U_{1,n,s,n}, U_{2,n,s,n})$ は固定する。

⑦ 積層数毎に②〜⑥を繰り返して $MORv_{n,s}$ を計算する。

⑧ 次式による $Ftest_{n,s}$ と $MORv_{n,s}$ の残差二乗和 Sf が最小になるよう P_1、P_2、P_3 を動かし、収束値を $(Fv_{avg}, Fv_{std}, R_{Ev-Fv})$ とする。

$$Sf = \sum_{n=1}\sum_{s=1}^{l(n)}\left(Ftest_{n,s} - MORv_{n,s}\right)^2$$

⑨ $(Fv_{avg}, Fv_{std}, R_{Ev-Ev})$ が正規方程式の解として収束したか、次式を用いて確認する。

$$\frac{\partial Sf}{\partial Fv_{avg}} \cong 0, \quad \frac{\partial Sf}{\partial Fv_{std}} \cong 0, \quad \frac{\partial Sf}{\partial R_{Ev-Fv}} \cong 0 \qquad (8.3.4)$$

平使い方向の強度分布、引張強度分布、圧縮強度分布についても、同様に考えられる。

8.3.5 推定された分布

以上のようにして得られた結果を表 **8-3-1** に示した。また、得られたエレメントを用いて LVL の縦使いの曲げヤング係数および曲げ強度についてシミュレーションした結果を図 **8-3-2**、**8-3-3** に示した。比較的適合していると考えられる。

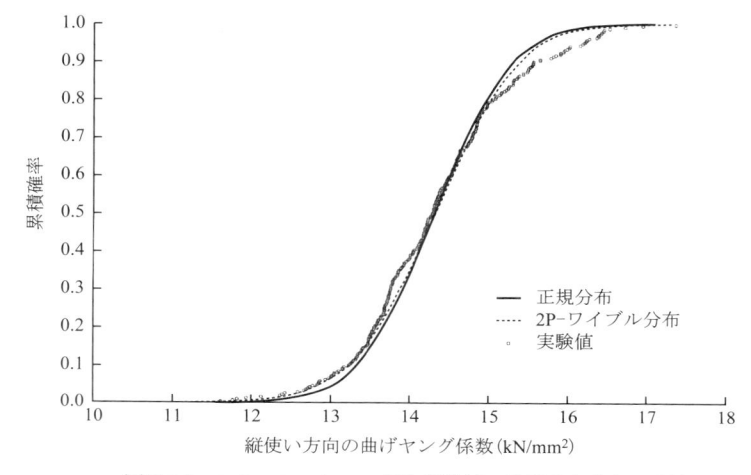

図 **8-3-2** シミュレーション値と実験値の累積確率分布の比較
Fig. 8-3-2 Comparison of cumulative probability between simulation data and experimental data for Modulus of Elasticity in vertically use direction.

凡例:
— 正規分布
‥‥ 2P-ワイブル分布
○ 実験値

横軸: 縦使い方向の曲げヤング係数 (kN/mm²)
縦軸: 累積確率

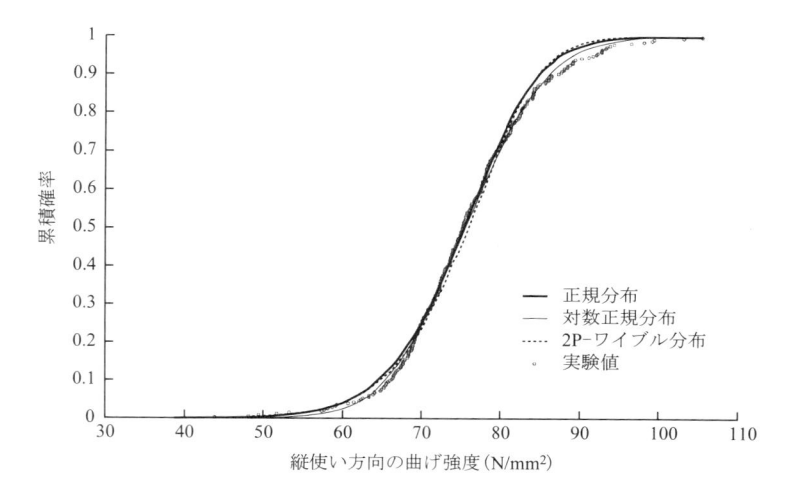

図 **8-3-3** シミュレーション値と実験値の累積確率分布の比較
注：縦使い曲げヤング係数は正規分布とした

Fig. 8-3-3 Comparison of cumulative probability between simulation data and experimental data for Modulus of Rapture in vertical use direction.
Note: Modulus of Elasticity in vertical use direction is supposed as Normal distribution.

凡例:
— 正規分布
— 対数正規分布
‥‥ 2P-ワイブル分布
○ 実験値

横軸: 縦使い方向の曲げ強度 (N/mm²)
縦軸: 累積確率

8.3 単板積層材(LVL)におけるエレメントの推定

表 8-3-1 推定されたパラメータ
Table 8-3-1 Parameters estimated by non-linear least squares method.

	分布	パラメータ		残差二乗和
縦使い曲げヤング係数	正規	平均 標準偏差	14.3 (kN/mm²) 2.64	32.24
	2P-ワイブル	尺度 形状	15.5 5.71	29.11
縦使い曲げ強度[*1]	正規	平均 標準偏差 相関係数(ヤング係数-強度)	96.3 (N/mm²) 17.4 (N/mm²) 0.68	2117
	対数正規	平均(対数) 標準偏差(対数) 相関係数(ヤング係数-強度)	4.60 0.21 0.60	2191
	2P-ワイブル	尺度 形状 相関係数(ヤング係数-強度)	101 (N/mm²) 7.16 0.71	2189
平使い曲げヤング係数	正規	平均 標準偏差	14.5 (N/mm²) 1.86 (N/mm²)	9.80
	対数正規	平均(対数) 標準偏差(対数)	2.66 0.12	11.79
	2P-ワイブル	尺度 形状	15.2 (kN/mm²) 9.97	13.24
平使い曲げ強度[*2]	正規	平均 標準偏差 相関係数(曲げヤング係数-曲げ強度) 相関係数(曲げ強度-引張強度)	105 (N/mm²) 31.6 (N/mm²) 0.62 0.25	1805
	2P-ワイブル	尺度 形状 相関係数(曲げヤング係数-曲げ強度) 相関係数(曲げ強度-引張強度)	116 (N/mm²) 3.80 0.61 0.25	1785
引張[*3]	正規	平均 標準偏差 相関係数(曲げヤング係数-引張強度)	64.0 (N/mm²) 11.0 (N/mm²) 0.57	379.7
	対数正規	平均(対数) 標準偏差(対数) 相関係数(曲げヤング係数-引張強度)	4.18 0.20 0.47	384.1
	2P-ワイブル	尺度 形状 相関係数(曲げヤング係数-引張強度)	66.90 (N/mm²) 7.84 0.59	431.8
圧縮強度[*4]	正規	平均 標準偏差 相関係数(曲げヤング係数-引張強度)	73.9 (N/mm²) 8.50 (N/mm²) 0.57	1247
	対数正規	平均(対数) 標準偏差(対数) 相関係数(曲げヤング係数-引張強度)	4.30 0.12 0.54	1225

注：*1：縦使い曲げヤング係数は正規分布とした。*2：平使い曲げヤング係数および引張強度は正規分布とした。*3：引張ヤング係数は平使いヤング係数と等しく、正規分布とした。*4：圧縮ヤング係数は平使いヤング係数と等しく、正規分布とした。

● 文　　献

Der Kiureghian, A., and Liu, P.-L. (1986) Structural reliability under incomplete probability information. *J. Eng. Mech.* **112**(1) : 85–104. (8.1)

岩崎昌一, 中村　昇 (2006) 集成材ラミナにおける相関のある各種強度の発生. 第 56 回木材学会要旨集, p. 32. (8.1)

金谷健一 (2005) これなら分かる最適化数学　基礎原理から計算手法まで. 共立出版, pp. 110–111, pp. 130–134. (8.3)

小関真琴, 中村　昇 (2012) 非線形最小二乗法を用いた単板積層材エレメントの強度分布推定. 木材学会誌 **58**(3) : 125–136. (8.3)

小松幸平 (1997) 任意断面構成集成材の最大モーメントの推定と実験結果による検証. 木材学会誌 **43**(11) : 934–939. (8.1)

中村　昇 (2006) 集成材の強度に関するシミュレーション手法. *J. Timber Eng.* **19**(1) : 13–20. (8.1)

中村　昇 (2006) MOE から MOR をどうやって発生させる？　*J. Timber Eng.* **19**(2) : 53–58. (8.1)

中村　昇 (2010) 乱数とモンテカルロシミュレーション.「木質構造基礎理論」所収, 日本建築学会 (編), 丸善, pp. 12–16. (8.1)

林　知行, 宮武　敦 (1991) 確率モデルによる集成加工材料の性能予測 (第 5 報). 木材学会誌 **37**(10) : 904–911. (8.1)

林　知行, 宮武　敦, 星　通 (他) (1992) 2 プライ積層材の強度特性 (第 1 報). 木材学会誌 **38**(11) : 1026–1034. (8.1)

平嶋義彦, 山本幸雄, 鈴木滋彦 (1994) 集成材の強度計算モデルおよび確率モデル. 木材学会誌 **40**(11) : 1172–1179. (8.1)

丸山則義, 山嶋道夫 (1989) 構造用集成材の強度予測に関する研究. 第 39 回木材学会要旨集, p.65. (8.1)

三橋博三, 板垣直行 (他) (1996) スギ集成材の力学的性能設計のための解析モデル (第 1 報). 木材学会誌 **42**(2) : 122–129. (8.1)

宮武　敦, 長尾博文, 神谷文夫, 平松　靖, 河合直人, 中島史郎, 槌本敬大 (2008) 構造用集成材の強度推定の妥当性. 日本建築学会大会学術講演梗概集, 構造 III, pp. 273–274. (8.1, 8.2)

森　拓郎, 五十田　博, 笹川　明 (他) (2001) 破壊過程を再現した集成材の曲げ強度推定モデルの提案と実験による検証. 建築学会構造系論文集 (541) : 51–57. (8.1)

森田秀樹 (他) (2009) スギおよびヒノキを用いた異樹種構造用集成材の開発. 木材工業 **64**(9) : 411–415. (8.1)

コラム8：わが国で木質新軸材料は開発されるであろうか？

　大規模木質構造が期待されているが、現在わが国で大規模木質構造に使うことのできる木質系軸材料は、集成材、LVLであろう。また、RC造やS造と競争力のある木質系軸材料が開発された場合、国土交通大臣の認定を取得しなければならない。建設省告示1446号に品質基準が詳細に示されており、データの精度と信頼性さえ十分であるなら、自社のデータでも認定取得が可能である。木質系の指定材料には、10〜13号まで4種類ある。具体的には、木質接着成形軸材料（第10号建築材料）、木質複合軸材料（第11号建築材料）、木質断熱複合パネル（第12号建築材料）、木質接着複合パネル（第13号建築材料）である。下表に、これらの指定材料に要求される品質基準を示した。○印の試験を行なう必要がある。すべて実大材で行なうためには、実大材を100体以上用意しなければならない。しかし、実大材を100体以上も試験をするのは金額や手間を考えると、非現実的ではないか？このような制度では、

指定建築材料の品質基準項目

	品質基準	10号	11号	12号	13号
1	各構成要素の品質	×	○	○	○
2	使用する接着剤の品質	×	○	×	○
3	寸法	○	○	○	○
4	曲り	○	○	×	×
5	含水率	○	○	×	×
6	曲げ強さ、曲げ弾性係数	○	○	○	○
7	せん断強さ、せん断弾性係数	○	○	○	○
8	めり込み強さ	○	○	○	×
9	面内圧縮強さ	×	×	○	○
10	耐熱性	×	×	○	×
11	含水率の調整係数	○	○	○	○
12	事故的水掛かりを考慮した調整係数	○	○	○	○
13	防腐処理による力学特性値の低下率	○	○	○	○
14	接着耐久性に関する強さの残存率	○	○	○	×
15	荷重継続時間の調整係数	○	○	○	○
16	クリープの調整係数	○	○	○	○

わが国からは新しい木質材料が開発されるのは困難と言わざるを得ない。例えば、破壊すると考えられる場所の、比較的小さな試験体を用いた要素試験への変更を検討していただきたい。

　木質構造は、材料によって規定される構造と言える。例えば、枠材と面材を用いれば 2×4 工法、今話題の CLT を使えば 2×4 工法でもないし、軸組構法でもない独自の工法となる。このように、新しい材料が開発されると、新しい木質構造が考えられ、これが木質構造の特徴でもある。この特徴を生かしていける制度にして欲しいものである。

－　中村　昇　－

第 9 章　木質構造接合部の強度特性

　これまで材料に関する理論を中心に紹介してきた。しかし、木質構造物を設計するためには、どうしても接合部が必要である。木質接合部には、伝統的な継ぎ手・仕口からボルト・ドリフトピンなどのダウエル型金物を用いたものなど多種多様であり、それが木質構造の特徴でもあるが、一方汎用性に欠ける要因になっている。本章では、理論的解析が確立されているダウエル型金物を用いた接合部について、剛性および降伏耐力に関する代表的な理論を紹介する。また、木材のめり込み特性をモデル化し、それを用いて伝統的な貫構造の回転に関する理論的な解析も紹介する。

9.1　弾性床上の梁理論によるピン接合部の剛性

9.1.1　弾性床上の梁理論

　ピン接合部(dowel-type joint)はせん断力を受けるとすべり変形が生じ、微小変形領域内のすべり挙動は弾性床上の梁理論(Theory of beam on the elastic foundation)を用いて計算することができる。クエンツィー(E. W. Kuenzi)の著書(Kuenzi 1955)によると、弾性床上の梁理論は1867年にウィンカー(E. Winkler)によって初めて紹介され、1946年にヘテニー(M. Hetényi)が有限長の梁の解法を示したとある。クエンツィーは1955年に弾性床上の梁理論を釘やボルトを用いた木材添え板接合部に適用している。我が国における弾性床上の梁理論を扱った研究は、1951年に原田(原田 1951)が釘接合部を対象に行っており、沢田の研究(沢田 1976)以降は多くの報告が見られる(日本木材学会 1994、日本建築学会 2010: 87–92)。

　弾性床上の梁理論は、弾性体で支えられた梁のたわみ曲線を微分方程式で表したものであり、加力下にある梁は長さ方向に連続的な反力を受け、梁や反力

は弾性挙動を示す。ピン接合部に弾性床上の梁理論を適用するとき、木材が梁を支える弾性体、ピンが弾性床上の梁となる。弾性床上の梁理論では、実際のピン接合部で見られる主材と側材間の摩擦や、すべり変形の増加に伴って生じる主材または側材とピンの間の摩擦は考慮されていない。

ピンの任意の位置 x [mm]のたわみを $y(x)$ [mm]、傾斜角を $\theta(x)$、曲げモーメントを $M(x)$ [N·mm]、せん断力を $Q(x)$ [N]とし、ピンのヤング係数 E [N/mm^2]と断面 2 次モーメント I [mm^4]を一定とすると(9.1.1)～(9.1.3)式に示す関係式が得られる。

$$\frac{dy(x)}{dx} = \theta(x) \tag{9.1.1}$$

$$\frac{d^2 y(x)}{dx^2} = -\frac{M(x)}{EI} \tag{9.1.2}$$

$$\frac{d^3 y(x)}{dx^3} = -\frac{Q(x)}{EI} \tag{9.1.3}$$

梁が長さ方向に連続的な反力を受け、その反力の大きさがたわみに比例する場合、(9.1.4)式が得られる。

$$\frac{d^4 y(x)}{dx^4} = -\frac{k}{EI} y(x) \tag{9.1.4}$$

ここで、k は弾性床の比例定数(Foundation modulus) [N/mm^2]であり、ピン接合部の計算では木材の面圧剛性にピン径を乗じた値を用いる。

(9.1.4)式の 4 階常微分方程式を解くと、(9.1.5)式に示す 4 つの独立な解 ($y_n(x)$) を持つことが分かる。

$$y_n(x) = \exp\left(\pm\sqrt[4]{\frac{k}{4EI}} \cdot (1+i) \cdot x\right), \quad \exp\left(\pm\sqrt[4]{\frac{k}{4EI}} \cdot (1-i) \cdot x\right) \tag{9.1.5}$$

$y_n(x)$ は線形独立な解なので、線形原理より一般解は三角関数と双曲線関数を用いて表すことができる。ここでは一般解を(9.1.6)式の形で表す。

$$\begin{aligned} y(x) = &A \cdot \sinh \lambda x \cdot \sin \lambda x + B \cdot \sinh \lambda x \cdot \cos \lambda x \\ &+ C \cdot \cosh \lambda x \cdot \sin \lambda x + D \cdot \cosh \lambda x \cdot \cos \lambda x \end{aligned} \tag{9.1.6}$$

ここで、$\lambda^4 = k/(4EI)$。A、B、C、D は未定係数で、ピン接合部の境界条件や連続条件に応じて決まる値である。

9.1.2　ピン接合部の剛性係数

(9.1.6)式の未定係数は一部材あたり4つあるため、主材に木材、側材に鋼板を用いた接合部では4元連立方程式を、主材と側材に木材を用いた接合部では8元連立方程式を解く必要がある。

5種類のピン接合部に対する境界条件を**図 9-1-1**に示す。添え字1は主材、添え字2は側材を表す。いずれの接合部もピン端部は回転自由条件($M=0$)で、中心軸位置は回転拘束条件($\theta=0$)としている。

解法の例として木材添え板1面せん断接合部(**図 9-1-1**)を取り上げる。主材端部の境界条件は$M_1(0)=0$、$Q_1(0)=0$、側材端部の境界条件は$M_2(0)=0$、$Q_2(0)=0$、主材と側材の境界面では、$\theta_1(t_1)=\theta_2(t_2)$、$M_1(t_1)=-M_2(t_2)=M_e$、$Q_1(t_1)=Q_2(t_2)=P$となる。この条件式を(9.1.1)～(9.1.3)式および(9.1.6)式に代入する。$M_1(0)=Q_1(0)=M_2(0)=Q_2(0)=0$となることから未定係数は8つから4つになり、残りの未定係数をM_eとPで表し整理すると、この接合部の剛性係数($P/(y_1+y_2)$)が得られる。

原田や沢田は面圧応力の基準量(一様面圧応力σ_m)を用いて、木材添え板1面せん断接合部の未定係数を求めている。その解法を次に示す。まず原田や沢田の研究に従って、めりこみ剛性を$k=E_w \cdot d/\alpha$(ここで、E_wは木材のヤング係数、dはピン径、αは釘面圧係数(面圧凹み係数))と表す。未定係数を$A=E_w \cdot A'/(\alpha \cdot \sigma_m)$と書き改め、(9.1.1)～(9.1.3)式および(9.1.6)式に代入する。境界条件は上述と同様であるため、未定係数は4つになる。4つの方程式($\theta_1(t_1)=\theta_2(t_2)$、$M_1(t_1)+M_2(t_2)=0$、$Q_1(t_1)=Q_2(t_2)$、$Q_2(t_2)=t_2 \cdot d \cdot \sigma_m$)から主材および側材の未定係数が決定され、剛性係数の算定式が得られる。

本書では紙面の都合上から厳密解の記載を省略するが、木質構造設計規準・同解説(日本建築学会 2006: 222–278)には、ボルト接合部、釘接合部、ラグスクリュー接合部に対する剛性係数の算定式が示されている。ボルト接合部5タイプの剛性係数は**図 9-1-1**に示す境界条件から算出されている。弾性床上の梁理論では先孔とボルトは密着している条件となるが、実際の接合部では先孔とボルト間には多少の隙間が生じるため、剛性係数は算定値よりも小さくなる場合がある。**図 9-1-1**の鋼板添え板接合部のナット部分は回転自由条件としているが、回転を拘束した条件の算定式も示されており(小松 1992、日本建築学会

2010)、回転を拘束した場合の剛性係数は回転自由とした場合よりも最大で 2 倍大きな値を示す。

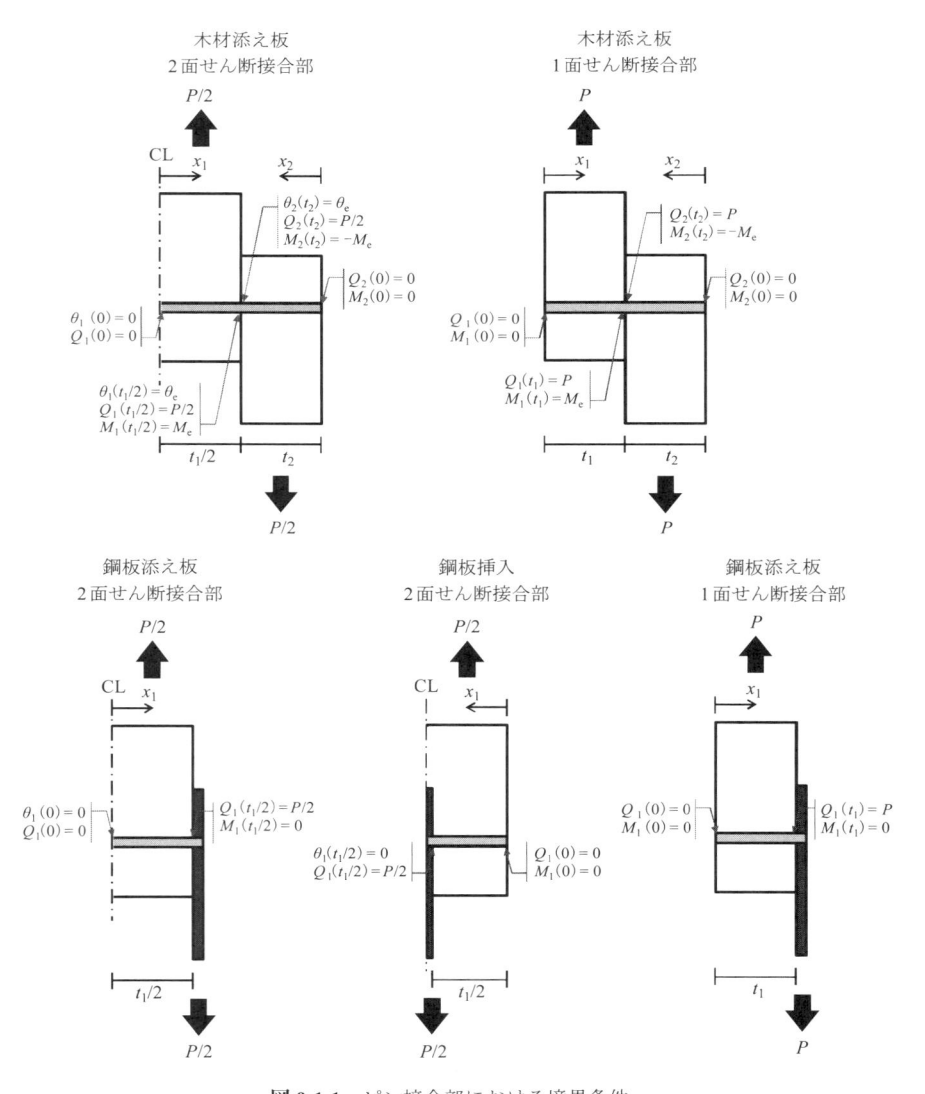

図 9-1-1 ピン接合部における境界条件
Fig. 9-1-1 Boundary conditions of dowel in dowel-type joint.

釘接合部およびラグスクリュー接合部においては、側材に鋼板を用い、鋼板厚さの影響を無視できる場合は、釘頭やナット部分を回転拘束条件としている。ただしt_1には主材厚でなく、釘またはラグスクリューの主材への打込み深さを用いる。側材に木材を用いる場合は釘頭やナット部分が回転自由条件となり、剛性係数算定式は**図 9-1-1** の木材添え板1面せん断接合部の場合と同じ式になる。弾性床上の梁理論によるピン接合部の剛性係数算定式は複雑な形となるため、より単純な形で表した近似式が提案されている。沢田は$\beta=\sin\lambda t/\sinh\lambda t$、$\gamma=\cos\lambda t/\cosh\lambda t$ と置き、$(1+\beta_1\cdot\gamma_1)\cdot(1-\beta_2^2)\cdot\coth\lambda_1 t_1 \fallingdotseq \coth\lambda_1 t_1$ のような近似を行うことで、木材添え板釘接合部の剛性係数の近似式を示している(沢田 1976、日本建築学会 2006)。野口らは、(9.1.2)式から計算される木材添え板接合部の曲げモーメントが主材と側材の境界面でほとんどゼロとなることに着目して、境界面に$M=0$ と近似した境界条件を設けて剛性係数の近似式を求めている(野口ら 2003)。蒲池らは(9.1.4)式の解を(9.1.6)式ではなく5次の多項式で近似することで、剛性係数の算定式を示している(蒲池ら 2007)。

9.2 ヨーロッパ型降伏理論

9.2.1 はじめに

釘やドリフトピン、ボルト等を用いた接合部の降伏せん断耐力を算出するための理論として、EYT(European Yield Theory:ヨーロッパ型降伏理論)があげられる。日本を含めた多くの国においてEYT式をもとにした許容せん断耐力算定式が用いられており、木質構造接合部に関する重要な理論の一つである。この理論はヨハンセンにより発表されたもので、Johansen's Yield Model と呼ばれることもある(Johansen 1949)。

図 9-2-1 のように、寸法や力学的特性の異なる材料1と材料2の2つの材料が、くぎやボルト等のダウエル型接合具(dowel-type fastener)によって接合された状態を考える。これら2つの材料に作用する外力(せん断力)が接合部の降伏耐力P_yに達したときに接合部が降伏に至るものとする。

このとき、**図 9-2-2** のように木材(または木質材料)と接合具を完全剛塑性体とみなし、材料が降伏に至るまでは変形を生じず、降伏後は完全塑性体として

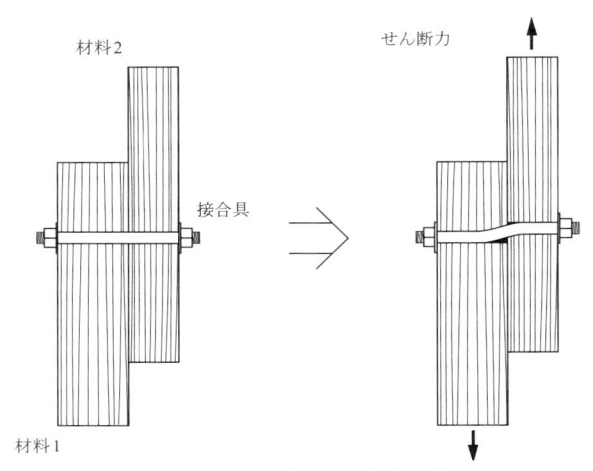

図 9-2-1 接合部とせん断力の例
Fig. 9-2-1 An example of a joint with dowel type fastener and shear force.

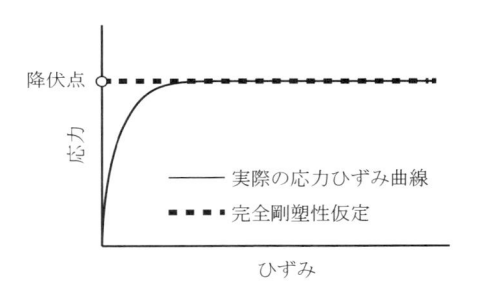

図 9-2-2 完全剛塑性仮定
Fig. 9-2-2 Assumption of rigid-plastic load-displacement behavior.

ふるまうものと考える。本項では、材料の特性値として面圧強度(embedding strength) F_e を、接合具の特性値として降伏曲げモーメント(fastener yield moment) M_y を用いる。

　EYTの基本的な考え方は以下の通り。まず、木材および接合具の降伏状態について可能な組み合わせ(降伏モード)をすべて想定し、それぞれについて力のつり合い条件のみから降伏耐力を計算する。その後、計算された値のうち最も小さいものを接合部の降伏耐力とし、該当する降伏モードをその接合部の降伏モードとする。

9.2 ヨーロッパ型降伏理論

①めり込み降伏　　　　②回転めり込み降伏　　　　③接合具の曲げ降伏

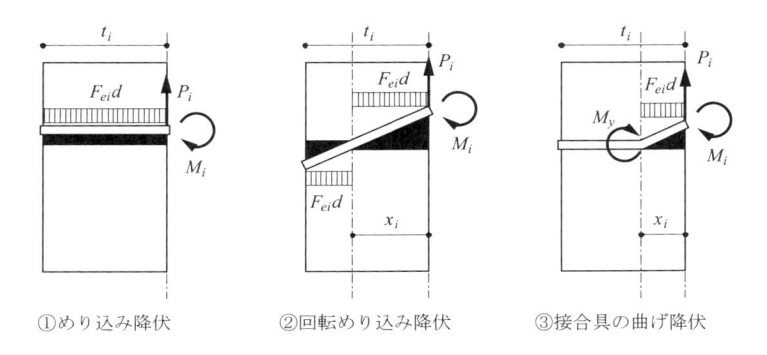

図 **9-2-3**　材料の降伏モード
Fig. 9-2-3　Failure modes in one member.

9.2.2　材料と接合具の降伏モード

接合部の降伏耐力を計算する準備として、木材と接合具の組み合わせについての関係式を誘導する。

図 9-2-3 のように、材料 i 中の接合具端部(せん断面)に荷重 P_i とモーメント M_i が作用している状態においては、3 つの降伏モードが考えられる。それぞれの降伏モードにおける鉛直方向の力のつり合い、接合具端部におけるモーメントのつり合いは以下の通り。

①めり込み降伏

$$\begin{cases} P_i = F_{ei}dt_i \\ M_i = \dfrac{1}{2}F_{ei}dt_i^2 \end{cases} \tag{9.2.1}$$

②回転めり込み降伏

$$\begin{cases} P_i = F_{ei}d(2x_i - t_i) \\ M_i = \dfrac{1}{2}F_{ei}d(2x_i^2 - t_i^2) \end{cases} \tag{9.2.2}$$

③接合具の曲げ降伏

$$\begin{cases} P_i = F_{ei}dx_i \\ M_i = \dfrac{1}{2}F_{ei}dx_i^2 - M_y \end{cases} \tag{9.2.3}$$

ここで、
- i ：材料番号
- P_i ：材料 i のせん断面におけるせん断荷重[N]
- F_{ei} ：材料の面圧強度[N/mm²]
- d ：接合具径(円形断面でない場合、支圧面の見付幅)[mm]
- t_i ：材料厚さ[mm]
- M_i ：材料 i のせん断面におけるモーメント[Nmm]
- x_i ：せん断面から回転中心・曲げ降伏点までの距離[mm]
- M_y ：接合具の降伏曲げモーメント[Nmm]

(9.2.2)式より x_i を消去すると、降伏モード②における P_i と M_i の関係式が得られる。

$$M_i = \frac{P_i^2 + 2F_{ei}dt_iP_i - (F_{ei}dt_i)^2}{4F_{ei}d} \qquad (9.2.4)$$

同様に、(9.2.3)式より x_i を消去すると、降伏モード③における P_i と M_i の関係式が得られる。

$$M_i = \frac{P_i^2 - 2F_{ei}dM_y}{2F_{ei}d} \qquad (9.2.5)$$

9.2.3 鋼板を側材とする1面せん断接合形式における降伏耐力

鋼板の厚さが十分に大きいときは、鋼板内部において接合具のめり込みおよび回転が拘束される。このとき、接合部の降伏モードは図 9-2-4 に示す3通りとなり、それぞれ図 9-2-3 の降伏モード①～③に対応する。このうち、降伏モード②および③では、せん断面で接合具が曲げ降伏しているから、せん断面におけるモーメント M_l は接合具の降伏曲げモーメント M_y と等しくなる。したがって、

・モードⅠ：めり込み降伏

(9.2.1)式で $i=1$、$P_i=P$ とすれば、

$$P = F_{e1}dt_1 \qquad (9.2.6)$$

・モードⅢ：回転めり込み降伏

(9.2.4)式で $i=1$、$P_i=P$、$M_i=M_y$ とし、P について解くことにより、

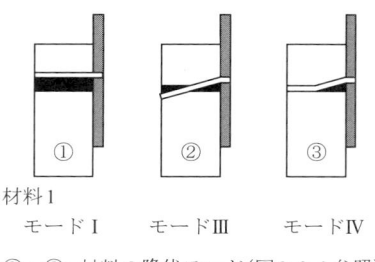

材料1
モードI　モードIII　モードIV

①〜③：材料の降伏モード（図9-2-3参照）

図 9-2-4 鋼板－木材1面せん断接合形式の降伏モード
Fig. 9-2-4 Failure modes for steel-to-timber single shear joints.

$$P = F_{e1}dt_1\left\{\sqrt{\frac{4M_y}{F_{e1}dt_1^2}+2}-1\right\} \tag{9.2.7}$$

・モードIV：接合具の曲げ降伏

(9.2.5)式で $i=1$、$P_i=P$、$M_i=M_y$ とし、Pについて解くことにより、

$$P = 2\sqrt{F_{e1}dM_y} \tag{9.2.8}$$

接合部の降伏耐力 P_y は、3つの降伏モードにおける耐力のうち最小値となるから、(9.2.6)、(9.2.7)、(9.2.8)式をまとめると次式のようになる。

$$P_y = \min\begin{cases} F_{e1}dt_1 & \text{(I)} \\ F_{e1}dt_1\left\{\sqrt{\frac{4M_y}{F_{e1}dt_1^2}+2}-1\right\} & \text{(III)} \\ 2\sqrt{F_{e1}dM_y} & \text{(IV)} \end{cases} \tag{9.2.9}$$

9.2.4　木材－木材の1面せん断接合形式における降伏耐力

木材－木材の1面せん断接合（single shear）形式で考えうる可能な降伏モードは、**図 9-2-5** に示す6通りとなる。それぞれの降伏モードについて、材料1および材料2のいずれか一方に着目すると、**図 9-2-3** で示した3つの降伏モードの組み合わせであることが分かる。

・モードIa：材料1は降伏せず、材料2は降伏モード①

(9.2.1)式で $i=2$ とすれば次式を得る。

$$P = F_{e2}dt_2 \tag{9.2.10}$$

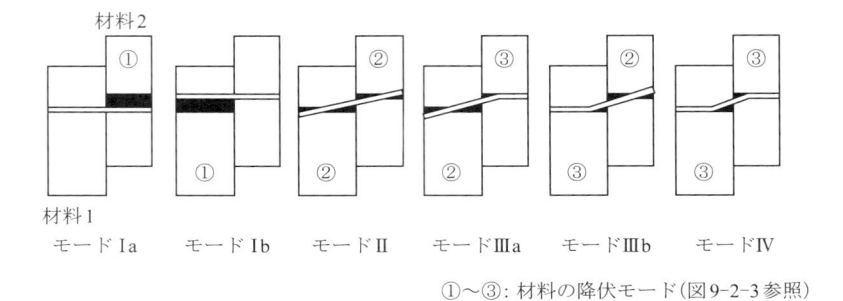

図 9-2-5 木材-木材 1 面せん断接合形式の降伏モード
Fig. 9-2-5 Failure modes for timber-to-timber single shear joints.

- モード Ib：材料 1 は降伏モード①、材料 2 は降伏せず

  (9.2.1)式で $i=1$ とすれば次式を得る。

  $$P = F_{e1}dt_1 \tag{9.2.11}$$

- モード II：材料 1、材料 2 ともに降伏モード②

  材料 1 と 2 のせん断面においては、両側のモーメントがつり合っている。すなわち、

  $$M_1 + M_2 = 0 \tag{9.2.12}$$

である。したがって、(9.2.4)式において $i=1$、$i=2$ としたものを(9.2.12)式に代入し、$P_1=P_2=P$ とすれば次式を得る。

$$\frac{P^2 + 2F_{e1}dt_1 P - (F_{e1}dt_1)^2}{4F_{e1}d} + \frac{P^2 + 2F_{e2}dt_2 P - (F_{e2}dt_2)^2}{4F_{e2}d} = 0 \tag{9.2.13}$$

材料厚さの比 $\alpha = t_2/t_1$、面圧強度の比 $\beta = F_{e2}/F_{e1}$ を代入して整理すると、

$$(1+\beta)P^2 + 2\beta F_{e1}dt_1(1+\alpha)P - \beta(1+\alpha^2\beta)(F_{e1}dt_1)^2 = 0 \tag{9.2.14}$$

これを P について解くと、$P>0$ の条件より次式が得られる。

$$P = \frac{F_{e1}dt_1}{1+\beta}\left\{\sqrt{\beta + 2\beta^2(1+\alpha+\alpha^2) + \alpha^2\beta^3} - \beta(1+\alpha)\right\} \tag{9.2.15}$$

- モード IIIa：材料 1 は降伏モード②、材料 2 は降伏モード③

  計算の手順はモード II の場合と同じである。(9.2.4)式に $i=1$ を、(9.2.5)式に

$i=2$ を代入し、$P_1=P_2=P$ とすれば次式を得る。

$$\frac{P^2 + 2F_{e1}dt_1P - (F_{e1}dt_1)^2}{4F_{e1}d} + \frac{P^2 - 2F_{e2}dM_y}{2F_{e2}d} = 0 \quad (9.2.16)$$

α、β を用いて整理し P について解くと、

$$P = \frac{F_{e1}dt_1}{2+\beta}\left\{\sqrt{\frac{4\beta M_y(2+\beta)}{F_{e1}dt_1^2} + 2\beta(1+\beta)} - \beta\right\} \quad (9.2.17)$$

・モード IIIb：材料 1 は降伏モード③、材料 2 は降伏モード②

(9.2.5)式に $i=1$ を、(9.2.4)式に $i=2$ を代入し、$P_1=P_2=P$ とすれば次式を得る。

$$\frac{P^2 - 2F_{e1}dM_y}{2F_{e1}d} + \frac{P^2 + 2F_{e2}dt_2P - (F_{e2}dt_2)^2}{4F_{e2}d} = 0 \quad (9.2.18)$$

α、β を用いて整理し P について解くと、

$$P = \frac{F_{e1}dt_1}{1+2\beta}\left\{\sqrt{\frac{4\beta M_y(1+2\beta)}{F_{e1}dt_1^2} + 2\alpha^2\beta^2(1+\beta)} - \alpha\beta\right\} \quad (9.2.19)$$

・モード IV：材料 1、材料 2 ともに降伏モード③

(9.2.5)式に $i=1$ および $i=2$ を代入し、$P_1=P_2=P$ とすれば次式を得る。

$$\frac{P^2 - 2F_{e1}dM_y}{2F_{e1}d} + \frac{P^2 - 2F_{e2}dM_y}{2F_{e2}d} = 0 \quad (9.2.20)$$

β を用いて整理し P について解くと、

$$P = \frac{F_{e1}dt_1}{1+\beta}\sqrt{\frac{4\beta M_y(1+\beta)}{F_{e1}dt_1^2}} \quad (9.2.21)$$

接合部の降伏耐力 P_y は、6 つの降伏モードにおける耐力のうち最小値となるから、(9.2.10)、(9.2.11)、(9.2.15)、(9.2.17)、(9.2.19)、(9.2.21)式をまとめると次式のようになる。

$$P_y = \min \begin{cases} F_{e2}dt_2 & \text{(Ia)} \\ F_{e1}dt_1 & \text{(Ib)} \\ \dfrac{F_{e1}dt_1}{1+\beta}\left\{\sqrt{\beta+2\beta^2\left(1+\alpha+\alpha^2\right)+\alpha^2\beta^3}-\beta(1+\alpha)\right\} & \text{(II)} \\ \dfrac{F_{e1}dt_1}{2+\beta}\left\{\sqrt{\dfrac{4\beta M_y(2+\beta)}{F_{e1}dt_1^2}+2\beta(1+\beta)}-\beta\right\} & \text{(IIIa)} \\ \dfrac{F_{e1}dt_1}{1+2\beta}\left\{\sqrt{\dfrac{4\beta M_y(1+2\beta)}{F_{e1}dt_1^2}+2\alpha^2\beta^2(1+\beta)}-\alpha\beta\right\} & \text{(IIIb)} \\ \dfrac{F_{e1}dt_1}{1+\beta}\sqrt{\dfrac{4\beta M_y(1+\beta)}{F_{e1}dt_1^2}} & \text{(IV)} \end{cases} \quad (9.2.22)$$

9.2.5　2面せん断接合形式

2面せん断接合形式については、対称軸などで分割することにより1面せん断接合形式と同様に扱うことができる。このとき、対称軸では接合具の回転が拘束されることにより、取りうる降伏モードが変化することに留意する。降伏

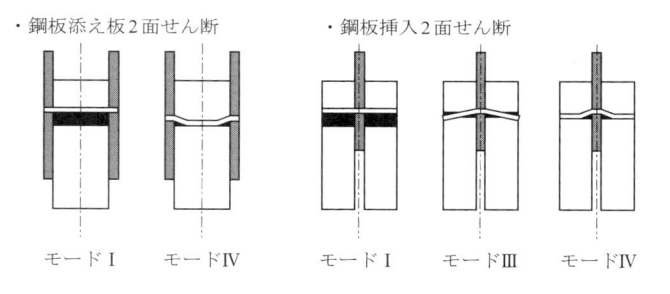

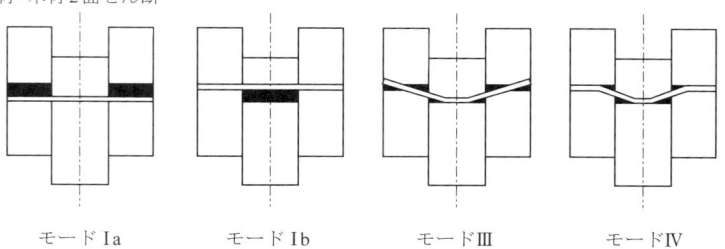

図 9-2-6　各種2面せん断接合形式の降伏モード
Fig. 9-2-6　Failure modes for timber-to-timber and steel-to-timber double shear joints.

モードの一覧を**図 9-2-6** に示す。

9.3 貫構造のめり込み

神社・仏閣、古民家、町家などの伝統木造建築物の仕口(接合部)詳細は多種にわたるが、めり込み抵抗のメカニズムを考えるうえで、最も基本的な仕口である十字型通し貫を取り上げる。地震時に水平力が作用して、柱が傾斜すると**図 9-3-1** に示すように3角形状に柱が貫に回転しつつめり込み、接合部の復元力特性(モーメントと回転角の関係)は一般に**図 9-3-2** に示すような形を示す。

この貫の回転めり込みによる復元力特性を評価する上で、等変位めり込みが基本となるので 2.3.3 で紹介しためり込みのメカニズムを参照しつつ、いくつかの重要なポイントに焦点をあてる。その際、既往の体系的な提案式として、稲山の提案式(稲山 1991,1993)と棚橋らよる EPM(弾塑性パステルナーク・モデル)式(棚橋ら 2011a,b)を取り上げ、等変位めり込みと回転めり込みに分けて共通点と差異を整理する。

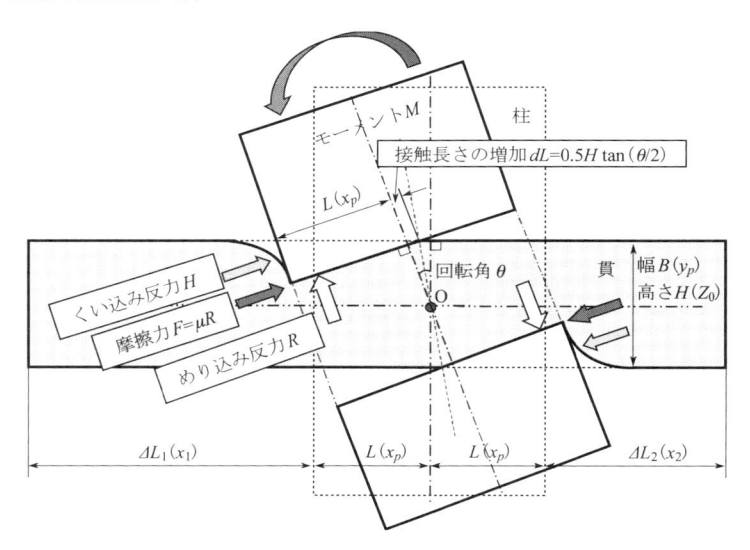

図 9-3-1 通し貫接合部の回転めり込み
Fig. 9-3-1 Rotation of Nuki joint by partial compression.

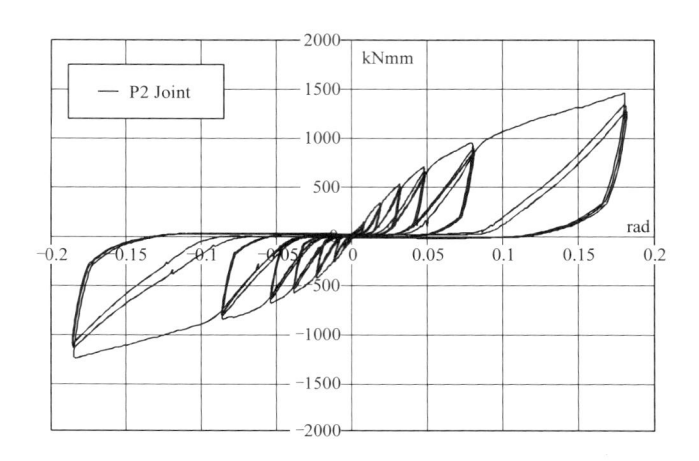

図 9-3-2 通し貫接合部の復元力特性
Fig. 9-3-2 Restoring force characteristics of *Nuki* joint.

9.3.1 等変位(均等)めり込み

表 9-3-1 に等変位めり込みの定式化の比較を示す。両式はパラメータ・記号が異なるができるだけ元式を示すととともに、両者の関連がわかるように対応関係を示した。

① めり込み接触部以外の縁端部(余長部)の表面のめり込み変位をどう仮定するかにより、めり込み剛性・強度の評価が決まる。

その関連の既往研究では、国内外に多くの提案があり、棚橋ら(2008)による簡潔な紹介がある。そのなかで稲山式、EPM 式はいずれもめり込み変位を指数関数で近似する提案であるが、稲山式は実験結果に基づく実験式であるのに対し、EPM 式は弾性連続体上の剛な載荷の荷重・変位関係をパステルナーク・モデル(**図 2-3-5** 参照)を用いて導入した理論式である。

② めり込み変位の指数関数の収束の程度を表すパラメータをどう決めるか。

同じ指数関数の仮定によるとしても、収束の程度を表すパラメータをどう決めるかの違いによりめり込み反力の算定に差異が生ずる。EPM 式では収束の程度を表すパラメータを特性値 γ (または無次元特性値 γH) と定義し、めり込む部材の年輪方向と剛性、均等めり込みと回転めり込みで違いがありうるとして、

9.3 貫構造のめり込み

表 9-3-1 等変位（均等）めり込みの定式化の比較表
Table 9-3-1 Comparison of formulation for partial compression.

	稲山式	EPM式	パラメータの対応
等変位めり込み荷重-変位関係（弾性段階）	$P = \dfrac{x_p y_p C_x C_y E_\perp}{Z_0}\delta$	$\sigma = E_\perp \zeta_p$ または $P = \dfrac{2LBE_\perp}{H}W_1\zeta_p$	$x_p \Leftrightarrow 2L$ $y_p \Leftrightarrow B$ $Z_0 \Leftrightarrow H$ $\delta \Leftrightarrow W_1$
増大係数または剛性増大率	$C_x = 1 + \dfrac{2Z_0}{3x_p}\left(2 - e^{-\frac{3x_1}{2Z_0}} - e^{-\frac{3x_2}{2Z_0}}\right)$ $C_{xm} = 1 + \dfrac{4Z_0}{3x_p}$ $C_y = 1 + \dfrac{2Z_0}{3nx_p}\left(2 - e^{-\frac{3ny_1}{2Z_0}} - e^{-\frac{3ny_2}{2Z_0}}\right)$ $C_{ym} = 1 + \dfrac{4Z_0}{3nx_p}$ n：繊維方向に対する繊維直角方向の置換係数	$\zeta_p = 1 + \dfrac{1 - e^{-\gamma\Delta L}}{\gamma L}$ $\gamma H \cong \begin{cases} 0.003E_\perp + 1.04：繊維方向 \\ 13.5 \quad：繊維直角方向 \end{cases}$	$C_x, C_y \Leftrightarrow \zeta_p$ $\dfrac{Z_0}{x_p} \Leftrightarrow \dfrac{H}{2L}$ $x_1, x_2 \Leftrightarrow \Delta L_1, \Delta L_2$ $\dfrac{3}{2} \Leftrightarrow \gamma H = \gamma L \dfrac{H}{L}$
縁端部（余長部）弾性めり込み表面変位	$W = \delta e^{-\frac{3x}{2Z_0}}$ δ：等変位めり込み変位	$W = W_1 e^{-\gamma x} = W_1 e^{-\gamma H \frac{x}{H}}$ W_1：均等めり込み変位	$\dfrac{3}{2} \Leftrightarrow \gamma H$
横圧縮ヤング係数	$E_\perp = E_\parallel / 50$	$E_\perp$：横圧縮試験によることを基本とする	
降伏変位または降伏ひずみ	降伏変位 $\delta_y = \dfrac{Z_0 F_m}{E_\perp \sqrt{C_x C_y C_{xm} C_{ym}}}$ F_m：縁端距離を無限大としたときの降伏応力度	降伏ひずみ ${}_P\varepsilon_y = \dfrac{{}_F\varepsilon_y}{\eta}$ η：ひずみ形状関数 $\phi_S = \eta e^{-\eta \frac{z}{H}}$ のパラメータで1.1～1.3程度	$F_m \Leftrightarrow {}_P\sigma_y = {}_P\varepsilon_y E_\perp$
等変位めり込みの塑性剛性	2次剛性 ≅ 弾性剛性/6～8	$\varepsilon_p = \dfrac{\sigma_1}{E_\perp \zeta_p(\varepsilon_1)} = \dfrac{\sigma_1}{E_\perp \zeta_p}(1 + mh_y)$ $m = C\left(1 - \dfrac{1}{\kappa}\right)$：平均ひずみ増大率 C：塑性ひずみ倍率, 29～46程度 　　　（繊維直角方向は100以上） $h_y = \dfrac{1}{\eta}\ln\kappa$：降伏深さ比, $\kappa = \dfrac{\varepsilon\eta}{{}_F\varepsilon_y}$：降伏比	

主に横圧縮ヤング係数に依存する変数としているのに対し、稲山式は 1.5 の固定値、北守ら(2009)はカラマツ集成材で 2.5 としている。
③ めり込み特性は横圧縮が基本になるため、材料定数として横圧縮ヤング係数と降伏ひずみ(または降伏応力度)をどのように設定するか。

この関連で、木材の横圧縮ヤング係数は日本建築学会木質構造設計規準(2006)では縦ヤング係数の 1/25 と規定されているが、これがめり込み算定に適切かどうかの問題と関連する。

もともと圧縮試験では中間部の変位またはひずみゲージによる結果を用いてヤング係数を求めることが原則となっているが、めり込み変位そのものは接触端面の変位を含むもので、全面圧縮と部分圧縮とを統一的に扱うには、クロスヘッド間のひずみによる見かけの横圧縮ヤング係数を用いるのが適切と考えられる。実際に横圧縮試験結果では、ひずみゲージによる横圧縮ヤング係数はクロスヘッドによる結果の 1.2〜1.4 倍近く大きくなり、めり込み解析に用いるには、縦ヤング係数の 1/25 では実情と大きく異なるという、めり込み問題の特殊性がある。

稲山式では、年輪傾角による影響も考慮して控えめの数値として縦ヤング係数の 1/50 としている。EPM 式では樹種・年輪傾角に大きく依存するとして、原則として横圧縮試験に基づくとしている。

降伏点の設定も弾塑性特性の評価に重要である。稲山式はめり込みの降伏変位を降伏時のひずみエネルギー一定との仮定に基づいて、縁端距離を無限大としためり込み降伏応力度で評価することとしているが、EPM 式では全面圧縮試験結果を完全弾塑性とみなした折れ点を降伏ひずみ $_F\varepsilon_y$ (応力度 $_F\sigma_y$) としたうえで、2.3.3 で紹介しためり込み試験法により、めり込みに対する全面圧縮の降伏ひずみの比を η で評価し 1.1〜1.3 としている。
④ 降伏のメカニズムと塑性剛性をどのように評価するか。

稲山式では、塑性剛性に関する提案はないが、実験結果より弾性剛性の 1/6 〜 1/8 程度としている。

EPM 式ではひずみプロファイルをパラメータ η をもつひずみの形状関数 ϕ_s で近似化することで、図 9-3-3 に示す降伏メカニズムに基づき接触面から降伏が始まると考え、その降伏深さ比 h_y と平均ひずみ増大率 m(塑性ひずみ倍率 C

9.3 貫構造のめり込み

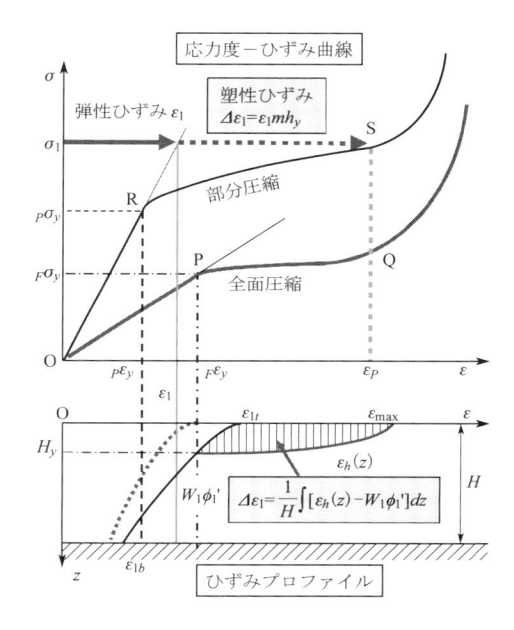

図 9-3-3 めり込みの降伏メカニズム
Fig. 9-3-3 Yield mechanism of partial compression.

を含む)により塑性ひずみ $\Delta\varepsilon_1$ を算定して塑性化の進行を表現する。この手法によりパラメータを適切に設定すれば、**図 2-3-8** に示すようにひずみ 0.2 までの復元力特性の包絡線を精度よくシミュレーションできる。

9.3.2 回転めり込み

同様に、回転めり込みについての定式化の比較表を**表 9-3-2** に示す。横圧縮ヤング係数やめり込み変位は均等めり込みと共通なので省いている。
① 回転めり込みの回転中心と接触長さをどのように仮定するか。

均等(等変位)めり込みでは問題にならなかった回転中心と接触長さ、めり込み変位の仮定でも若干の相違がある。稲山式では回転角の変化に関わらず接触長さは一定であるが、EPM では、**図 9-3-1** のように貫の中心 O を回転中心として、回転とともに接触長さの dL 増加と貫のめり込み側面に作用するくい込み反力 H を考慮して、より実情に近い評価をしている。微小変形では差異は小さいが、大変形となると抵抗が増大し続ける効果も評価できるとしている。

表 **9-3-2** 回転めり込みの定式化の比較表
Table 9-3-2 Comparison of formulation for rotational embedment.

	稲山式	EPM式	パラメータの対応
回転めり込み荷重－変位関係（弾性段階）	$M = x_p^2 y_p E_\perp \left\{ \dfrac{x_p}{Z_0}\left(C_{xm} - \dfrac{1}{3}\right) + 0.5\mu C_{xm} \right\} \theta$	$M = (K_{R0}\zeta_R + \mu K_{F0}\zeta_F)\theta$ $K_{R0} = \dfrac{2L_\theta^3 BE_\perp}{3H}$, $K_{F0} = \dfrac{L_\theta^2 BE_\perp}{2}$：回転基本剛性 $L_\theta = L + dL$, $dL = 0.5H \tan(\theta/2)$	$x_p \Leftrightarrow L$ $y_p \Leftrightarrow B$ $Z_0 \Leftrightarrow H$ $\delta \Leftrightarrow W_1$ μ：摩擦係数
回転めり込み剛性	$K_\theta = x_p^2 y_p E_\perp \left\{ \dfrac{x_p}{Z_0}\left(C_{xm} - \dfrac{1}{3}\right) + 0.5\mu C_{xm} \right\}$ $= \dfrac{2x_p^3 y_p E_\perp}{3Z_0}\left(1 + \dfrac{2Z_0}{x_p}\right)$ $+ \mu \dfrac{x_p^2 y_p E_\perp}{2}\left(1 + \dfrac{4Z_0}{3x_p}\right)$	$K_\theta = K_{R0}\zeta_R + \mu K_{F0}\zeta_F$ $= \dfrac{2L_\theta^3 BE_\perp}{3H}\zeta_R + \mu \dfrac{L_\theta^2 BE_\perp}{2}\zeta_F$	$\dfrac{3}{2}\left(C_{xm} - \dfrac{1}{3}\right) \Leftrightarrow \zeta_R$ $C_{xm} \quad\quad \Leftrightarrow \zeta_F$
回転めり込みの増大係数または剛性増大率	$\dfrac{3}{2}\left(C_{xm} - \dfrac{1}{3}\right) = 1 + \dfrac{2Z_0}{x_p}$：回転めり込み用 $C_{xm} = 1 + \dfrac{4Z_0}{3x_p}$：摩擦用 $C_{ym} = 1 + \dfrac{4Z_0}{3nx_p}$：繊維直角方向用 n：繊維方向に対する繊維直角方向の置換係数	$\zeta_R = 1 + \dfrac{3}{\gamma L_\theta}\left(1 + \dfrac{1}{\gamma L_\theta}\right)$ $\zeta_F = 1 + \dfrac{2}{\gamma L_\theta}$ $\gamma H \cong \begin{cases} 0.003E_\perp + 2.4: 繊維方向 \\ 13.5 ：繊維直角方向 \end{cases}$	$\dfrac{3}{2}\left(C_{xm} - \dfrac{1}{3}\right) \Leftrightarrow \zeta_R$ $C_{ym} \Leftrightarrow \zeta_F$ $C_{xm} \Leftrightarrow \zeta_F$ $\dfrac{3}{2} \Leftrightarrow \gamma H = \gamma L \dfrac{H}{L}$
降伏回転角または降伏モーメント	$M_y = \dfrac{K_\theta Z_0 F_m}{x_p E_\perp C_{xm}\sqrt{C_{ym}}}$ F_m：縁端距離を無限大としたときの降伏応力度	降伏回転角 $\theta_y = {}_p\varepsilon_y L_\theta = \dfrac{F\varepsilon_y L_\theta}{\eta}$ η：ひずみ形状関数 $\phi_S = \eta e^{-\frac{z}{H}}$ のパラメータで1.3〜3.4平均2.4程度	$F_m \Leftrightarrow {}_p\sigma_y = {}_p\varepsilon_y E_\perp$
回転めり込みの塑性剛性	2次剛性 ≅ 弾性剛性/6〜8	$\theta_p = \dfrac{M}{K_{R0}\zeta_R + \mu K_{F0}\zeta_F}(1 + mh_y)$ $m = C\left(1 - \dfrac{1}{\kappa}\right)$：平均ひずみ増大率 C：塑性ひずみ倍率15程度 $h_y = \dfrac{1}{\eta}\ln\kappa$：降伏深さ比 $\kappa = \dfrac{\theta\eta}{\theta_y} = \dfrac{\varepsilon\eta}{{}_F\varepsilon_y}$：降伏比	

② 回転めり込みの反力のうち、縁端部の反力をモーメントに算定する際に、その作用点をどこに置くか。

この点では、日本建築学会木質構造基礎理論(2010)によれば、稲山式では、三角めり込みのエッジとしているが、EPM式では実際の重心はその外部 $1/\gamma$ の距離にあるとして算定しており(**図 2-3-5** 参照)、$1/(\gamma L)$ の 2 次の項の有無が回転めり込みの剛性増大率の違いとなっている。

③ 降伏のメカニズムと塑性剛性をどのように評価するか。

稲山式では等変位めり込みと同じ扱いである。EPM式では、均等めり込みの塑性化のメカニズムを回転めり込みに拡張して定式化を行うが、三角形にめり込むことによりエッジ付近のひずみ集中が激しくなることを反映して、η は平均 2.4 程度で、均等めり込みより大きくなる。C は 15 程度で均等めり込みより小さくなる傾向がある。

④ 摩擦による抵抗と摩擦係数をどう見込むか。

EPM式では、回転めり込みの摩擦抵抗は、側面の水平方向のくい込み要素を含めて 0.5～0.6 としているが、稲山式では、くい込み効果が期待できる場合は 0.6～0.8、できない場合は 0.3～0.5、摩擦を期待できない場合は算入しないこととしている。

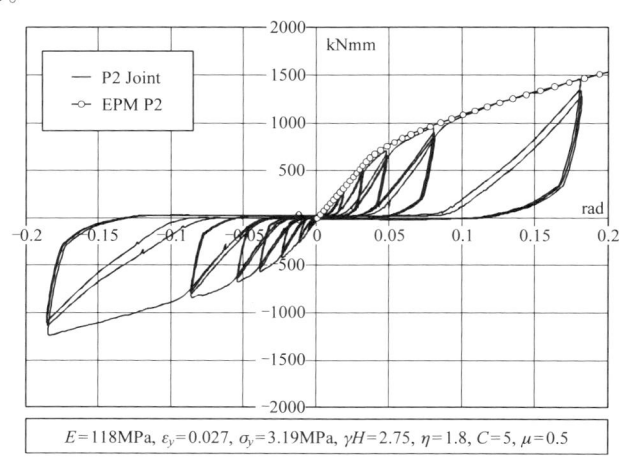

$E=118\mathrm{MPa}$, $\varepsilon_y=0.027$, $\sigma_y=3.19\mathrm{MPa}$, $\gamma H=2.75$, $\eta=1.8$, $C=5$, $\mu=0.5$

図 9-3-4 通し貫のシミュレーション例
Fig. 9-3-4 Example of simulation for *Nuki* joint.

参考に EPM 式を用いて**図 9-3-2** の実験結果をシミュレートした結果を**図 9-3-4** に示す。パラメータ(図中に示す)を適切に設定すれば 0.2rad までの包絡線をシミュレートできる。

このように、稲山式と EPM 式にはいくつかの共通点と相違点があり、現段階のめり込み挙動のメカニズムと定式化を整理したが、より複雑な仕口の評価、繰り返しに伴う剛性・耐力の低下の評価など、多くの未解明の課題があり、今後一層の研究の進展が期待される。

●文　献

Johansen, K.W. (1949) *Theory of timber connections*. International Assoc. of Bridge and Structural Engineering Publication 9 : 249–262. (9.2)

Kuenzi, E.W. (1955) Theoritical design of a nailed or bolted joint under lateral load. Report D1951, F.P.L., Madison. (9.1)

稲山正弘 (1991) 木材のめり込み理論とその応用．東京大学学位論文. (9.3)

稲山正弘 (1993) 木材のめり込みに関する研究 その 4 等変位めりこみの弾性剛性の計算式の検討．日本建築学会大会学術講演梗概集，pp. 907–908. (9.3)

蒲池　健，安藤直人，稲山正弘，村上雅英 (2007) 2 面せん断木—木ボルト接合部における荷重—すべり特性の新評価法．日本建築学会構造系論文集 (667)：1675–1684. (9.1)

北守顕久，森　拓郎，片岡靖夫，小松幸平 (2009) 木材の部分横圧縮における余長効果の影響，支持条件における違いの検討．日本建築学会構造系論文集 (642)：1477–1485. (9.3)

小松幸平 (1992) 集成材骨組み構造における接合の研究．木材学会誌 **38**(11)：975–984. (9.1)

沢田　稔 (1976) 2 層釘着梁の曲げ剛性と強度．北大農演研報告 **33**(1)：139–166. (9.1)

棚橋秀光，清水秀丸，堀江秀夫，楊　萍，鈴木　祥 (2008) パステルナーク・モデルに基く有限長直交異方性木材の弾性めり込み変位．日本建築学会構造系論文集 (625)：417–424. (9.3)

棚橋秀光，大岡　優，伊津野和行，鈴木祥之 (2011) 木材のめり込み降伏メカニズムと均等めり込み弾塑性変位の定式化．日本建築学会構造系論文集 (662)：811–819. (9.3)

棚橋秀光，鈴木祥之 (2011) 伝統木造仕口の回転めり込み弾塑性特性と十字型通し貫仕口の定式化．日本建築学会構造系論文集 (667)：1675–1684. (9.3)

日本建築学会 (2006) 木質構造設計規準・同解説—許容応力度・許容耐力設計法—．丸善.

(9.1)(9.3)

日本建築学会 (2010) 木質構造基礎理論. 丸善. (9.1)(9.3)

日本木材学会 木材強度・木質構造研究会 (1994) 木質構造研究の現状と今後の課題 Part-Ⅱ. pp. 72–76. (9.1)

野口昌宏,小松幸平 (2003) 木－木ボルト接合部における剛性・耐力評価法の新提案と実験による検証. 木材学会誌 **49**(2): 92–103. (9.1)

原田正道 (1951) 木船の縦強度. 東京大学生産技術研究所報告 **2**(3): 76–113. (9.1)

コラム9：航空機と木材——その3

航空朝日（昭和19年第2号）特集：航空機と木材

「敵は木材を使ってゐる」

太平洋戦争も2年を経過すると、金属材料が不足しているのは日本だけではなく世界的な傾向のようで、アメリカでの状況の報告がみられる。

『敵アメリカは開戦前から木材の新しい研究に若干の関心を見せていたが、最近の報道によるとこの傾向は益々著しくなっているようである。』

アメリカでも乱伐による山林の荒廃や労働力不足で木材生産量を増加できないと報告されている。また研究施設として、ウイスコンシン州マディソンにある林産研究所を紹介し、最近各大学や木材会社、製紙会社等に続々と新設されつつある木材研究室の業績も決して追随できないほど権威のあるものだと説明している。いくつかの研究を述べたうえで、「大したこともない」と評している。**図1**の木材継手の実験を紹介し、日本ではもっと進んだ便利なものが考案されていると述べている。

合板の使用例として「新しい工法

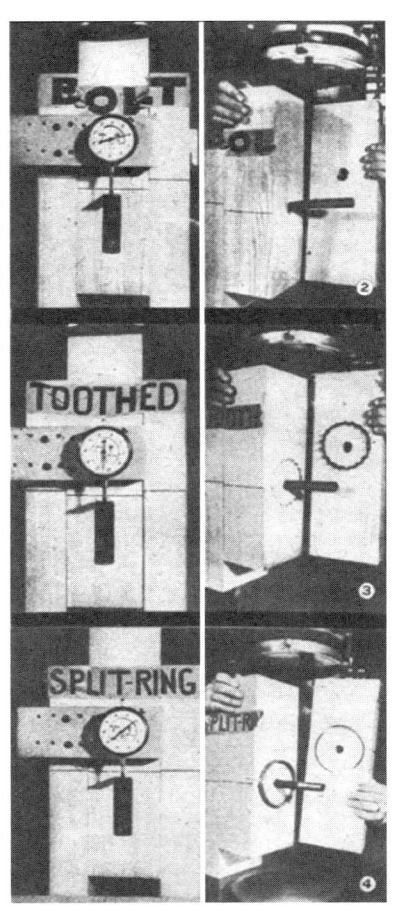

図1 木材継手の強度試験②接合部にボルトを使った場合③歯のついた輪型ジベルの併用④単なる輪型ジベルの併用

の木橋」「木製の水難救助タンク」「木製穀物倉庫」などが紹介されている(**図2**)。さらに、モールド製法によるモノコック構造の飛行機胴体の製作工程が紹介されているのは興味深い(**図3**)。

― 村田功二 ―

図2 ①新構造法の木橋のアーチ②水難救助用の木製タンク③木製の穀物倉庫(木の箍を積み重ねて桶にしている)

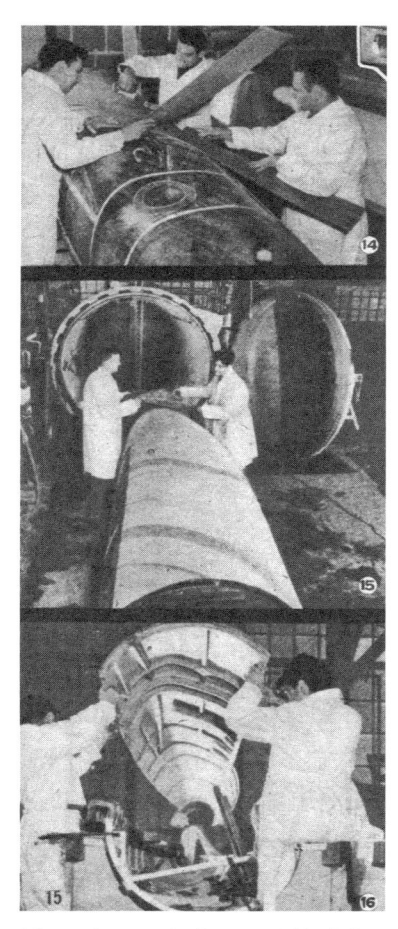

図3 ヴイアイダル法による木製飛行機胴体制作の順序⑭木型に助材はめ込み、上から薄板を張り込む⑮真空の袋を被せて、蒸気窯で蒸して接着する⑯接着完了後にもう一方と合わせて胴体を組み立てる

第 10 章　接着接合を用いた複合材の強度理論

　接着接合を用いた複合材は枚挙にいとまがない。しかし、それらの強度を理論的に論じたものはそれほど多くない。基本的には、剛性は、接着接合により部材同士は強固に接合されているという仮定に基づいて設計されているが、接着接合は脆性的な破壊が多く、理論的な解析が難しいという点があげられる。本章では、代表的なI-beam (I型梁) とGlued-In Rodについて理論解析を紹介する。

10.1　I-beam

10.1.1　I-beam の概要と特徴

　I-beam は、上下弦材 (フランジ) と腹部面材 (ウェブ) をI字形に組み立てた木質構造材料である (図 10-1-1)。フランジが曲げ性能、ウェブがせん断性能を分担するように力学的役割が明確かつ合理的であり、各部の材料強度に応じた断面設計により、所定性能の横架材を少ない材積で効率的に製造することができる。同程度の曲げ性能を有する矩形断面の製材等と比べて軽量で、ウェブ面材の特性により梁せい方向の寸法変化が小さいといった利点があり、主に木造住宅の床根太や屋根垂木として利用されている (図 10-1-2)。近年の断熱性や気密性の高い木造住宅では、含水率の高い材料を床組に用いると、床面の不陸や建具開閉の不具合などが生じるおそれがあるため、とりわけ床根太に梁せいの大きな製材を多用する枠組壁工法においてI-beam の利用が進んでいる。

　I-beam を構成する材料のうち、曲げ性能を担うフランジ材としては、強度のばらつきが少ない材料が有用であり、節などの欠点が除去・分散された単板積層材やたて継ぎ製材が用いられる。せん断性能を担うウェブ材料としては、せん断弾性係数とせん断強度が高い面材料が有用であり、構造用合板や構造用ボードが用いられる。フランジとウェブの接合部は、両者を一体化して高い曲げ性能とせん断性能を得る

図 10-1-1 I-beam の一例
Fig. 10-1-1 An example of wooden I-beams.

図 10-1-2 木造住宅での利用例
Fig. 10-1-2 An example of use in wooden House.

ために重要な要素であり、とりわけ剛性を確保するために接着接合がよく用いられる。それらの接合方法には、圧縮工程を短縮するためにウェブ端部をくさび状に切削してフランジの溝にかん合させる方法が一般的である。また、ウェブ間の継ぎ手は、せん断耐力の弱点となるために強固な接合が求められ、ウェブ端部をさね加工あるいは波形加工しながら接着接合される。

10.1.2　I-beam の応力計算法

I-beam の各部に生じる応力のうち、フランジの曲げ応力とウェブのせん断応力について、上下フランジの材質が均一で断面形状が対称であると仮定すれば**図 10-1-3** のように分布する。なお、せん断応力度分布については、フランジとウェブ接合面でせん断応力が不連続的に変化するのは、応力の連続性に反するという矛盾が指摘されている。このような矛盾は長方形断面では起きないが、比較的厚さの薄い H 形および I 形断面で生じるせん断応力の不連続性については、せん断流理論によって解決されている。すなわち、横断面において、せん断応力はフランジの左右から水のように流れて接合部でウェブに合流すると考えられ、フランジのせん断応力と厚さ t を乗じた総和がウェブのせん断応力と幅 b を乗じた値に等しくなると解釈されている(桑村 2001)。

まず、最外縁に生じる最大曲げ応力については、等価断面法によりフランジとウェブの材質を考慮した次式で表される(Forest Products Laboratory 1999)。

$$\sigma_{\text{f-max}} = \frac{M \times y \times E_f}{E_f I_f + E_w I_w} \qquad (10.1.1)$$

ここで、$\sigma_{\text{f-max}}$ はフランジの最外縁に生じる最大曲げ応力、M は梁に加わる曲げモーメント、y は中立軸から最外縁までの距離、E_f はフランジの曲げヤング係数、E_w はウェブの曲げヤング係数、I_f は中立軸に関するフランジの断面二次モーメント、I_w は中立軸に関するウェブの断面二次モーメントを示す。

次に、ウェブの中立軸付近に生じる最大せん断応力については次式で示される（Forest Products Laboratory 1999）。

$$\tau_{\text{w-max}} = \frac{Q \times (E_f S_f + E_w S_w)}{b \times (E_f I_f + E_w I_w)} \qquad (10.1.2)$$

ここで、$t_{\text{w-max}}$ はウェブに生じる最大せん断応力、Q は梁に加わるせん断力、b はウェブ幅、S_f は片側のフランジの中立軸に関する断面一次モーメント、S_w は中立軸から外側にあるウェブの中立軸に関する断面一次モーメントを示す。

【曲げ応力度分布　Bending stress distribution】

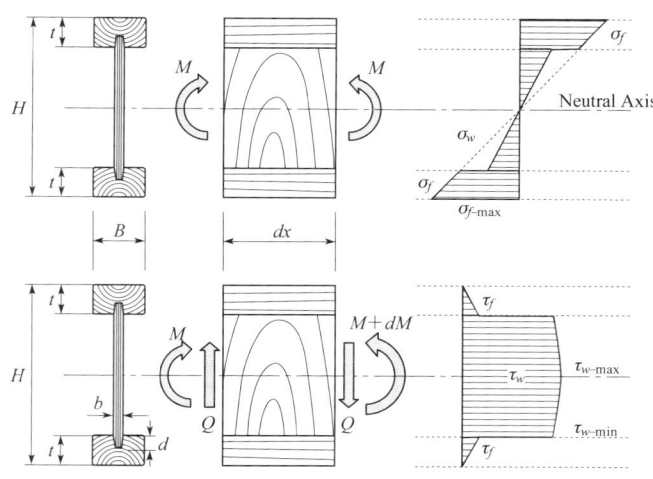

【せん断応力度分布　Shear stress distribution】

図 10-1-3　I-beam 断面の応力度分布
Fig. 10-1-3　Stress distributions in the cross-section of I-beam.

10.1 I-beam

次に、フランジとウェブの接着接合部に生じるせん断応力については、今回のような溝形式の場合、ウェブに生じる最小せん断応力 ($t_\text{w-min}$) が 2 面の接着層で負担されるものとすれば、次式で表わされる (海老原 1982)。

$$\tau_\text{j} = \frac{Q \times E_\text{f} S_\text{f}}{2d \times \left(E_\text{f} I_\text{f} + E_\text{w} I_\text{w}\right)} \tag{10.1.3}$$

ここで、$t_\text{w-min}$ はウェブに生じる最小せん断応力、t_j は接合部に生じるせん断応力、d は有効接着深さを示す。

図 10-1-4 に I-beam の曲げ試験およびせん断試験における主な破壊形態を例示する。曲げ試験では主に下側フランジの引張破壊、せん断試験ではウェブ継ぎ手を起点としたフランジ－ウェブ接合部のせん断破壊が生じやすく、断面形状や使用材料、ウェブ継ぎ手の位置によってはウェブの水平せん断破壊が生じることもある。

既往の実験結果 (大橋 2009) によれば、フランジの引張破壊時に生じる最大曲げ応力とウェブの水平せん断破壊時に生じる最大せん断応力については、それぞれ (10.1.1) 式および (10.1.2) 式による計算値と各部材の強度実測値が概ね一致することが確かめられている。一方、フランジとウェブの接合部で生じるせん断応力については、ウェブが継ぎ目のない連続体、あるいは継ぎ目があっても強固に連結されていれば、(10.1.3) 式で適切に表現されるが、せん断区間に配置されたウェブ継ぎ手が起点となってせん断破壊する場合、**図 10-1-4** のようにウェブ継ぎ手が上下にずれて破壊するため、同式では適切に表現することができない。現

下側フランジの引張破壊　　ウェブの水平せん断破壊　　ウェブ継ぎ手のせん断破壊

図 10-1-4　　I-beam の破壊形態例
Fig. 10-1-4　Typical failure mode of I-beams.

在、このような破壊形態に対応したせん断応力の設計式は海外にもなく、I-beamの合理的な断面設計に向けて、設計法の確立が望まれる。現在利用されているI-beamの製品のほとんどはウェブ継ぎ手を有しており、北米のI-beamの性能評価法（ASTM 2008）や日本の木質複合軸材料の性能評価方法（国交省告示第1446号）では、実験的にせん断耐力を求める際にウェブ継ぎ手をせん断区間に配置するよう定めている。

10.1.3　I-beamのたわみ計算法

製材や集成材等の矩形断面梁の場合、スパン中央のたわみに含まれるせん断成分の比率は数%と小さいため、たわみ計算は曲げ成分のみを対象として行うが、I-beam等の複合梁の場合、せん断成分の比率が1～3割と大きく、無視することができない。そこで、I-beamのたわみを計算する場合には、曲げ成分とせん断成分をそれぞれ計算し、それらの和を求める必要がある。一般的に、単純梁の中央たわみは次式で表わされる。

$$\delta = \delta_b + \delta_s = \frac{PL^3 C_b}{(EI)'} + \frac{PLC_s}{(GA)'} \tag{10.1.4}$$

ここで、δは単純梁の中央たわみ、δ_bは曲げ成分、δ_sはせん断成分、Pはスパン全体に加わる荷重の総和、Lは試験スパン、C_b、C_sは荷重条件に応じた係数、$(EI)'$はI-beamの純曲げ剛性、$(GA)'$はI-beamのせん断剛性を示す。

（10.1.4）式の曲げ成分については、ウェブが有効な継ぎ手により一体となって挙動する場合、**図10-1-5**の(a)断面を対象とした次式により表わされる。

$$\delta_b = \frac{PL^3 C_b}{E_f I_f + E_w I_w} \tag{10.1.5}$$

ここで、C_bは荷重条件に応じた係数（等分布荷重では5/384、中央集中荷重では1/48、3等分点2点荷重では23/1296、4等分点2点荷重では11/768）、E_fはフランジの曲げヤング係数、E_wはウェブの全層幅の曲げヤング係数、I_fはフランジの断面二次モーメント、I_wはウェブの全層幅の断面二次モーメントを示す。

次に、（10.1.4）式のせん断成分については、フランジとウェブが高い剛性の接着剤により強固に接合され、弾性域内におけるせん断たわみに接着層のすべりが含まれないと仮定すれば、**図10-1-5**の(b)断面を対象とした、ウェブのせん断変

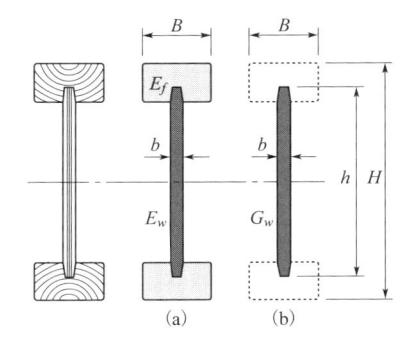

図 10-1-5 たわみ計算における I-beam の設計断面
Fig. 10-1-5 Design cross-section of I-beam for calculation of bending deflection.

形のみを考慮した次式で表わされる(Forest Products Laboratory 1999)。

$$\delta_s = \frac{PLC_s}{G_w bh} \tag{10.1.6}$$

ここで、C_s は荷重条件に応じた係数(等分布荷重では 1/8、中央集中荷重では 1/4、3 等分点 2 点荷重では 1/6、4 等分点 2 点荷重では 1/8)、G_w はウェブのせん断弾性係数、b はウェブ幅、h はウェブの有効高さを示す。

既往の実験結果(大橋 2005)によれば、(10.1.5)式の曲げたわみについては、曲げ剛性にウェブを含めた方が計算精度が高いこと、バットジョイントによるウェブ継ぎ手でもウェブが曲げ剛性に寄与することが確かめられている。また、(10.1.6)式のせん断たわみについても、複雑な形状係数を必要とする計算法(日本建築学会 2006)よりも簡便にもかかわらず同程度の計算精度が得られることが確かめられている。

10.2　Glued-In Rod(GIR)の強度に関する理論的解析

GIR は、最近ではロッドに異形鉄筋や**図 10-2-1** に示すような木ダボを用いたものや、接着剤も接合部の特性に合わせて用いられ、大規模木質構造や住宅などの建築物や木橋など様々な構造物に用いられている。ここでは、GIR の強度に関する理論解析を紹介する。

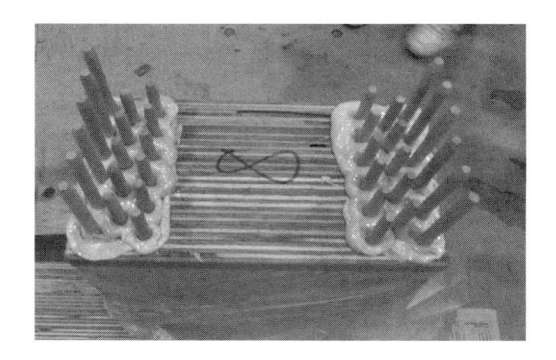

図 10-2-1 木ダボを用いた GIR
Fig. 10-2-1 Glued-In Rod using wooden dowel.

10.2.1 棒とシェアラグ層による破壊力学モデル（Johan *et al.* 1996）

このモデルは、フォルカーセン解析（Volkersen 1983）と破壊力学を組み合わせたものである。ロッドと木材を棒、接着層をシェアラグ（shear lag）層としてモデル化している。**図 10-2-2** に示すように、ロッドを1、木材を2とし、それぞ

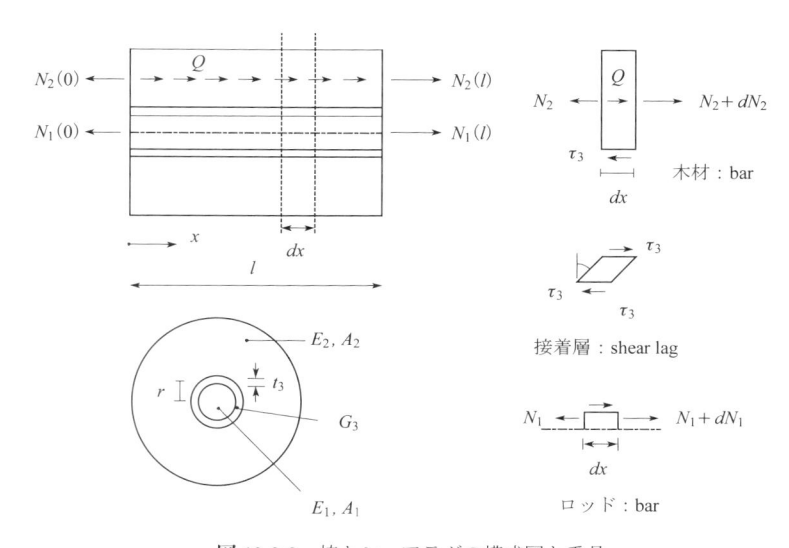

図 10-2-2　棒とシェアラグの模式図と番号
Fig. 10-2-2 Geometry and notations used in bar shear lag analysis.

れの弾性係数を E_1、E_2、また断面積を A_1、A_2 とする。接着層は 3 とし、せん断弾性係数を G、接着面積を $2\pi r\ell$ とする。Q は木材に生じる応力であり、単位面積当たりの力とする。N は軸力を表わす。**図 10-2-2** に示すように、1 および 2 に対する微小区間 dx における力の釣り合いを考えると次式が成り立つ。

$$dN_1 + 2\pi r dx \tau_3 = 0 \tag{10.2.1}$$

$$dN_2 - 2\pi r dx \tau_3 - QA_2 dx = 0 \tag{10.2.2}$$

1 および 2 における変位をそれぞれ u_1、u_2、接着層のせん断歪みを γ_3 とすれば、適合条件は次式で表わされる。

$$u_2 - u_1 = t_3 \gamma_3 \tag{10.2.3}$$

変位と歪みの関係から、$\varepsilon_i = du_i/dx$ が成り立つから、(10.2.3)式は次式となる。′は微分を表わす。

$$\varepsilon_2 - \varepsilon_1 = t_3 \gamma_3' \tag{10.2.4}$$

1、2 および 3 における応力と歪みの関係は

$$\gamma_3 = \tau_3/G_3 \tag{10.2.5}$$

$$\varepsilon_1 = \sigma_1/E_1 = N_1/(E_1 A_1) \tag{10.2.6}$$

$$\varepsilon_2 = \sigma_2/E_2 = N_2/(E_2 A_2) \tag{10.2.7}$$

である。(10.2.5)式を x で微分して、(10.2.6)、(10.2.7)式を代入すると次式が得られる。

$$N_2/(E_2 A_2) - N_1/(E_1 A_1) = t_3 \tau_3'/G_3 \tag{10.2.8}$$

(10.2.8)式をさらに x で微分して、(10.2.1)、(10.2.2)式を用いると接着層のせん断応力分布 $\tau(x)$ に関する微分方程式が、次式で表わされる。

$$\tau_3'' - \omega^2 \tau_3 = QG_3/(t_3 E_2) \tag{10.2.9}$$

ただし、ω は次式である。

$$\omega = \frac{G_3}{t_3} 2\pi r \left(\frac{1}{E_1 A_1} + \frac{1}{E_2 A_2} \right) \tag{10.2.10}$$

(10.2.10)式の一般解は次式で与えられる。

$$\tau_3 = C_1 \cosh(\omega x) + C_2 \sinh(\omega x) + \tau_{3p} \tag{10.2.11}$$

軸応力 Q が一定値 Q_0 ならば、(10.2.11)式の定数項は次式となる。もちろん、$Q_0 = 0$ ならば定数項は 0 である。

$$\tau_{3p} = Q_0 G_3/(t_3 E_2 \omega^2)$$

(10.2.11)式の係数 C_1、C_2 は境界条件より求めることができる。その境界条件とは、$N_1(0)$、$N_2(0)$、$N_1(\ell)$、$N_2(\ell)$ の値であるから、これらを用いるためには(10.2.11)式を x で微分する必要があり、これを(10.2.8)式に代入すると次式が得られる。

$$N_2/(E_2A_2) - N_1/(E_1A_1) = (t_3/G_3)\omega\{C_1\sinh(\omega x) + C_2\cosh(\omega x)\} \quad (10.2.12)$$

Q_0 が一定ならば、(10.2.12)式はすべての x で成り立つ。(10.2.12)式に $x = 0$ および $x = \ell$ を代入すると次式が得られる。

$$N_2/(E_2A_2) - N_1/(E_1A_1) = (t_3/G_3)\omega(0 + C_2) \quad (10.2.13)$$

$$N_2/(E_2A_2) - N_1/(E_1A_1) = (t_3/G_3)\omega\{C_1\sinh(\omega\ell) + C_2\cosh(\omega\ell)\} \quad (10.2.14)$$

10.2.1.1　5つの荷重条件による解

荷重条件としては5つあるので、それぞれの場合について、係数を求める。

(1)～(4)の場合 $Q_0 = 0$ とするが、(5)の場合は $Q_0 = P/(A_2\ell) = $ const. である。

(1) 引張－引張の場合

このときの境界条件は、$N_1(0) = N_2(\ell) = P$、$N_2(0) = N_1(\ell) = 0$ であり、これを(10.2.12)式に代入すると C_1、C_2 が求まり、これを(10.2.11)式に代入すると次式となる。

$$\tau_3 = \frac{PG_3}{t_3\omega E_1A_1}\left[\left\{\cosh(\omega\ell) + \frac{E_1A_1}{E_2A_2}\right\}\frac{\cosh(\omega x)}{\sinh(\omega\ell)} - \sinh(\omega x)\right] \quad (10.2.15)$$

(2) 引張－圧縮の場合

このときの境界条件は、$N_1(0) = -N_2(0) = P$、$N_2(\ell) = N_1(\ell) = 0$ である。(1)と同様にして次式が得られる。

$$\tau_3 = \frac{PG_3}{t_3\omega E_1A_1}\left[\left(1 + \frac{E_1A_1}{E_2A_2}\right)\frac{\cosh(\omega x)}{\tanh(\omega\ell)} - \sinh(\omega x)\right] \quad (10.2.16)$$

(3) ロッドの引張の場合

このときの境界条件は、$N_1(0) = N_1(\ell) = P$、$N_2(0) = N_2(\ell) = 0$ であり、同様にして次式が得られる。

$$\tau_3 = \frac{PG_3}{t_3\omega E_1A_1}\left[\frac{\cosh(\omega\ell) - 1}{\sinh(\omega\ell)}\cosh(\omega x) - \sinh(\omega x)\right] \quad (10.2.17)$$

この場合は、例えばロッドの温度が上昇した場合など、ロッド内部の歪みが変化した場合における接着層に沿ったせん断応力解析に用いられる。ロッドの

自由端における歪みをε_0とすると、(10.2.17)式におけるせん断応力の分布は次式で算出できる。

$$P = \varepsilon_0 E_1 A_1 \tag{10.2.18}$$

(4) 木材の引張の場合

このときの境界条件は、$N_2(0) = N_2(\ell) = P$、$N_1(0) = N_1(\ell) = 0$であり、同様にして次式が得られる。

$$\tau_3 = \frac{PG_3}{t_3 \omega E_1 A_1} \frac{E_1 A_1}{E_2 A_2} \left[\frac{\cosh(\omega \ell) - 1}{\sinh(\omega \ell)} \cosh(\omega x) - \sinh(\omega x) \right] \tag{10.2.19}$$

この場合は、例えば木材の含水率が上昇した場合など、木材内部の歪みが変化した場合における接着層に沿ったせん断応力解析に用いられる。木材の自由端における歪みをε_0とすると、(10.2.19)式におけるせん断応力の分布は次式で算出できる。

$$P = \varepsilon_0 E_2 A_2 \tag{10.2.20}$$

(5) 均一引張の場合

この場合は、木材を大きさ$Q_0 = P/(A_2 \ell)$の均一な力で引張し、反対にロッドを P で引張した場合である。このときの境界条件は、$N_1(0) = P$、$N_1(\ell) = N_2(0) = N_2(\ell) = 0$であり、同様にして次式が得られる。

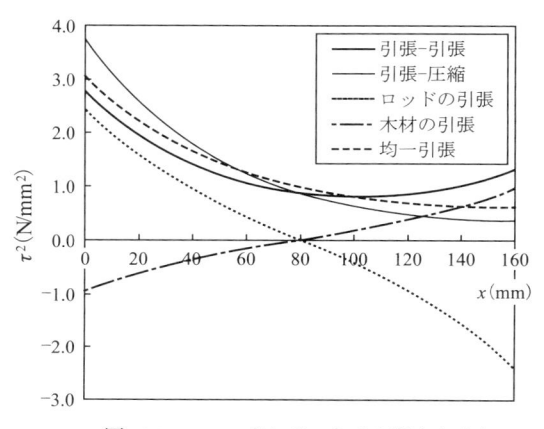

図 10-2-3 ロッドにそったせん断応力分布
Fig. 10-2-3 Shear stress distribution along rod for different loadoing.

$$\tau_3 = \frac{PG_3}{t_3 \omega E_1 A_1} \frac{E_1 A_1}{E_2 A_2} \left[\frac{\cosh(\omega \ell)}{\sinh(\omega \ell)} \cosh(\omega x) - \sinh(\omega x) + \frac{E_1 A_1}{E_2 A_2 \omega \ell} \right] \quad (10.2.21)$$

この場合は、基本的には木材の繊維方向に直交するようにロッドを挿入した場合に用いられる。この理由がよく分からないが、木材の横引張強度が低いためではないかと思われる。

P =10,000N、E_1=200,000N/mm^2、E_2=10,000N/mm^2、G_3=100N/mm^2、r =8 mm、A_1=200 mm^2、A_2=10000 mm^2、t_3=0.5 mm、ℓ =160 mm におけるせん断応力分布を図 10-2-3 に示した。

10.2.1.2 破壊する前の接着層のせん断剛性

GIR の耐力解析を行なう前に、破壊エネルギーを用いた接着層の剛性 G_3/t_3 を求める必要がある。接着層の挙動は線形弾性なので、単位面積当たりの破壊エネルギー G_f は次式で表わされる。

$$G_f = \frac{1}{2} \tau_f \gamma_f = \frac{1}{2} \frac{\tau_f^2}{(G_3/t_3)} \quad (10.2.22)$$

τ_f は接着層の局部的な破壊強度であり、γ_f はそのときのせん断歪みである。接着層のせん断強度と破壊エネルギーはGIRの引抜き耐力の重要なパラメータであり、これらを用いると、せん断剛性は次式で表わされる。

$$\frac{G_3}{t_3} = = \frac{\tau_f^2}{2G_f} \quad (10.2.23)$$

この値は、一般的には接着層の弾性剛性よりも二桁くらい小さい。(10.2.23)式を(10.2.10)式に代入すると

$$\omega = \frac{\pi \tau_f^2}{G_f} \left(\frac{1}{E_1 A_1} + \frac{1}{E_2 A_2} \right) \quad (10.2.24)$$

が得られる。

10.2.1.3 GIR の引抜き耐力

GIR の破壊クライテリアを $\tau_{max}=\tau_f$ とする。ただし、τ_{max} は τ_3 の最大せん断応力である。クライテリアは通常応力で表わされるが、この式は、τ_3 や τ_{max} は (10.2.23)式に示されるように、材料の強度に影響されるので、これまでの慣習からはクライテリアとは言い難い。10.2.1.2 で示した荷重条件順に GIR の引抜き耐力を示すが、(10.2.22)式を用いると言うことは、接着層がせん断力に対し

て粘らずに、GIR が脆性的に破壊する場合である。

(1) 引張－引張の場合

$(E_2A_2)/(E_1A_1)>1$ ならば、$\tau_{max}=\tau(0)$ であり、(10.2.15)式に代入すると次式が得られる。

$$\frac{P_f}{2\pi r\ell\tau_f} = \frac{G_f\omega E_1 A_1}{\tau_f^2 \pi r\ell}\left[\frac{\sinh(\omega\ell)}{\cosh(\omega\ell)} + \frac{E_1 A_1}{E_2 A_2}\right] \quad (10.2.25)$$

P_f は GIR の引抜き耐力であり、右辺は見かけの平均的なせん断応力と接着層のせん断強度の比である。

(2) 引張－圧縮の場合

$\tau_{max}=\tau(0)$ であり、(10.2.16)式に代入すると次式が得られる。

$$\frac{P_f}{2\pi r\ell\tau_f} = \frac{G_f\omega E_1 A_1}{\tau_f^2 \pi r\ell}\left[\frac{\tanh(\omega\ell)}{1+E_1 A_1/E_2 A_2}\right] \quad (10.2.26)$$

(3) ロッドの引張の場合

$\tau_{max}=\tau(0)=-\tau(\ell)$ であり、$\tau_{max}=\tau(0)$ を(10.2.17)式に代入すると次式が得られる。

$$\frac{P_f}{2\pi r\ell\tau_f} = \frac{G_f\omega E_1 A_1}{\tau_f^2 \pi r\ell}\left[\frac{\sinh(\omega\ell)}{\cosh(\omega\ell)-1}\right] \quad (10.2.27)$$

(4) 木材の引張の場合

$\tau_{max}=-\tau(0)=\tau(\ell)$ であり、$\tau_{max}=-\tau(0)$ を(10.2.18)式に代入すると次式が得られる。

$$\frac{P_f}{2\pi r\ell\tau_f} = \frac{G_f\omega E_1 A_1}{\tau_f^2 \pi r\ell}\left[\frac{E_2 A_2}{E_1 A_1}\right]\left[\frac{\sinh(\omega\ell)}{\cosh(\omega\ell)-1}\right] \quad (10.2.28)$$

(5) 均一引張の場合

$(E_2A_2)/(E_1A_1)<1$ ならば、$\tau_{max}=\tau(0)$ であり、(10.2.19)式に代入すると次式が得られる。

$$\frac{P_f}{2\pi r\ell\tau_f} = \frac{G_f\omega E_1 A_1}{\tau_f^2 \pi r\ell}\left[\frac{\sinh(\omega\ell)}{\cosh(\omega\ell)} + \frac{E_1 A_1}{E_2 A_2 \omega\ell}\right] \quad (10.2.29)$$

E_1=200,000N/mm^2、E_2=10,000N/mm^2、G_f=2Nmm/mm^2、τ_f=8N/mm^2、r=8 mm、A_1=200 mm^2、A_2=10,000 mm^2 における、接着層の長さと引張耐力の関係を**図10-2-4** に示した。なお、これらの条件に対応するのは、G_3=100N/mm^2、t_3=0.5 mm

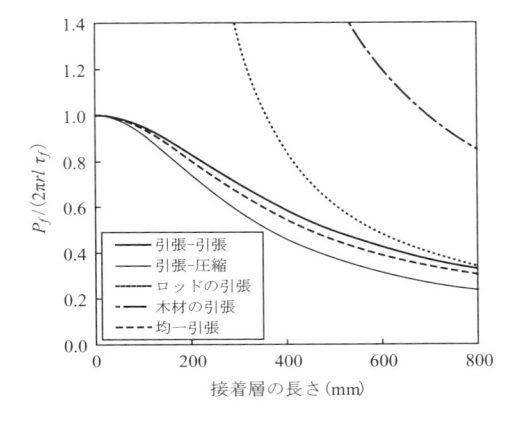

図 10-2-4 線形破壊力学による接着層の長さと引張耐力の関係
Fig. 10-2-4 Failure load P_f vs. glued length l, for different loads according to a bar lag fracture model.

である。

10.2.1.4 理想的な塑性化モデルによる引抜き耐力

接着層が塑性化し、以後せん断応力が一定値 τ を保持する単純なモデルでは、破壊時におけるせん断応力もロッドにそって τ である。この場合ロッドの引抜き耐力は、(10.2.25)～(10.2.29)式における G_f を無限大にすることにより得られる。

(1)、(2)、(3)の場合

$$\frac{P_f}{2\pi r \ell \tau_f} = 1.0 \tag{10.2.30}$$

(3)、(4)の場合

$$\frac{P_f}{2\pi r \ell \tau_f} \to \infty \tag{10.2.31}$$

(10.2.30)および(10.2.31)式は、接着層が十分に靭性的であるなら、GIR の破壊はロッドか木材が引き抜けることによって生じることを意味する。この結果は、一般的な理論法則と一致し、例えば温度勾配による内部歪みは GIR の引抜き耐力には影響を及ぼさない。

10.2.2 ティモシェンコ梁理論によるシェアラグ層破壊モデル

10.2.1 で紹介したフォルカーセンのラップジョイントモデルと棒シェアラグ

モデル破壊力学による簡易化は、被着材の曲げやせん断変形を考慮していない。GIR の場合には、形状が軸に対して対称であることから、曲げを無視しても比較的合理的と考えられる。しかし、特に木材の断面寸法がロッドの長さと同じような場合、木材のせん断変形は非常に重要である。さらに、木材のせん断剛性が小さい場合には、せん断変形に大きな影響を与える。GIR に関する応力の解析式が誘導できるかどうか、また、その解析式を用いてせん断変形の影響を調べるために、ティモシェンコ梁理論（Timoshenko beam theory）と同様の方法を用いてせん断を考慮した理論について検討した。

10.2.2.1 支配微分方程式の誘導

図 10-2-5 に GIR の解析モデルを示した。モデルを理解し方程式を誘導し易くするために、同図に示すように、まず曲げを抑制するために、支持を有する単一のラップジョイントを対象とした。その後この単一のラップジョイントの解析から得られた結果を、適切な変換によって軸対称なジョイントに適用することにした。方程式を誘導するためには、接着層のせん断弾性係数の他に木材のせん断弾性係数 G も必要である。ロッドは棒として、また、接着層は前節で紹介したようにシェアラグ層として、木材はティモシェンコ梁として扱った。したがって、曲げモーメントの釣合式が必要であるため、接着層に直交方向に作用する軸方向の応力 σ_3 を必要とするが、軸方向の歪みは無視した。

上述したように曲げ変形は抑制されるので、木材部の中心線は直線を保つと仮定する。梁の断面はティモシェンコ梁理論にしたがい平面を保持するが、断面は通常の梁理論のように必ずしも中心線に直交するとは限らない。そこで、梁の断面の傾きを θ で表わすと、断面は平面を保持するので、木材部のせん断歪みを γ_2 とすると、次式が成り立つ。

$$\theta = -\gamma_2 \qquad (10.2.32)$$

ティモシェンコ梁理論にしたがえば、木材の変形は次式で表わされる。

$$u(x,y) = u(x,0) - y\theta(x), \quad v(x,y) = 0 \qquad (10.2.33)$$

このように、通常の梁理論と比較すると、未知の変形量は、$u(x,0)$ だけでなく、2 つの関数 $u(x,0)$ 及び $\theta(x)$ で決定されることになる。

支配微分方程式を誘導するために、木材に関する最初の方程式を考えよう。幅を b とすると、木材部の微小部分 dx における x 方向の釣り合いは、

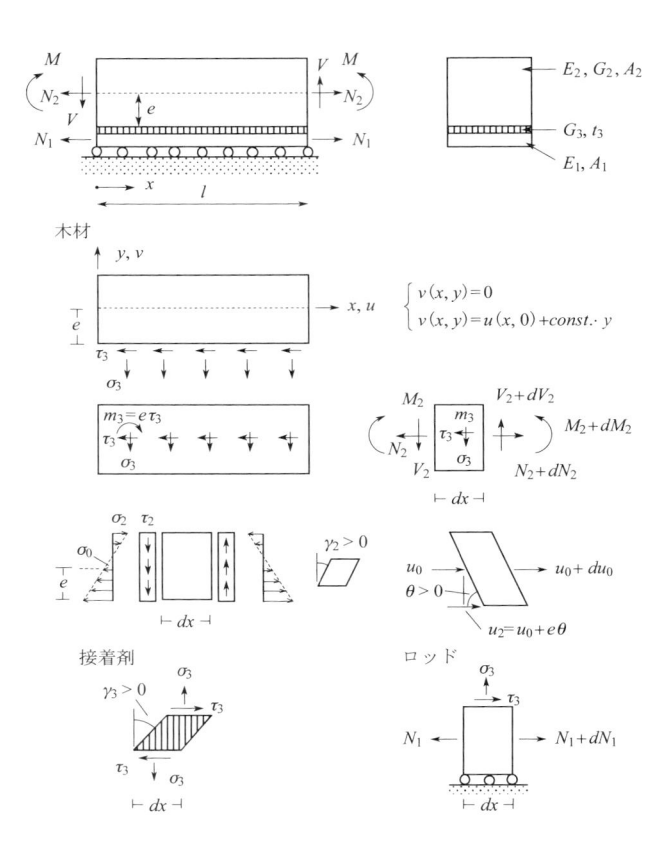

図 10-2-5 ティモシェンコ梁とシェアラグ層の模式図
Fig. 10-2-5 Geometry, notations and positive directions used in Timoshanko beam shear lag analysis.

$N_2' - \tau_3 b = 0$ で表わされる。また、$N_2 = A_2 \sigma_0 = E_2 A_2 \varepsilon_0 = E_2 A_2 u_0'$ が成り立つので、これより次式が得られる。

$$E_2 A_2 u_0'' - \tau_3 b = 0 \tag{10.2.34}$$

また、y 方向の釣り合い式は $V_2' - \sigma_3 b = 0$ であり、$V_2 = A_2 \tau_2 = G_2 A_2 \gamma_2 = -G_2 A_2 \theta$ が成り立つので、これより次式が得られる。

$$G_2 A_2 \theta' + \sigma_3 b = 0 \tag{10.2.35}$$

さらに、dx におけるモーメントの釣り合いは、$M_2' + V_2 - e\tau_3 b = 0$ で表わされる。

$M_2 = E_2 I_2 \theta'$、$V_2 = -G_2 A_2 \theta$ であるから、これより次式が得られる。

$$E_2 I_2 \theta'' - G_2 A_2 \theta - e\tau_3 b = 0 \tag{10.2.36}$$

同様にしてロッドの釣り合いに関しても次式が得られる。

$$E_1 A_1 u_1'' + \tau_3 b = 0 \tag{10.2.37}$$

接着層に関しても次式が得られる。

$$\tau_3 = G_3 \gamma_3 = G_3 \frac{u_2 - u_1}{t_3} = G_3 \frac{u_0 + e\theta - u_1}{t_3} \tag{10.2.38a}$$

(10.2.38a)式を x で 2 回微分し、u_0'' と u_1'' にそれぞれ(10.2.34)式と(10.2.37)式を代入すると、次式となる。

$$\tau_3'' = G_3 \left[\frac{\tau_3 b}{E_2 A_2} + e\theta'' + \frac{\tau_3 b}{E_1 A_1} \right] \frac{1}{t_3} \tag{10.2.38b}$$

(10.2.36)式と(10.2.38b)式は、θ と τ に関する 2 階の連立微分方程式である。(10.2.36)式を 2 回微分し、θ'' と θ'''' を(10.2.38b)式で置き換えると、次の 4 階の微分方程式が得られる。

$$\tau_3'''' + S\tau_3'' + T\tau_3 = 0 \tag{10.2.39}$$

ここで、

$$S = -\frac{G_3}{t_3} \left[\frac{b}{E_2 A_2} + \frac{b}{E_1 A_1} + \frac{e^2 b}{E_1 I_1} \right] - \frac{G_2 A_2}{E_2 I_2} \tag{10.2.40}$$

$$T = \frac{G_3}{t_3} \frac{G_2 A_2}{E_2 I_2} \left[\frac{b}{E_2 A_2} + \frac{b}{E_1 A_1} \right] \tag{10.2.41}$$

である。(10.2.39)式の一般解は次式で表わされる。

$$\tau_3 = C_1 e^{k_1 x} + C_2 e^{k_2 x} + C_3 e^{k_3 x} + C_4 e^{k_4 x} \tag{10.2.42}$$

C_1、C_2、C_3 及び C_4 は境界条件から決定される係数であり、k_1、k_2、k_3 及び k_4 は次式の解である。

$$k^4 + Sk^2 + T = 0 \tag{10.2.43a}$$

これより、

$$\begin{aligned} k_1 &= -k_2 = \sqrt{-S/2 + \sqrt{(S/2)^2 - T}} \\ k_3 &= -k_4 = \sqrt{-S/2 - \sqrt{(S/2)^2 - T}} \end{aligned} \tag{10.2.43b}$$

が得られる。

$G_2A_2 \to \infty$、つまり、木材のせん断歪みを 0 とすると、(10.2.40)式と同じになる。このことは、前節の棒とシェアラグ層による破壊力学モデルで扱われた理論は、ここで導き出された理論の特殊な場合と考えられる。

10.2.2.2 境界条件より係数を得るための方程式

境界条件は、直接的に τ_3 で表わされるのではなく、一般的には $x = 0$ および $x = \ell$ における、N_1(あるいは u_1')、N_2(あるいは u_2')、V_2(あるいは θ)及び M_2(あるいは θ')で表わされる。以下には、様々な断面条件に対応する τ_3 の条件が示されている。端部の断面における未知数が総計で 8 つあるが、x 軸方向における接合全体の釣り合いを満たさなければならないので、結局任意の値に割り当てられる未知数は 7 つとなる。しかし、7 つのうちたった 4 つの係数が決定すればよい。これには 2 種類の方法がある。一つは、端部の断面に関する未知数の線形的な組み合わせが、望ましい値(個々の未知数の望ましい値)に割り当てられるという方法であり、他の方法は、個々の未知数は一義的に割り当てられ、残りの未知数はこの結果として得られるという方法である。

N_1、N_2 および M_2 (例えば $x = 0$ かつ/あるいは $x = \ell$)が分かれば、τ_3 に対応する条件は、(10.2.38)式を微分することによって得られる。つまり、$u_0' = N_2/(E_2A_2)$、$\theta' = M_2/(E_2I_2)$、$u_1' = N_1/(E_1A_1)$ で置き換えれば、次式が得られる。

$$\tau_3' = \frac{G_3}{t_3}\left[\frac{N_2}{E_2A_2} + \frac{M_2 e}{E_2I_2} - \frac{N_1}{E_1A_1}\right] \tag{10.2.44}$$

既知の V_2 に対する条件を得るために、(10.2.36)式の θ'' は式(10.2.38)に代入することができる。$V_2 = -G_2A_2\theta$ を用いると、次式が得られる。

$$\tau_3'' - \frac{G_3}{t_3}\left[\frac{b}{E_2A_2} + \frac{e^2 b}{E_2I_2} + \frac{b}{E_1A_1}\right]\tau_3 = V_2 \frac{G_3}{t_3}\frac{e}{E_2I_2} \tag{10.2.45}$$

与えられた M_2 に対する独立した条件を得るために、(10.2.45)式における V_2 は $-G_2A_2\theta$ で置き換えられ、さらに微分し、$M_2 = E_2I_2\theta$ を用いると次式が得られる。

$$\tau_3''' - \frac{G_3}{t_3}\left[\frac{b}{E_2A_2} + \frac{e^2 b}{E_2I_2} + \frac{b}{E_1A_1}\right]\tau_3' = M_2 G_2 A_2 \frac{G_3}{t_3}\frac{e}{(E_2I_2)^2} \tag{10.2.46}$$

軸力による独立した条件を得るために、(10.2.46)式における M_2 に(10.2.44)式を代入すると次式が得られる。

$$\tau_3''' - \left[\frac{G_2 A_2}{E_2 I_2} + \frac{G_3}{t_3}\frac{b}{E_2 A_2} + \frac{e^2 b}{E_2 I_2} + \frac{b}{E_1 A_1}\right]\tau_3' = \frac{G_3}{t_3}\frac{G_2 A_2}{E_2 I_2}\left[\frac{N_2}{E_2 A_2} - \frac{N_1}{E_1 A_1}\right] \quad (10.2.47)$$

(10.2.44)、(10.2.45)、(10.2.46)および(10.2.47)式における係数 C_1、C_2、C_3 および C_4 を求めるための方程式を得るため、τ_3 と τ_3 の微係数は(10.2.44)式で表わされる。$\tau_3(x)$ の解が得られたなら、上述の方程式は $M_2(x)$、$V_2(x)$ および $\theta(x)$ の計算に用いられる。軸力 $N_1(x)$、$N_2(x)$ は $\tau_3(x)$ を積分すれば得られる。また、$\sigma_3(x)$ は(10.2.35)式を用いて $\theta(x)$ から得られる。

10.2.2.3 境界条件のための係数の決定

引張-引張の場合について詳細に説明する。条件は次の通りである。
$N_1(0)=P$、$N_1(\ell)=0$、$N_2(\ell)=P$、$M_2(0)=0$、$V_2(\ell)=0$
しかし、
$x=0$ で $N_2/(E_2 A_2) - N_1/(E_1 A_1) = P/(E_1 A_1)$
$x=\ell$ で $N_2/(E_2 A_2) - N_1/(E_1 A_1) = P/(E_2 A_2)$
であるから、初めの4つの条件は実際には2つである。接着層におけるせん断を生じさせるのは、軸力の絶対的な値ではなく、これら式の差異であるから、$N_2/(E_2 A_2) - N_1/(E_1 A_1)$ を用いればよい。

境界条件から4つの方程式が得られる。最初の方程式は $x=0$ における(10.2.47)式、2番目は $x=0$ における(10.2.46)式、3番目は $x=\ell$ における(10.2.47)式、4番目は $x=\ell$ における(10.2.45)式である。行列を用いると次式である。

$$KC = P \quad (10.2.48)$$

行列 C は係数からなる次式の行列である。

$$C = \begin{bmatrix} C_1 & C_2 & C_3 & C_4 \end{bmatrix}^T \quad (10.2.49)$$

K は4行4列の行列で、次式である。

$$K = \begin{bmatrix} k_1^3 & k_2^3 & k_3^3 & k_4^3 \\ k_1^3 & k_2^3 & k_3^3 & k_4^3 \\ k_1^3 e^{k_1 \ell} & k_2^3 e^{k_2 \ell} & k_3^3 e^{k_3 \ell} & k_4^3 e^{k_4 \ell} \\ k_1^2 e^{k_1 \ell} & k_2^2 e^{k_2 \ell} & k_3^2 e^{k_3 \ell} & k_4^2 e^{k_4 \ell} \end{bmatrix} - \begin{bmatrix} D_N \begin{bmatrix} k_1 & k_2 & k_3 & k_4 \end{bmatrix} \\ D_M \begin{bmatrix} k_1 & k_2 & k_3 & k_4 \end{bmatrix} \\ D_N \begin{bmatrix} k_1 e^{k_1 \ell} & k_2 e^{k_2 \ell} & k_3 e^{k_3 \ell} & k_4 e^{k_4 \ell} \end{bmatrix} \\ D_V \begin{bmatrix} e^{k_1 \ell} & e^{k_2 \ell} & e^{k_3 \ell} & e^{k_4 \ell} \end{bmatrix} \end{bmatrix} \quad (10.2.50)$$

ここで、

$$D_N = \frac{G_3}{t_3}\left[\frac{b}{E_2 A_2} + \frac{e^2 b}{E_2 I_2} + \frac{b}{E_1 A_1}\right] + \frac{G_2 A_2}{E_2 I_2} \quad (10.2.51)$$

$$D_M = \frac{G_3}{t_3}\left[\frac{b}{E_2 A_2} + \frac{e^2 b}{E_2 I_2} + \frac{b}{E_1 A_1}\right] \tag{10.2.52}$$

$$D_V = \frac{G_3}{t_3}\left[\frac{b}{E_2 A_2} + \frac{e^2 b}{E_2 I_2} + \frac{b}{E_1 A_1}\right] \tag{10.2.53}$$

であり、P は次式である。

$$P = \begin{bmatrix} F_N(-P/(E_1 A_1)) & 0 & F_N(P/(E_2 A_2)) & 0 \end{bmatrix}^T \tag{10.2.54}$$

また、

$$F_N = (G_3/t_3)((G_2 A_2)/(E_2 I_2)) \tag{10.2.55}$$

である。

　基本的には、(10.2.48)式を解析的に解き、ロッドにそったせん断応力分布を明瞭な式で表わすことは可能かも知れないが、おそらく相当長い式になるであろう。したがって、ここで、パラメトリックに数値解を求めることにする。以下では、いくつかの荷重条件と端部の条件に対して数値解が示されている。C_1 等の係数を求める方法は、(10.2.48)式が異なるだけで他の様々な条件に対して適用可能である。

10.2.2.4　軸対称な場合の解析

　これまでのティモシェンコ梁とシェアラグ層理論を、円形断面の軸対称なラップジョイントに適用してみる。

$$b = 2\pi r、\quad e = 2/3(r_{2y}^3 - r_{2i}^3) - r_{2i}$$
$$I = (\pi/2)(r_{2y}^4 - r_{2i}^4) - (4\pi/9)(r_{2y}^3 - r_{2i}^3)^2/(r_{2y}^2 - r_{2i}^2)$$
$$A_1 = \pi r_1^2,\quad A_2 = \pi(r_{2y}^2 - r_{2i}^2)$$

r_{2y}, r_{2i} は木材部の外側および中側の半径で、r_1 はロッドの半径、r は接着層の中心からの距離である。一般的には $r = r_1 = r_{2i}$ で近似できる。

　以上の式は、次のようにして算出される。**図 10-2-6** の点で埋められた部分の図心および断面 2 次モーメントを、極座標で求める。まず、図心の位置を求める。原点 O に関する断面 1 次モーメント G_O は次式で表わされる。

$$G_O = \int_{r_{2i}}^{r_{2y}} r \cdot 2\pi r\, dr = \frac{2\pi}{3}\left(r_{2y}^3 - r_{2i}^3\right)$$

図心 C に関する断面 1 次モーメントを G_C とすれば、次式が成り立つ。

$$G_C = G_O - rA$$

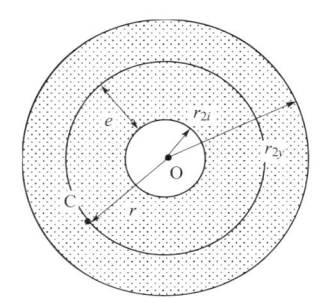

図 10-2-6 木材部の断面
Fig. 10-2-6 Cress section of the wood.

ところが、図心とは 1 点を通る任意の直交軸まわりの断面 1 次モーメントが 0 であるような点である。したがって、原点 O から図心までの距離 r は次式で得られる。

$$r = \frac{2}{3} \frac{r_{2y}^{3} - r_{2i}^{3}}{r_{2y}^{2} - r_{2i}^{2}}$$

よって、**図 10-2-6** の e は次式である。

$$e = \frac{2}{3} \frac{r_{2y}^{3} - r_{2i}^{3}}{r_{2y}^{2} - r_{2i}^{2}} - r_{2i}$$

次に、図心に関する点で埋められた部分の断面 2 次モーメント I_C を求める。

$$I_C = I_O - 2rG_O + r^2 A$$

I_O は原点 O に関する断面 2 次モーメントであり、次式で表わされる。

$$I_O = \int_{r_{2i}}^{r_{2y}} r^2 \cdot 2\pi r\, dr = \frac{\pi}{2} \left(r_{2y}^{4} - r_{2i}^{4} \right)$$

したがって、I_C は次式で表わされる。

$$I_C = \frac{\pi}{4} \left(r_{2y}^{4} - r_{2i}^{4} \right) - 2 \cdot \frac{2}{3} \frac{r_{2y}^{3} - r_{2i}^{3}}{r_{2y}^{2} - r_{2i}^{2}} \cdot \frac{2\pi}{3} \left(r_{2y}^{3} - r_{2i}^{3} \right) + \frac{4}{9} \frac{(r_{2y}^{3} - r_{2i}^{3})^2}{(r_{2y}^{2} - r_{2i}^{2})^2} \pi \left(r_{2y}^{2} - r_{2i}^{2} \right)$$

$$= \frac{\pi}{4} \left(r_{2y}^{4} - r_{2i}^{4} \right) - \frac{4\pi}{9} \frac{(r_{2y}^{3} - r_{2i}^{3})^2}{r_{2y}^{2} - r_{2i}^{2}}$$

10.2.2.5 応力分布の計算例

引張−引張における、$P=10$ kN、$E_1=200$ kN/mm^2、$E_2=10$ kN/mm^2、$G_3=100$ N/mm^2、$r=8$ mm、$A_1=200$ mm^2、$A_2=10{,}000$ mm^2、$t_3=0.5$ mm、$\ell=160$ mm、$G_2=700$ N/mm^2

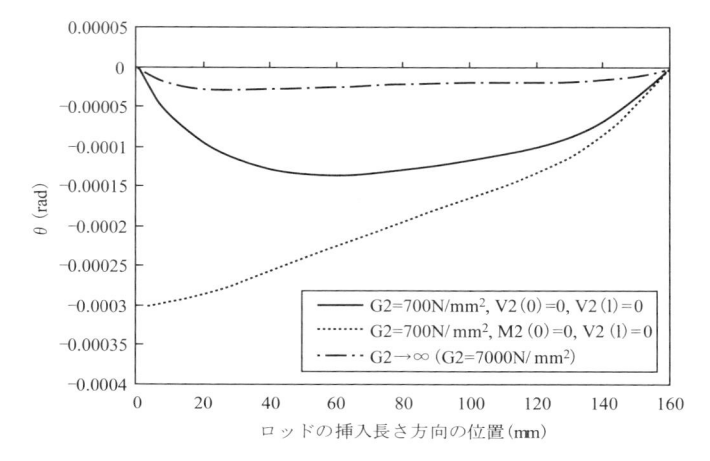

図 10-2-7 Timoshenko 梁理論によるせん断応力分布
Fig. 10-2-7 Shear stress distribution according to a Timoshenko shear lag theory at different shear stiffness of the wood.

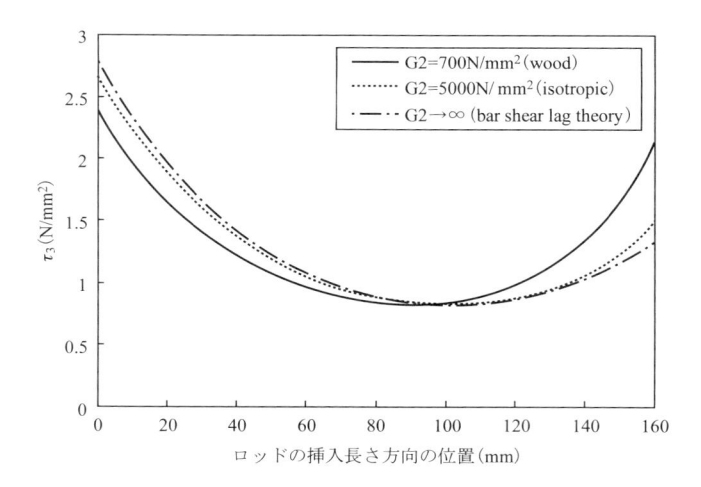

図 10-2-8 Timoshenkpo 梁理論による木部断面の傾き
Fig. 10-2-8 Wood cross section inclination, $\theta(=-\gamma)$. According to a Timoshenko shear lag theory.

の場合の解析例を**図 10-2-7** に示す。G_2 以外は、10.2.1 の**図 10-2-3** で示した値と同じである。比較のために、G_2 を 500 N/mm^2 と大きくした場合、前節の棒とシ

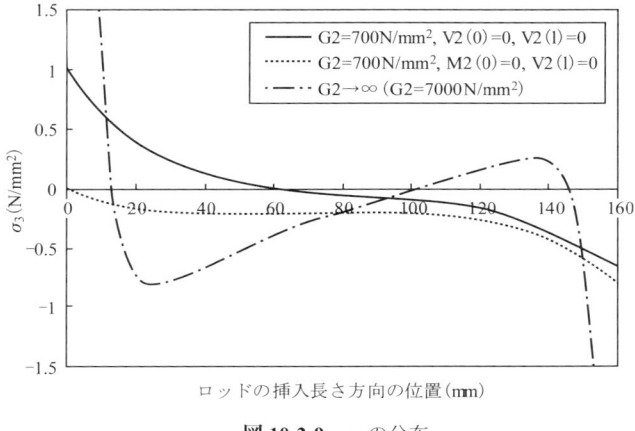

図 10-2-9 σ_3 の分布
Fig. 10-2-9 Stress σ_3.

ェアラグ層による解析結果（$G_2 \to \infty$）も示している。G_2=500 N/mm²=$E_2/2$ は、ポアソン比がゼロである等方性材料のせん断剛性に対応している。

また、**図 10-2-8** は**図 10-2-7** と同じ条件における木部断面の傾きθを示している。木材部における曲げモーメントは、θ曲線の傾き、つまりθ'に比例しており、せん断力はθの大きさに比例している。**図 10-2-9** は、(10.2.35)式によるθ'から算定される、放射方向の荷重σ_3の分布を示している。この荷重は、木材部における接線方向の応力と接着層に作用する垂直方向の応力に対応する。

10.2.3 その他の解析

線形破壊力学と理想的塑性状態を用いたモデル（Jensen *et al.* 2001）があるが、これは 10.2.1 のフォルカーセン解析手法を用いたものと同じであり、脆性比も幅をダボ径に変えたものとなっている。ただし、ある仮定に基づいて得られた理論式を、上限値を割ることによって、接着層の長さやせん断強度を導入するのは納得しがたいところではある。

● 文　献

American Society for Testing and Materials (2008) *Standard Specification for Establishing and Monitoring Structural Capacities of Prefabricated Wood I-Joists.* D-5055-08a, pp.1–32,

West Conshohocken, ASTM.（10.1）

Forest Products Laboratory（1999）*Wood Handbook – Wood as an Engineering Material*. FPL-GTR-113, pp.11.12–11.13, Madison, U.S.D.A, Forest Service, Forest Products Laboratory.（10.1）

Gustafsson, P. J., and Serrano, E.（1996）Glued-in rods for timber structures, development of a calculation model, structural mechanics. ISRN LUTVDG/TVSM 01/3056 SE（1-96）.（10.2）

Jensen, J. L., Koizumi, A., Sasaki, T., Tamura, Y., and Iijima, Y.（2001）Axially loaded glued-in hardwood dowels. *Wood Sci. Technol.* **35**: 73–83.（10.2）

Volkersen, O.（1983）Die Nietkraftverteilung in zugbeanspruchten Nietverbindungen mit konstanten Laschenquerschnitten. *Luftfahrtforschung* Band 15: 41–47.（10.2）

海老原 徹（1982）単板積層材をフランジに使用した組立梁の性能．木材学会誌 **28**(4)：216–224.（10.1）

大橋義徳，佐藤 司，戸田正彦，前田典昭，田口 崇，古田直之（2005）：道産材を用いた I 形梁の実用化（第 2 報）—曲げ剛性の評価—．林産試験場報 **19**(2)：1–8.（10.1）

大橋義徳，松本和茂，河村 進，大畑 敬（2010）斜行型合板を用いた I 形梁の曲げ性能（第 2 報）—変形挙動と応力解析—．第 60 回日本木材学会大会研究発表要旨集，CD-ROM.（10.1）

桑村 仁（2001）建築の力学—弾性論とその応用—．技報堂出版，pp. 81–84.（10.1）

日本建築学会（2006）木質構造設計規準・同解説—許容応力度・許容耐力設計法—．丸善，pp.198–204.（10.1）

コラム 10：力学性能から見た生産と利用とのマッチング

　本書は、木材や木質材料を取り扱うための力学理論を説くことを目的としている。これらの理論を学ぶ諸君は、多くの場合、素材を含めた木質材料を何らかの物を構成するマテリアル材料として利用することが念頭にあるだろう。

　現代社会において、木質材料が最も多くマテリアル利用されている場は建築や土木といった構造物である。少し視点を変え、これらの構造物でどのような材料が利用されているか思い起こしてみよう。木材、鋼材、コンクリートは、主要三大建設材料と言われ、建築物の構造要素となる。また、そのほかにもアスファルト、プラスチックやゴム、アルミニウム、ガラス、煉瓦、セラミックス、石材、せっこう系、各種断熱材など多種多様な材料を私たちは建築物に見ることができる。これらの多くの材料の中で、木材が他者と大きく異なる点は再生産可能な生物材料であり、また、その生産活動そのものが地球環境の維持に直結した産業である点である。このことは、利用者にとってどんな意味をもっているのだろうか。最も大きな特徴は、生物材料ゆえのバラツキがあることであり、そのことは利用者が欲する性能を満たすように作り出される人工材料との決定的な違いといえる。つまり、利用者は、要求性能を満たす材料を選ばなければいけないのである。この問題を力学的に考える際、一般には L（Load：荷重）－R（Resistance：抵抗力）モデルが用いられる。外力の確率変数と抵抗力の確率変数を重ね合わせ、両者が重なり合う部分を低減することにより構造信頼性を高めようとする考え方である。本書でも取り上げた許容応力度設計や積層効果を活用した木質材料の開発はこのL－Rモデルに基づいている。

　しかし、これらの理論はあくまで利用側から構築されたものであり、森林に存在する資源を最大限有効活用するには、さらに一歩踏み込んだ議論が必要である。ある性能を満たす部材を考えるとき、材料力学によれば材料の性能が高ければ断面は小さくて済む（省資源）ため、一般の工業設計では高い性能の材料を要求する。しかし、質的なバラツキがある木材に対して要求性能

を上げていくと、使用できない素材(資源)が増加することは想像に易いだろう。つまり、資源を有効に活用できないのである。

右のグラフは、ある地域の人工林資源について、最大限の生産がなされたと仮定した場合の着工可能な木造住宅(集成材を使用)の棟数を200年間に亘って

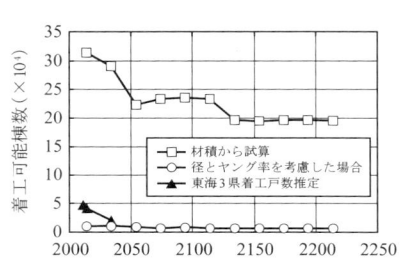

東海三県の人工林資源による住宅着工可能棟数の推移(年)

試算した結果である。計算に用いた木造住宅は、柱や梁といった構造部材に集成材を利用した在来軸組構法のもので、現在(2010年代)多く建設されているタイプの住宅である。試算によれば、森林から生産される資源量(□)は着工予測を十分に上回っているにも関わらず、丸太の径や力学的な質(ヤング率)を考慮すると着工可能棟数はそのわずか3%にまで減少する。この主たる原因は、木造住宅の建設で要求されている質を有する木材が不足していることにある。ところが、木造住宅で真に必要な性能を構造計算により求めると、計算に用いた要求性能より低い質の材でも十分に安全性が確保されることがわかる。つまり、住宅メーカーが要求する性能が高すぎるのである。使用されなかった残り97%の木材はどうなるのだろうか。これらを即時灰にしてしまったのでは、樹木と大気との間の炭素循環が時間軸で不整合を起こし、木材利用の環境優位性が低下する。炭素貯蔵効果を活かしたマテリアル利用を最大限に検討し、炭素排出を遅延させることが重要である。また、経済的にもマテリアル利用の方が高価値であり、産業の発展に繋がるのである。

一般の工業製品では人工材料を用いることが前提となっており、その場合、通常は資源を極力節約することを目標として力学設計がなされる。しかし、木材は人工材料ではない。自然界の生物資源を人間が利用しようとする材料であり、それゆえに個性もあれば、成長過程で丸太の径も変化する材料である。したがって、これを活かす力学設計は人工材料のそれに倣わず、木材ならではの目標をもって行うことが求められるのである。

― 山﨑真理子 ―

APPENDIX

　本書で述べて来たように、木材や木質材料、あるいは接合部の強度は含水率や大きさ、試験方法など様々な要因によって影響を受けるため、標準的な試験方法やデータの統計的な処理方法などが必要になる。ここではこれまで使われてきたいくつかの標準的な木材の試験方法の規格(standard)を紹介する。当初、試験体の寸法等を中心に記述しようと考えていたが、ASTMの内容を見て、規格作成の経緯の重要性をあらためて認識し、そういった情報を中心に紹介することにした。読者には、是非ASTMを一読することを勧める。

　木材や木質材料の様々な試験法に関する規格の中で、特にASTMは重要である。その理由は、ASTMには、木材や木質材料に関する用語の解説や、節径の測り方、曲げや圧縮の破壊の様子などが記述されており、これはちょうど木材関係のJISとJASを包含したようなものであるからである。したがって、以下、ASTMを中心に述べる。

1. JIS Z 2101

　木材に関する、わが国の最も標準的な試験方法である。本規格は、木材の標準試験体による試験方法について規定している。標準試験体であるため、試験体は無欠点小試験体である。つまり、「あて・腐れ・節・もめ・きず・割れ・ぜい(脆)心材などの欠点が含まれないようにし、(中略)できるだけ正確な板目またはまさ(柾)目に木取りした試験体を作成する。試験体の年輪はほぼ等しく、木理の正常なものでなければならない。」とある。内容はASTMを踏襲していると思われる。

　本規格で規定する試験項目は、(1)平均年輪幅、含水率及び密度の測定、(2)収縮率試験、(3)吸水量試験、(4)吸湿性試験、(5)圧縮試験、(6)引張試験、(7)曲げ試験、(8)せん断試験、(9)割裂試験、(10)衝撃曲げ試験、(11)硬さ試験、(12)クリープ試験、(13)くぎ引抜き抵抗試験、(14)摩耗試験、(15)耐朽性試験、(16)着炎性試験である。

本文第 6 節に紹介したが、北米では 1980 年代に In-grade 法が確立され、ASTM にも規格があるが、JIS には実大サイズの試験法に関する規格はない。

2. ASTM

　ASTM は、ASTM International という 1898 年に設立された組織によって編纂されているが、世界的にもっとも使われている規格であろう。現在は 16 のセクションがあり、木材関係はセクション 4　建設（Construction）の中の、Volume 04.10　Wood にある。この中には、「木材と木質材料（D9-05）」、「単板と合板（D1038-83）」、「木質繊維板とパーティクルボード（D1554-01）」に関する専門用語の解説（terminology）もある。この用語解説の中には、cambium などの組織に関する用語、crosscut や kiln などの加工に関する用語、E-rated lumber などのエンジニアリングに関する用語などがあり、先述したように、JIS と JAS を包含したようなものである。また、機械的性質にとどまらず、保存処理材、難燃材、化学分析、乱数の発生法なども含まれ、内容は多岐にわたっている。なお、タイトルの前の番号で、－に続く数字は、最初に採用された年あるいは改訂された年を表している。例えば、最初に 2007 年に採用された場合、あるいは改訂された場合 07 と記述されており、その後に a が付加されている場合は 1 回目の改訂、b の場合には 2 回目の改訂を表す。次に、木材・木質材料の強度に関する代表的な規格をあげる。

2.1　D143-09　Standard Test Methods for Small Clear Specimens of Timber

　本規格の冒頭には、次のように書かれている。「無欠点小試験体の物理的あるいは機械的な性質を評価することによって、樹種を分類する必要性は必ず存在している。それは、樹種の多様性が多いこと、性質が変わること、常に供給条件が変化していることなど、試験結果に影響を与える要因が多いこと、そして、様々な変数を比較しやすいことから、このような無欠点小試験体のニーズは疑いなく存在している。」つまり、本規格は、各樹種の基本的な物理的、機械的性質を求めるための試験方法といえる。本規格における無欠点小試験体に関する試験方法は、既存の試験方法と比較可能な結果をもたらす方法であるとともに、これまでの経験から望ましいと考えられる改善を考慮して調整されている。本規格の試験方法は、アメリカ森林省（U.S. Forest Service）と前カナダ林産物研究所（Forest Products Laboratories of Canada）（現フォーリンテックカナダ：Forintek Canada Corp.）、および他の同様の機関による包括的な計画に基づく数千もの試験から、これらの機関で用いられた方法に自

然と近いものになっている。本規格は、北米と欧州の経験と方法の研究からの自然の成り行きであり、本規格を用いることにより、データを交換したり、比較したりして、試験結果を世界的に統合でき、世界の樹種に関する基本的な情報を積み上げていくための基盤形成に寄与すると考えられる。

　本規格で規定するのは、次の19項目である。Photographs of Specimens（試験体の写真）、Control of Moisture Content and Temperature（含水率と温度の管理）、Record of Heartwood and Sapwood（心材と辺材の記録）、Static Bending（静的曲げ試験）、Compression Parallel to Grain（縦圧縮試験）、Impact Bending（衝撃曲げ試験）、Toughness（摩耗試験）、Compression Perpendicular to Grain（横圧縮試験）、Hardness（硬さ試験）、Shear Parallel to Grain（せん断試験）、Cleavage（割裂試験）、Tension Parallel to Grain（縦引張試験）、Tension Perpendicular to Grain（横引張試験）、Nail Withdrawal（釘引抜試験）、Specific Gravity and Shrinkage in Volume（比重と体積収縮試験）、Radial and Tangential Shrinkage（半径方法および接線方向の収縮試験）、Moisture Determination（含水率測定）、Permissible Variation（許容測定精度）、Calibration（試験器の検査）

　強度試験は、本来的な試験と副次的な試験があり、本来的試験の断面寸法は2×2 inch（50×50 mm）、副次的試験のそれは1×1 inch（25×25 mm）である。断面寸法2×2 inch サイズの試験体は、多くの年輪を含んでいるし、早晩材の違いに影響されにくく、対象とする材料を代表するには十分な大きさであるという利点があるので、出来る限りこの寸法の試験体を用いることが望ましい。しかし、この断面寸法の試験体に対し、静的曲げ試験を行うには30 inch（760 mm）の長さを必要とすること、また、小さな二次林の木が増え、断面寸法2×2 inch サイズの試験体を採取するには小さすぎるサンプルに対しては、断面寸法1×1 inch の試験体を用いてもよいということにしている。ただし、このサイズの試験体は、繊維方向の圧縮、静的曲げ試験に対するものであり、衝撃曲げ試験、横圧縮試験、硬さ試験、せん断試験、割裂試験、横引張試験に対しては、断面寸法2×2 inch サイズの試験体を用いなければならない。また、摩耗試験、縦引張試験に対する試験体は小さな断面の特殊な試験である。これら2つの異なった断面寸法の試験体に関する試験結果は、直接比較可能とは限らないので注意しなければならない。

2.2　D198-09　Standard Test Methods of Static Tests of Lumber in Structural Sizes

　この規格は、1927年に設定された規格である D198-27 を拡張したものである。D198-27 は、基本的には木橋の桁に対する規格であり、D198-09 は集成材、製材と

合板との複合材や補強された材あるいはプレストレス材など、あらゆるタイプの部材に適用できるようにしたものである。

　本規格で規定されているのは、曲げ(Flexure)、圧縮(compression、短柱)、圧縮(同、長尺材)、引張(Tension)、ねじり(Torsion)、せん断弾性係数(Shear Modulus)である。曲げでは、基本的には矩形断面材に対する規格であるが、丸い断面や不規則な断面の梁、あるいは丸い柱や I 型梁などの特殊な断面を有する梁に対しても適用可能である。また、圧縮では、細長比 17 を境に短柱と長尺材に分けられている。引張では、厚さが公称 1 インチ(19 mm)以上の製材に、ねじりでは製材や集成材、あるいは複合構造に用いられる部材、丸い断面や不規則な断面を有する部材に、ねじりやせん断弾性係数も同様に矩形断面や丸い断面、不規則な断面の部材にも適用できる。

2.3　D245-06　Standard Practice for Establishing Structural Grades and Related Allowable Properties for Visually Graded Lumber

　本規格は、どのようにして目視等級区分された構造用製材の設計用応力と剛性を算定するかという手順を示している。この手順は、無欠点小試験体から得られるデータを用い、構造用材の各等級における強度比(strength ratio)の算出に必要な手法も含んでいる。本規格で示されている等級区分の規定は商売上のためのものではなく、欠点等の目視により等級区分された材の許容応力度をどのように算定するかを示したものである。この算定の鍵を握るのが強度比であり、この値が欠点に関連しどのような値をとっているのかについては本規格を参照されたい。この規定は次の手順を踏んでいる。1) 強度比が導かれる基本的な原則、2) 成長に関連した欠点の評価

表 A-1　乾燥による調整

性能	最大含水率が下記の値を上回る生材における 1% 当たりの増加	
	19%	15%
曲げ	25	35
弾性係数	14	20
縦引張	25	35
縦圧縮	50	75
水平せん断	8	13
横圧縮	50*	50*

＊：横圧縮に影響を最も及ぼすのはすぐ乾く表層の繊維であり、内部の乾燥が進んでもあまり影響を及ぼさないので、繊維飽和点以下の含水率ではすべて同じとする。

と制限、3）基準強度の算定、4）基準強度から許容応力度への調整。ただし、弾性係数および横圧縮強度の基準強度は平均値を、それ以外の強度性能の基準強度は5%下限値とする。次に、本文第5章に関係している主な調整係数を紹介する。

・含水率調整係数：繊維飽和点以下では、含水率が減少すると強度や剛性は増加するが、公称厚さが4インチ以上では、乾燥による収縮や割れ等の欠点が生じるため、含水率による増加は相殺されてしまう。したがって、公称厚さが4インチ以下で、使用状態においても最大含水率が19%あるいは15%以下の場合にしか適用しない。表 A-1 に含水率1%の減少に対する基準強度の増加率（百分率）を示した。これらの値は、D2555に示されている無欠点小試験体における生材と乾燥材の性能の比から次式を使って導き出されたものである。

$$\text{Percentage increase} = 100K(R_{15} - 1)$$

R_{15} は、D2555 の Table X1 に示されている無欠点小試験体における生材と乾燥材の性能の比である。また、K は、曲げでと縦引張 0.7143、弾性係数で 0.7000、縦圧縮で 0.6667、横圧縮で 1.000、水平せん断で 0.6154 である。

・寸法効果係数：せいは2 inch (51 mm) を仮定しており、他のせい d の場合には、次式で算出される係数 F を乗じなければならない。

$$F = (2/d)^{1/9}$$

・荷重継続時間の影響係数：いわゆるマジソンカーブ（本文第5章を参照）を適用

2.4 D1990-07 Standard Practice for Establishing Allowable Properties for Visually-Graded Dimension Lumber from In-Grade Tests of Full-Size Specimens

北米で生産され目視等級区分された構造用製材は、D245 に示した手順によって、許容応力度が与えられてきた。また、強度比を用いて許容応力度を導くために用いる各樹種の無欠点小試験体の強度値は、D2555 に示されている。一方、市場流通品を数多く試験するための、荷重速度の速い試験装置が開発され、商業的に生産され、市場に流通している実大サイズの構造製材から許容応力度および弾性係数を算定することが可能となった。したがって、このような実大材の試験は、そのような試験装置のある工場や試験機関で行われる。

多数の試験体と多数の評価すべき機械的性質が存在するために、試験を行った等級・寸法の材ばかりでなく、試験を行っていない等級・寸法の材も含めたデータを評価した上で、許容応力度を算定するための方法が必要とされる。試験を行った材に関するサンプリングと解析は D2915 に、また、機械的強度を求める試験方法は、

D198 および D4761 に示されている。本規格は、In-Grade test を行った製材に対する許容応力度および弾性係数を算定するために必要な手法を示しているし、試験を行っていない寸法の材の許容応力度や弾性係数（試験を行っていないいくつかの強度性能も含む）を算定する手法を含んでいる。本規格における手順の基本的前提は、サンプリングされ、試験された試験体は、評価されるべき母集団と見なせるということであり、このことは無欠点小試験体のデータを用いて目視等級区分材の許容応力度を算定する手順と同じ考え方である。したがって、試験体のサンプリングは、等級・寸法ごとの母集団と見なせるということを確実にするために十分留意すべきである。

本規格は、実大サイズの目視等級区分材（ディメンジョンランバー：2×4 用材）の In-Grade test から、曲げ強度、縦引張強度、縦圧縮強度における許容応力度を算定するための原則と手順を規定しており、D245 の規格に組み入れられた考え方を採用した等級に焦点を当てているが、それだけに限定しているわけではない。ここで、最も重要な、サンプリングの考え方を述べておく。

本規格は、一つの寸法、一つの等級、あるいは多数の寸法と等級に対し、許容応力度と弾性係数を算定するための手順を示している。多数の寸法と等級とは、少なくとも 2 つの等級と各等級における 3 つの幅、計 6 種類の材に対するデータから構成されていることを表す。また、サンプリングは、その地域の母集団と見なせる計画とすべきである。つまり、地域ごとの変動は潜在的に存在しており、サンプルのランダムな割り当てやサンプリング計画の設計においては、その変動を考慮すべきである。この点において、北米の In-grade test のサンプルは、母集団とみなすことができると考えられる。その理由は、サンプリング計画は、実際に生産されている各樹種グループの植生領域における少なくとも 3 つの地域の生産量に比例したサンプル数を要求しているからである。その結果最小のデータ数は 360 本となる。アメリカのいくつかの州に対応する地理的に小さな地域では、200 かそれ以上のサンプル数が母集団と見なせる。サンプルが母集団と見なすことができなければ、より多くのサンプルを行っても十分という訳ではない。地理的なもの、生産量、成長環境による変動を考慮して、分割した地域からサンプリングする必要がある。北米における In-grade プログラムでは、最小で 3 つの地域からサンプリングすると規定している。ただし、生産量の多い主要な樹種グループでは、もっと多くの地域からサンプリングしなければならない。このようなサンプリングができない場合には、他のサンプリング計画が、母集団と見なせるに十分なものであることを証明する必要がある。

2.5 D2555-06 Standard Practice for Establishing Clear Wood Strength Values

製材、集成材、合板、丸太、あるいは他の構造用木材製品は、もちろん各々要求される性能を持っているが、有効で信頼できる許容応力度を算定するために、共通の出発点として、商業上重要な樹種に対し、無欠点小試験体から得られるデータを正式なルールに従って解析する必要がある。また、各樹種グループや商売上ひとつの樹種としてまとめられてしまう地域の樹種グループに適用できる許容応力度を、無欠点小試験体から得られるデータを用いて算出する手順も必要とされる。本規格は、このような要求に応えるために作成されてきたものであり、無欠点小試験体の強度データから、設計に必要とされる許容応力度に調整するための因子に関する情報を提供するものである。樹種の適用性、樹種の分類、商売上の慣行、設計技術、安全係数などの要因は、製品種類や使われ方によって異なるので、本規格は、そのような製品に対する特定の許容応力度に関連した適切な規格によって補足されるであろう。D245 はそのような規格の例であり、構造用製材の許容応力度という観点から、無欠点小試験体の強度データを許容応力度に変換する手順を示している。

本規格の主眼は、長期にわたる試験と経験を通し、無欠点小試験体の強度とその変動を考慮した最も信頼できる基礎的な情報を示す表を提供することである。ここで用いられた試験方法は D143 に示されている。D143 に示された強度データを得る上で、広範な地域に広がる森林から得られる試験体には限度があり、また、多くの試験を行なうには経済的に不可能であるというような問題点は昔から指摘されている。このような問題点は、密度の詳細な調査を活用することによって改善されるものであり、密度の調査は、林分全体における樹種の比重は十分信頼できる統計に基づいて決定される。つまり、現状で用いることのできる強度データから導き出される、比重と強度の回帰式を用いて強度データは校正される。こいうった手法は、強度の新しい推定手法を開発したり、これまで行なわれてきた推定手法を改善したり、確かめたりする上で多大な貢献をするものである。

2.6 D2915-10 Practice for Sampling and Data-Analysis for Structural Wood and Wood-Based Products

試験体のサンプリングとデータ解析は、構造用の木材や木質材料の設計と評価において統合されるべきである。本規格は、設定された特性の適切性を評価したり、等級区分法の有効性を確かめたりする上で有用である。つまり、平均値と近最小値（near minimum：ここでは下限 5%値）の推定値を実験的に求め、評価する基礎を提供する統計的手法が示されている。このような母集団に基づいた推定手法は、これま

で確立された設計手法(許容応力度設計、荷重耐力計数倍設計、限界状態設計など)に使われる強度的な設計値を定めるための製品規格に用いられている。近最小推定値は、基本的には、設計上強度あるいは耐力(曲げ、引張、圧縮、せん断における破壊応力度や座屈に関係する弾性係数など)が最も重要である製品規格に用いられており、様々な構造的性能を決めている。これに対し、平均の推定値は、設計上強度あるいは耐力があまり重要でない(変形計算を行なうための弾性係数あるいは圧縮応力など)場合のような使用設計に用いられる。

　本規格では、2つの一般的な統計的解析手法が用いられている。一つはパラメトリックな手法であり、もう一つは順序統計である。順序統計はパラメトリック手法に比べ、前提が少なく、概して保守的である。パラメトリック手法は、母集団について経験分布を前提とするが、もし不適当な分布であるなら、間違った結果を導いてしまうことになる。パラメトリックな分布の例は、正規分布、対数正規分布、ワイブル分布である。パラメトリック手法を採用するなら、十分な試験データを基に、これらの分布のどれを選ぶかを決めるための適切な統計的検証を行う必要がある。

　本文第6章に紹介されている、サンプリング、信頼度75%における5%下限値、寸法効果を考慮した弾性係数の調整、パラメトリック(正規分布、対数正規分布、ワイブル分布)、ノンパラメトリックな取扱いなどが述べられている。

2.7　D3737-09 Standard Practice for Establishing Allowable Properties for Structural Glued Laminated timber（Glulam）

　本規格は、構造用集成材の許容値を算出するための手法を提供している。許容値とは、曲げ、縦引張、縦圧縮、水平せん断、横圧縮、彎曲集成材の半径方向の引張と圧縮に関する許容応力度である。また、弾性係数や剛性に関する許容値も含まれる。本規格は、どのような等級のラミナをどのように配置すれば、どのような許容応力度になるのかという計算の手順に限定されており、製造、検査や認定は含まれていない。製造基準については、ANSI/AITC A1901やCSA 122を参照されたい。

　製造に係わる事項は含まれていないと書かれているが、ラミナの節径比や節のタイプ、異等級集成材の弾性係数の算出法などが示されており、JASの一部も含まれているように感じる。目視等級区分材およびE-rated lumberに対し、集成材の各層に配置されるラミナには、応力指標(stress index)や応力調整係数(stress modification factor)や使用条件を考慮した調整係数を乗じて、許容応力度が算定される。

2.8 D5124-96(2007) Standard Practice for Testing and Use of a Random Number Generator in Lumber and Wood Products Simulation

ASTM には、本規格のように、乱数の発生手法が述べられている。正規分布、対数正規分布、2P ワイブル分布にしたがうシミュレーション手法も示されている。しかし、最近では、ほぼ無限大と考えられるランダム性を有する乱数の発生手法があり、そういった手法を採用すべきと考える。

3. 構造用木材の強度試験マニュアル
(平成 23 年 3 月 (財) 日本住宅・木材技術センター)

本マニュアルは、「構造用木材の強度試験法(2000.3)」((財)日本住宅・木材技術センター編)を基礎に、ISO/TC165 での審議を経て 2005 年に公開された ISO 13910:2005 "Structural timber – Characteristic values of strength-graded timber – sampling, full size testing and evaluation"との整合性を考慮し、また、最新の試験法に関するいくつかの提案を取り入れたものである。

表 A-2 基準寸法

区分記号	梁せいまたは長辺寸法(mm)	基準寸法(mm)
D1	36〜55	45
D2	60〜80	75
D3	90〜135	120
D4	150〜270	240
D5	300〜	360

前試験法(2000 年版)は、欧州規格草案 prEN384/408、ISO/TC165 の WG5 における試験法草案 ISO-TC165/N232/DRAFT No.4/CD13910(1999.3)、および建設省(現国土交通省)「木材の材料強度に関する評価基準(案)」を参考に、わが国での試験機設備等の設置状況を配慮して作成されていた。

2000 年版では、曲げおよび引張強さに対しては、梁せいの標準寸法 d_0 を 150 mm とし、他のせい d に対しては寸法調整係数 k_1 を乗じて調整していた。ただし、k_1 は $k_1 = (d/d_0)^{0.2}$ により算出していた。一方、2012 年版 8.2.1 では、表 A-2 に示すように、梁せいまたは長辺寸法を 5 つの区分に分け、それぞれに基準寸法を定め、2000 年版と同様の係数を乗じることにしている。ただし、d_0 は右表の基準寸法である。しかし、5.3 には、「曲げおよび引張り強さの評価に於いては、測定値を「8.2 木材の寸法および荷重条件による調整」に示した方法により、梁せいまたは長辺が標準寸法(150 mm)のときの値に調整するものとする。」とある。

また、2003 年版では、提案された試験によるクリープ調整係数(クリープ変形係数と同じ)を求めることになっているが、ASTM とは精神を異にしている。ASTM の

場合には、D6815-09 Standard Specification for Evaluation of Duration of Load and Creep Effects of Wood and Wood-Based Products に示されており、基準の範囲にもあるように、D245 に示された目視等級区分材のクリープの影響と工学的に同等であるかどうかを検証するための手法を示すことが目的であり、クリープ係数を求めることではないと明記している。

4. ISO 13910: 2005（E）Structural timber – Characteristic values of strength-graded timber – sampling, full-size testing and evaluation

　本規格は、構造上の工学的設計を行う規定における、試験体のサンプリング、実大材の試験、そして製材の構造的許容値を明記するものである。上記 3. に示したように、多少の違いがあるが、本質的なところは、「構造用木材の強度試験マニュアル」と同じである。なお、2014 年に「Timber structures — Strength graded timber — Test methods for structural properties」と改訂されており、試験方法のみとなった。2005 年版に比べ、めり込みやせん断の試験方法が変更されている。

5. 破壊力学に適用する破壊エネルギーを求めるための試験

　破壊力学に用いるための定数を求めるための試験は、本章に示されているように、CT 試験（コンパクト試験片を用いた引張試験）や 3ENF（片側き裂入り三点曲げ試験）が用いられているが、応力拡大係数やき裂開口変位を求めるもので、き裂発生以後の安定したき裂進展を含めた破壊エネルギー G_f を求めるものではない。G_f を求める試験法は、次に示す Nordtest method に示されている。Nordtest について少し述べる。Nordtest は 1973 年に、北欧閣僚会議の下に設立され、適合性の評価を行なう組織と

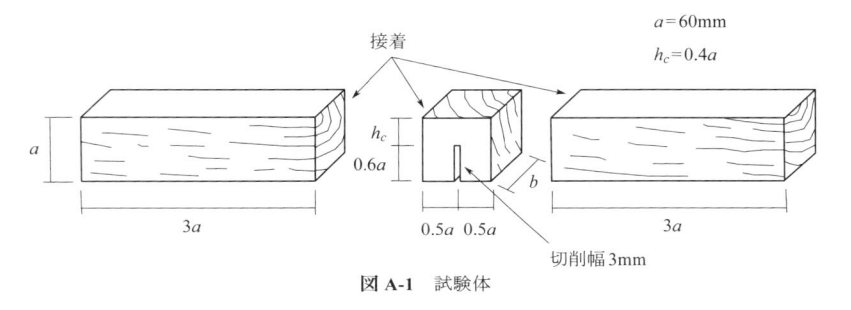

図 A-1　試験体

5. 破壊力学に適用する破壊エネルギーを求めるための試験

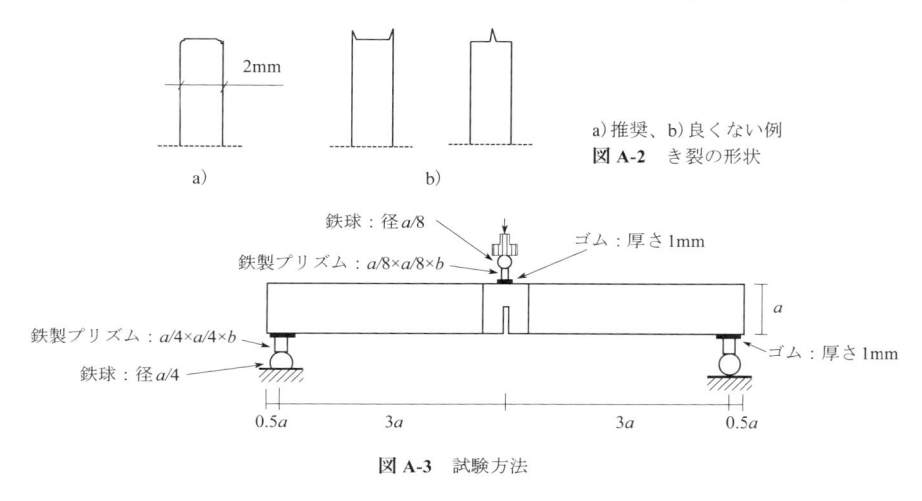

a) 推奨、b) 良くない例
図 A-2 き裂の形状

図 A-3 試験方法

して活動してきたが、2004年1月に北欧工業基金とともにオスローにある北欧イノベーションセンターに合併している。北欧試験法の開発と適合性評価に関する施行に重点が置かれている。

Nordtest の中に、「FRACTURE ENERGY IN TENSION PERPENDICULAR TO THE GRAIN」があり、これが繊維直交方向の破壊エネルギーを求めるための試験法である。試験体は図 A-1 に示すように、3つの部分から構成されており、割裂は繊維方向に進展するようになっている。また、予め入れるき裂幅は、図 A-2 に示すように、厚さ2mm であり、き裂先端は a) に示すようなものとし、b) は避けるべきである。試験方法を図 A-3 に示す。ゴムを荷重点および支持点に挿入することになっている。

中央の試験片の密度を次式で算出する。

$$\rho_\omega = \frac{m_\omega}{a^2 b}$$

また、破壊エネルギーは、次式で算出する。

$$G_{I,C} = \frac{W + mgu_0}{h_c b}$$

W：中央集中荷重 F による仕事量であり、図 A-4 における曲線の面積

m：$=5/6 \times m_{tot} + 2m_{prism}$、$m_{tot}$ は試験体の質量、m_{prsim} は $F=0$ における鉄製プリズムおよび鉄球の質量

g：重力加速度

u_0：破壊時点における変位

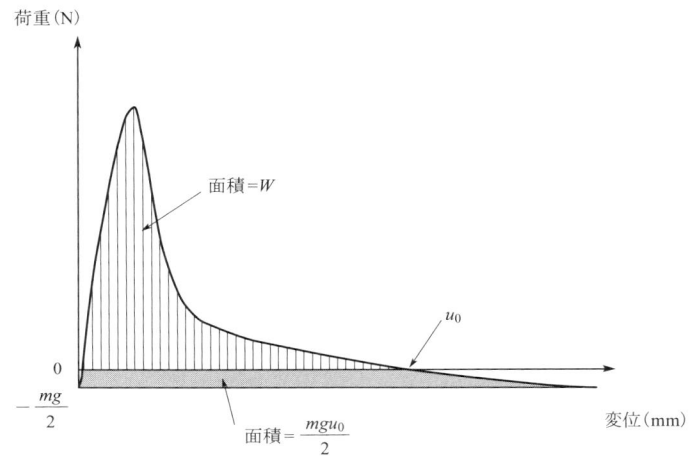

図 A-4　安定的なき裂進展における荷重－変位曲線

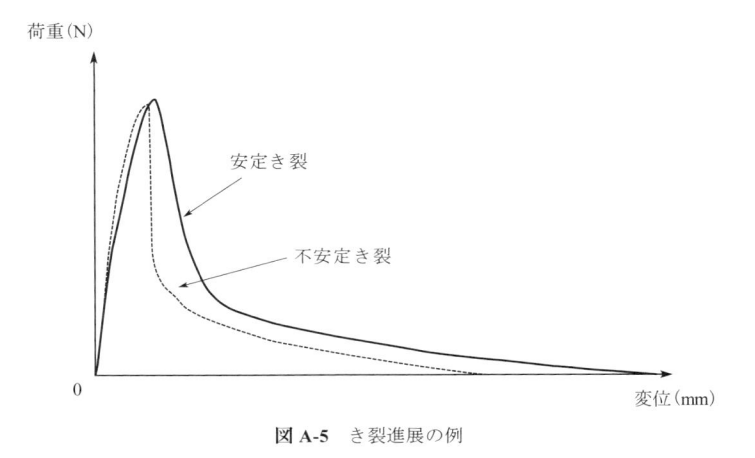

図 A-5　き裂進展の例

図 A-5 に例として、安定なき裂の進展、不安定なき裂の進展を示した。

　本試験は、JCI 規準 JCI-S-001-2003「切欠きはりを用いたコンクリートの破壊エネルギー試験方法」に近い試験方法であるが、同規準は、切欠きはりの 3 点曲げ載荷時の荷重－ひび割れ肩口開口変位 (CMOD) 曲線からコンクリート (1) の破壊エネルギーを求める試験方法であるところが異なっている。

索引・用語解説

本文中で☞を肩付した用語に解説を付した。

略　語

ARF: area reduction factor／36 →節面積低減因子

CDF: cumulative distribution function／20 →累積分布関数

CMOD: crack mouth opening displacement／105 →き裂肩口開口変位

COD: crack opening displacement／105 →き裂任意点開口変位

CTOD: crack tip opening displacement／103 →き裂先端開口変位

CV: coefficient of variation／148 →変動係数

DCB: double cantilever beam／24, 100 →双片持ちばり試験

DIC: digital image correlation／24, 37, 118 →デジタル画像相関法

DSP: digital speckle photography／120 →デジタルスペックル写真法

EPM: elasto-plastic Pasternak model（弾塑性パステルナーク・モデル）／68, 221　Pasternak modelは、Winkler modelの離散型バネ相互をせん断作用にて連続させることで、連続体のめり込み変位を表現する力学モデルで提案者のPasternak, P. L.(1954)に由来する。Elasto-plastic Pasternak modelはPasternak modelを直交異方性木材の弾塑性横圧縮に拡張した力学モデルで、めり込み部材内部のひずみ分布と横圧縮特有のひずみ硬化挙動に基づいて弾塑性めり込み特性を表現する力学モデルであり、棚橋ら(2006)による。［大岡］

ESPI: electronic speckle pattern interferometry／120 →電子スペックル干渉法

EYT: European yield theory／213 →ヨーロッパ型降伏理論

FEM: finite element method／37 →有限要素法

FPZ: fracture process zone／23, 103, 108 →破壊進行領域

FSAFC: finite small area fracture criteria／24 →有限小領域理論

FSP: fiber saturation point／16, 80 →繊維飽和点

GIR: glued-in rod／232, 237　部材に孔を空け、ボルトや異形鉄筋あるいは木製ダボなどを挿入し、クリアランス部分にエポキシ樹脂などの接着剤を充填する。［中村］

KAR: knot area ratio／36 →節面積比

LEFM: linear fracture mechanics／103 →線形破壊力学

LVL: laminated veneer lumber／185, 200 →単板積層材

MOE: modulus of elasticity／142, 152 →曲げヤング係数

MOR: modulus of rupture／17, 142, 194 →曲げ強度

SPF: spruce-pine-fir／56　カナダでは、ス

プルース、パイン、もみを同一の林分に植林している。それらをあわせて、SPF としている。［中村］

A〜Z

air-dry condition／80 →気乾状態
artificial drying／87 →人工乾燥
ASTM／33, 130, 258
beam／172 →梁
Bingham plastic／57 →ビンガム塑性流動
bio-deterioration／70 →生物劣化
bound water／79 →結合水
brown rot／70 →褐色腐朽
central limit theorem／147 →中心極限定理
coefficient of linear expansion／85 →線膨張率
cohesive crack model／107
collapse／81 →落ち込み
complete composite beam／188 →完全合成梁
compression shrinkage／82 →加圧収縮
crack growth resistance／108
criteria／201 →クライテリア
cumulative probability／150 →累積確率
dowel type fastener／213 →ダウエル型接合具
dowel-type joint／209 →ピン接合部
drying set／82 →ドライングセット
drying stress／88 →乾燥応力
embedding strength／214 →面圧強度
equilibrium moisture content／80 →平衡含水率
equivalent sectional area／188 →等価断面積
equivalent sectional area method／187 →等価断面法
fastener yield moment／214 →降伏曲げモーメント

fictitious crack model／107
free water／79 →自由水
green condition／80 →生材状態
green wood／80 →生材
In-Grade Test／17, 144
interval estimation／147 →区間推定
ISO13910／266
JIS Z 2101／257
laminating effect／199 →積層効果
lower tolerance limit／148 →下側許容限界値
Mechano-sorptive／91 →メカノソープティブ
moisture content／79 →含水率
monomolecularly adsorbed water／79 →単分子層吸着水
natural drying／87 →天然乾燥
non-linear least squares method／200 →非線形最小二乗法
oven-dry condition／80 →全乾状態
parallel axis theorem／189 →平行軸定理
parameter／148 →母数
physical aging／90 →フィジカルエージング
plastic flow／56 →塑性フロー
polymolecularly adsorbed water／79 →多分子層吸着水
probability distribution／147 →確率分布
quasi-brittle material／107
random variable, r.v.／147 →確率変数
R-curve／108
shear lag／238 →シェアラグ層
shrinkage／81 →収縮
single (double) shear／217 →1面(2面)せん断接合
skew／148 →歪
small scale yielding／156 →小規模降伏
soft rot／70 →軟腐朽
strain-softening／107

stress function／176 →応力関数
swelling／81 →膨潤
thermal expansion／84 →熱膨張
Timoshenko beam theory／245 →ティモシェンコ梁理論
water saturated condition／80 →飽水状態
wedge-splitting／107
white rot／70 →白色腐朽

あ

R曲線(抵抗曲線)／108
I型梁(I-beam)／232
I型梁(I-beam)の応力計算／233
アメリカカンザイシロアリ(Incisitermes minor)／71 家屋を食害するシロアリで、日本では数十の都市で発見されている。食害活性は高くないが、乾材を好んで食し、発見が難しいことなどが特徴。[森]
イエシロアリ(Coptotermes formosanus)／70 家屋を食害する代表的なシロアリの一つで、大きなコロニー(巣)を形成する。ヤマトシロアリと比較すると、コロニー当りの頭数が多く、加害力が旺盛であること、行動範囲が広いことなどが特徴。[森]
1面(2面)せん断接合(single (double) shear)／217 1つの接合具に対して、せん断面(材料どうしのすべり変位を生じる面)の数が1つ(2つ)となる形式。[小林]
打ち込み深さ測定(penetration depth measurement)／72 木材劣化の診断方法の一つで、鋼製ピンを一定のエネルギーで打ち込み、その打ち込み深さを測定すること。[森]
エネルギー解放率／99
エンジニアードウッド／185
応力・ひずみ計測／115

応力拡大係数／99
応力関数(stress function)／176 応力のつり合い式、及び応力の適合条件式を満足する関数である。応力関数から、目的とする境界条件に適合する一般解を見つけなければならないが、簡単に見つかるものは少ない。[中村]
応力感度／117
応力効果／164
応力波伝播速度計測(stress wave propagation velocity measurement)／72 木材劣化の診断方法の一つで、打撃を用いて応力波を木材に与え、その伝播速度を計測すること。[森]
応力−ひずみ関係／12, 28
応力−ひずみ曲線(ヒステリシスループ)／54, 59
落ち込み(collapse)／81 乾燥途中または乾燥後の板の特定の場所が繊維方向に筋状にへこむか、板の断面が極端に縮小変形する現象。[古田・三好]
off-axis試験／27

か

加圧収縮(compression shrinkage)／82 木材の1方向の膨潤を抑制した状態で吸湿あるいは吸水させ、その加圧状態で乾燥させた時に、抑制方向に大きな収縮を生じ、元の寸法よりも小さくなる現象。[古田・三好]
χ^2検定／64
解析ソフトウェア／39
確率分布(probability distribution)／147 確率変数の値に対し、総量1の確率が分配される様子を示したもの。確率変数が未知でも確率分布が既知ならば、確率変数の値と対応する確率は定量的に扱える。[園田]
確率変数(random variable: r.v.)／147 確

率的に起きる事象を数値に対応させる関数。［園田］
荷重−変位関係／99
荷重方式／165
仮想き裂モデル／38, 106
褐色腐朽（brown rot）／70　木材の細胞壁を構成するセルロースとヘミセルロースを分解し、リグニンはほとんど分解されずに残るため腐朽材が褐色を示す。針葉樹材を侵すものが多く、腐朽材は乾燥すると繊維方向に収縮し、亀裂を生じることが多い。［森］
含水率（moisture content）／79　木材の含有水分を木材実質に対する重量比で示した値。［古田・三好］
含水率補正／17
完全合成梁（complete composite beam）／188　集成材のように層間にすべりを生じない重ね梁。単に重ねただけの梁は非合成梁。釘などで層間が機械接合され、層間に若干のすべりを生じる梁は不完全合成梁と呼ばれる。［園田］
乾燥応力（drying stress）／88　木材を乾燥させる時に材内に発生する応力。［古田・三好］
乾燥スケジュール／88
気乾状態（air-dry condition）／80　木材の水分状態が周囲大気の温度・湿度と平衡にある状態。［古田・三好］
凝集き裂モデル／107
強度比／131
許容応力度／129, 144
き裂進展抵抗／108
き裂先端開口変位（CTOD）／103
き裂任意点開口変位（COD）／105
き裂肩口開口変位（CMOD）／105
区間推定（interval estimation）／147　母集団の母数が含まれる区間を決定する古典的な母数推定法。母数が区間内に存在する確率（信頼水準）を併記する。［園田］
くさび型割裂試験／107
クライテリア（criteria）／201　設計における判断基準。一般的には、基準値や設計式で表される。［中村］
K-S検定／64
結合水（bound water）／79　細胞壁中に存在する水分。水素結合やファンデルワールス力により強く木材に結合している。［古田・三好］
構造用木材の強度試験法／146
構造用木材の強度試験マニュアル／146, 265
光弾性感度／117
光弾性法／116
降伏条件（Gol'denblat-Kopnovの〜）／31
降伏条件（Trescaの〜）／30
降伏条件（Jenkinの〜）／31
降伏条件（Misesの〜）／40
降伏条件（Hillの〜）／31, 40
降伏条件（Mises-Henckeyの〜）／30
降伏曲げモーメント（fastener yield moment）／214　ダウエル型接合具の曲げに対する特性値。EYT式の計算に用いる。［小林］
古材／63
古材実大材／66
古材の圧縮強度／64
古材の力学性能／63
コレスキー分解／196
コンプライアンス較正法／101

さ

最弱リンク理論／21
材料強度／18
シェアラグ層（shear lag）／238　せん断遅れ。シェアラグ理論とは、結合界面にせん断応力のみが働き、この応力によ

って相互の材料間で力の伝達を行うことを仮定した理論。[中村]
J積分／103, 105
下側許容限界値(lower tolerance limit)／148 誤差を含む製品の公称値について、ある信頼水準(許容水準)のもとで設定した品質管理上の最低値。[園田]
収縮(shrinkage)／81 含水率の低下に伴い、木材の寸法または体積が減少する現象。[古田・三好]
収縮・膨潤の異方性／82
自由水(free water)／16, 79 木材実質とは結合関係を持たず、毛管現象により細胞内腔などに保持されている水分。[古田・三好]
集成材／185, 186, 188, 198
集成材のJAS規格／36, 195, 198
主ひずみ感度／117
順位法／148
準脆性材料／107
小規模降伏(Small scale yielding)／156 小規模降伏状態とは、き裂先端部に塑性硬化部を持ち、かつその塑性域寸法がき裂寸法に対し十分に小さく、き裂先端を除けば弾性変形をしていると見なし得る状態のことである。[中村]
人工乾燥(artificial drying)／87 人工的に乾燥条件を調節して木材を乾燥すること。[古田・三好]
スペックル写真法／119
寸法効果／18
寸法効果係数／163
寸法調整係数／21
製材めり込みの基準強度／138
生物劣化(bio-deterioration)／70 腐朽菌などの菌類、シロアリをはじめとする昆虫などによって木材等の材料が劣化すること。[森]

積層効果(laminating effect)／199 集成材の中のラミナの節や縦継ぎ等の強度的な弱点が接着された隣接ラミナで補強される効果。[園田]
節面積低減因子(ARF)／36
節面積比(KAR)／34, 36
セルロース／11, 86
繊維架橋／103
繊維飽和点(fiber saturation point: FSP)／16, 80, 82, 130, 141 木材の細胞壁が完全に結合水で満たされており、細胞内腔に自由水が全く含まれない状態の含水率。[古田・三好]
全乾状態(oven-dry condition)／80 木材を構成する成分などの分解がほとんど生じない100℃～105℃のもとで乾燥し、質量変化がなくなった状態。[古田・三好]
線形破壊力学(LEFM)／23, 98, 103, 253
せん断強度／65
線膨張率(coefficient of linear expansion)／85 物体の熱膨張によるひずみを温度変化量で割った値。[古田・三好]
双片持ちばり(DCB)／100
塑性フロー(plastic flow)／56 降伏値を越えた応力状態において、塑性体が示す定常流動を塑性流動という。この場合のずり(せん断)応力とずり速度との関係は、塑性粘度(ビンガム塑性の項目参照)に比例する。塑性流動とも言う。[中村]

た

耐力算定式／109
ダウエル型接合具(dowel type fastener)／213 ダボや丸棒およびそれらに類似した形状を持つ接合具の総称。くぎ、ボルト、ドリフトピン、木ねじ、ラグスクリューなどがある。[小林]

高靱化機構／103
縦圧縮強さ／16
多分子層吸着水(polymolecularly adsorbed water)／79　単分子層吸着水表面上に水素結合によって保持される水。[古田・三好]
弾性床上の梁理論／209
弾塑性パステルナーク・モデル／68, 221　→EPM
単板積層材(LVL)／185, 200
端部切欠ばりの3点曲げ試験(3ENF試験)／100
単分子層吸着水(monomolecularly adsorbed water)／79　木材内部表面と水素結合で直接結合し、単分子層状に保持されている水。[古田・三好]
中心極限定理(central limit theorem)／147　母平均 μ、母分散 σ^2 の母集団から抽出される標本数 n の標本平均は平均 μ、分散 σ^2/n の確率分布に従う。母集団が正規分布に従わなくとも、n を大きくしていくと、標本平均が従う確率分布は正規分布に近づく。[園田]
超音波伝播速度計測(ultrasonic propagation velocity measurement)／72　木材劣化の診断方法の一つで、材における超音波の伝播速度を計測すること。[森]
直交異方性材料／12
抵抗曲線(R曲線)／108
ティモシェンコ梁理論(Timoshenko beam theory)／245　棒が曲げを受けるとき、この棒を梁と呼ぶ。断面寸法に比べて十分長い梁が曲げを受ける場合、変形前の中心軸に垂直な面は変形後も平面を保つという仮定をおく。この仮定にしたがう梁をベルヌーイ・オイラー梁という。これに対し、短い梁では平行四辺形化－すなわちせん断変形も生じる。せん断変形も考慮する梁理論をティモシェンコ梁理論という。[中村]
テーパー梁の応力解析／170
デジタル画像相関法(DIC)／24, 37, 118
デジタルスペックル写真法(DSP)／120
電子スペックル干渉法(ESPI)／120
天然乾燥(natural drying)／87　材料を屋外に桟積みして自然の条件で乾燥すること。[古田・三好]
等価断面積(equivalent sectional area, transformed sectional area)／187　ヤング係数の異なる部材で構成された梁断面に対して、基準となるヤング係数で構成されたものとして換算した断面積。等価断面と称する場合は、変換された断面を指す場合と断面積を指す場合がある。[園田]
等価断面積比(ratio of equivalent sectional area)／187　等価断面積を実断面で除した比。[園田]
等価断面法(equivalent sectional area method)／188　等価断面積を用いて梁の剛性を求める方法。[園田]
等傾線／116
同時確率密度関数(joint probability density function)／152　同時分布または結合分布(joint distribution)とは、確率変数が複数個ある場合に、複数の確率変数がとる値の組に対して、その発生の度合いを確率を用いて記述するもので、確率分布の一種である。その確率密度関数を同時確率密度関数と呼ぶ。[中村]
等色線／117
ドライングセット(drying set)／82　湿潤状態の木材に外力(変形)を与えた状態で乾燥させた後、外力を取り除いても残留している一時的な変形固定。[古田・三好]

な

内部摩擦説(Mohr-Coulombの〜)／30
生材(green wood)／80　立木および伐採直後の木材。[古田・三好]
生材状態(green condition)／80　立木および伐採直後の木材の状態。[古田・三好]
軟腐朽(soft rot)／70　木材の細胞壁を構成するセルロース、ヘミセルロースだけでなくリグニンも一部分解される。土壌に接して使われる木材など高含水率状態でも侵害する。[森]
日本農林規格(JAS)／33
2面せん断接合／220
熱伝導方程式／58
熱軟化温度／86
熱膨張(thermal expansion)／84　温度上昇によって物体の長さや体積が増加する現象。[古田・三好]
粘弾性(レオロジー)／50
粘弾性クラック進展理論／156, 157

は

破壊試験／19
破壊条件／26
破壊条件(Hillの〜)／26
破壊条件(Norris-McKinnonの)／26
破壊条件(Norrisの)／26
破壊条件(Tsai-Wuの〜)／26
破壊進行領域(FPZ)／23, 103, 108
破壊じん性値／99, 109
白色腐朽(white rot)／70　木材の細胞壁を構成するセルロース、ヘミセルロース及びリグニンが分解され、腐朽材が白っぽくみえる。広葉樹材を侵すものが多い。[森]
バジャン則／23, 103
パステルナーク・モデル／68
破損則／26
パターンマッチング／118
パラメトリック法／148
梁(beam)／172　「細長い棒が、長さ方向の軸線に、垂直に外力として荷重(横荷重)または曲げモーメントを受ける場合」の棒を梁と呼んでいる。したがって、この場合の棒とは、非常に細長いもの、少し定量的に書くと、3次元の空間に横たわる物体のある1方向への拡がりが他の2方向への拡がり方よりもかなり大きなもの[中村]
ハンキンソンの式／28, 36
光弾性係数／116
歪(skew)／148　ヒストグラムが左右非対称に歪む様子。歪(ひずみ)の程度を歪度(skewness)と呼ぶ。[園田]
ひずみゲージ／115
ひずみ軟化／107
非線形最小二乗法(non-linear least squares method)／200　非線形最小二乗法は、未知パラメータ(フィッティングパラメータ)を持つ非線形モデルを用いて、観測データを記述することを目的とする。即ち、データに最も当てはまりの良いフィッティングパラメータを推定する手法の一つである。[中村]
標準正規確率密度関数(standard normal probability density function)／154　平均値0、標準偏差1の標準正規変数を用いて、変数のある値xにおける確率を表した関数。[中村]
標準正規累積分布関数(standard normal cumulative distribution function)／154　平均値0、標準偏差1の標準正規変数を用いて、$-\infty \sim x$までの確率を累積した(積分)関数。[中村]
疲労／57
ビンガム塑性流動(Bingham plastic)／

57 ビンガム塑性は図 2-1-1 のような力学模型で表すことができる。すなわち、スプリングとダッシュポットが並列に結合したモデルで、このモデルに模擬させるような挙動を示す物質をビンガム体（Bingham body）という。ビンガム塑性の性質を表す液体は比較的少数で、トマトケチャップ、各種スラリー、泥漿、汚泥などがある。［中村］

ピン接合部（dowel-type joint）／209 釘やボルトのような円形断面の棒鋼で部材同士を接合した接合部。［澤田］

フィジカルエージング（physical aging）／90 高分子材料をガラス転移温度以上の温度域から冷却する時、粘性が増大し構成分子鎖が熱力学的に非平衡状態で凍結してしまうが、それが時間経過とともに徐々に分子の状態が平衡状態へと移行していく現象。［古田・三好］

フォークトモデル／51

フォルカーセン解析／238

複合応力状態／25

普通構造材の基準材料強度／135

フックの法則／12, 39, 50, 186

平衡含水率（equilibrium moisture content）／16, 80, 89 一定温度・湿度の雰囲気下で、木材の吸湿量と放湿量とが等しい状態にある時の含水率。［古田・三好］

平行軸定理（parallel axis theorem）／189 任意の軸に関する断面二次モーメント I と、図心を通る平行軸に関する断面二次モーメント I_G とは、$I = I_G + y_G^2 A$ の関係が成り立つ。ここで、y_G は図心と任意軸の距離。A は断面積。［園田］

ヘミセルロース／11, 86

ベルヌーイ–オイラーの仮定／173, 174, 175

変動係数（coefficient of variation: CV）／148 標準偏差を平均で除した商。［園田］

ポアソン比／117

膨潤（swelling）／81 含水率の増大に伴い、木材の寸法または体積が増加する現象。［古田・三好］

飽水状態（water saturated condition）／80 木材の細胞壁だけでなく、全ての空隙に水を充満させた状態。この時の含水率が最大含水率となる。［古田・三好］

母数（parameter）／148 母集団の特性値。パラメータ。確率統計分野では特に母数と呼ぶ。例えば、正規分布は平均値と標準偏差の2つの母数を持つ。［園田］

ボルツマンの重ね合わせの原理／53, 157

ま

曲げ強度（MOR）／17, 142, 152, 194

曲げヤング係数（MOE）／142, 152

マックスウェルモデル／51

無欠点小試験体／129, 144

無等級材の基準強度／135

メカノソープティブ（mechano-sorptive）現象／91 吸湿過程や脱湿過程における木材のクリープ挙動や応力緩和挙動が含水率一定状態に比べ著しく増大する現象。［古田・三好］

めり込み試験／66

面圧強度（embedding strength）／214 木材（木質材料）に対して接合具をめり込ませたときの耐力を、接合具の投影面積で除したもの。EYT式の計算に用いる。［小林］

面圧剛性／210

木材の異方性／12, 33

木材の含水率／15

木材のクリープ／84

木材の主成分／11

木材の等級区分／33

木材の変形固定／93

モンテカルロ法／63, 195

や

ヤマトシロアリ（*Reticulitermes speratus*）／70　家屋を食害する代表的なシロアリの一つで、寒さに強いために日本のほぼ全土に広く分布する。イエシロアリと比較すると、コロニーは小さく、被害も緩慢であり、腐朽して湿った木材も食することなどが特徴。［森］
有限小領域理論（FSAFC）／24, 102
有限要素法（FEM）／24, 37, 38, 106, 107
ヨーロッパ型降伏理論（European yield theory: EYT）／112, 213　ダウエル型接合具を用いた接合部の降伏せん断耐力を求めるための理論。EYT式などと呼ばれる。［小林］
横圧縮強さ／16

ら

ラミナ配置／185

リグニン／11, 86
累積確率（cumulative probability）／150　$-\infty$からある値以下までの確率変数の値の範囲に対する確率の総和。累積確率関数 $F(x)$ は、x 以下の事象が起こる確率を表す。$F(q) = p\%$ のとき、q を $p\%$ 点という。［園田］
累積分布関数（cumulative distribution function: CDF）／20, 196　ある値における確率変数の累積確率を与える関数。確率密度関数の $-\infty$ からある値までの積分として定義される。［園田］

わ

ワイブル分布／18, 20, 148, 150, 196
枠組壁工法／232
枠組壁工法用構造用製材及び枠組壁工法用たて継ぎ材のJAS規格／36

執筆者紹介（五十音順）

*印は編集者、（　）は執筆担当

井道 裕史 (IDO Hirofumi)	森林総合研究所材料接合研究室主任研究員		(5.1, 5.2, 5.3, 5.4)
宇京 斉一郎 (UKYO Seiichiro)	森林総合研究所木質構造居住環境研究室主任研究員		(1.3)
大岡 優 (OOKA Yu)	都城工業高等専門学校建築学科講師		(2.3.3)
大橋 義徳 (OHASHI Yoshinori)	北海道立総合研究機構林産試験場主査		(10.1)
神戸 渡 (KAMBE Wataru)	関東学院大学建築・環境学部専任講師		(4.3)
小林 研治 (KOBAYASHI Kenji)	静岡大学学術院農学領域助教		(9.2)
澤田 圭 (SAWATA Kei)	北海道大学大学院農学研究院講師		(9.1)
杉本 貴紀 (SUGIMOTO Takanori)	あいち産業科学技術総合センター計測分析室主任		(2.2)
園田 里見 (SONODA Satomi)	富山県農林水産総合技術センター木材研究所副主幹研究員		(6.1, 8.1)
瀧野 敦夫 (TAKINO Atsuo)	奈良女子大学生活環境学部講師		(1.7)
棚橋 秀光 (TANAHASHI Hideaki)	立命館大学客員研究員		(9.3)
中村 昇* (NAKAMURA Noboru)	秋田県立大学木材高度加工研究所教授		(2.1, 6.2, 6.3, 7, 8.3, 10.2, C3, C5, C6, C8)
長尾 博文 (NAGAO Hirofumi)	森林総合研究所強度性能評価担当チーム長		(5.1, 5.2, 5.3, 5.4)
平松 靖 (HIRAMATSU Yasushi)	森林総合研究所積層接着研究室長		(8.2)
古田 裕三 (FURUTA Yuzo)	京都府立大学大学院教授		(3.1, 3.2, 3.3, 3.4, 3.5)
三好 由華 (MIYOSHI Yuka)	京都府立大学大学院博士課程		(3.1, 3.2, 3.3, 3.4, 3.5)
森 拓郎 (MORI Takuro)	京都大学生存圏研究所助教		(2.4)
森田 秀樹 (MORITA Hideki)	宮崎県木材利用技術センター主任研究員		(8.1)
村田 功二* (MURATA Koji)	京都大学大学院農学研究科助教		(1.3, 1.6, 4.2, 4.4, C4, C7, C9)
山﨑 真理子* (YAMASAKI Mariko)	名古屋大学農学系研究科准教授		(1.2, 1.5, 2.3, C1, C10)
横山 操 (YOKOYAMA Misao)	京都大学大学院農学研究科研究員		(C2)
吉原 浩 (YOSHIHARA Hiroshi)	島根大学総合理工学部教授		(1.1, 1.4, 4.1)

Timber Mechanics: Theory and Applications

ティンバーメカニクス
―― 木材の力学理論と応用 ――

発 行 日	2015 年 10 月 20 日　初版第 1 刷
編　　者	日本木材学会　木材強度・木質構造研究会
編集代表	中　村　　　昇
	山　﨑　真理子
	村　田　功　二
発 行 者	宮　内　　　久

海青社　Kaiseisha Press

〒520-0112　大津市日吉台2丁目16-4
Tel. (077) 577-2677　Fax (077) 577-2688
http://www.kaiseisha-press.ne.jp
郵便振替　01090-1-17991

- 定価はカバーに表示してあります。落丁乱丁はお取り替えいたします。
- 本書のコピー、スキャン、デジタル化等の無断複製は著作権法上での例外を除き禁じられています。本書を代行業者等の第三者に依頼してスキャンやデジタル化することはたとえ個人や家庭内の利用でも著作権法違反です。
- © 2015　NAKAMURA Noboru　Printed in Japan
- ISBN978-4-86099-289-7　C3052

◆ 海青社の本・好評発売中 ◆

バイオ系の材料力学
佐々木康寿 著

機械／建築・土木／林学・林産など多分野にわたって必須となる材料力学について、基礎から把握し、材料の変形に関する力学的概念、基本的原理の理解へと導く。各章末に練習問題を配し、自分で考える力を養えるよう配慮した。
〔ISBN978-4-86099-306-1／A5判／178頁／本体2,400円〕

【主要目次】 材料力学序論（変形する物体の力学における方法と仮定ほか）／引張・圧縮（引張棒の斜断面の応力ほか）／はりの曲げ（曲げモーメントとせん断力ほか）／棒のねじり（真直丸棒のねじりほか）／長柱の座屈（座屈ほか）／円筒（細胞や生物材料の力学解析ほか）／材料力学の手法（材料試験ほか）／解答例

生物系のための 構造力学
構造解析とExcelプログラミング
竹村冨男 著

材料力学の初歩、トラス・ラーメン・半剛節骨組の構造解析、およびExcelによる計算機プログラミングを解説。本文中で用いた計算例の構造解析プログラム（マクロ）を、実行・改変できる形式で収録したCD-ROM付。
〔ISBN978-4-86099-243-9／B5判／314頁／本体4,000円〕

【主要目次】 序章／平面トラスの構造解析／平面ラーメンの構造解析／半剛節平面骨組の構造解析／半剛節立体骨組の構造解析／棒の座屈／半剛節平面骨組の非線形構造解析／平面ラーメンの完全弾塑性構造解析／半剛節平面骨組の弾塑性構造解析／補編

木力検定① 木を学ぶ100問
井上雅文・東原貴志 編著

木を使うことが環境を守る？ 木は呼吸するってどういうこと？ 鉄に比べて木は弱そう、大丈夫かなあ？ 本書はそのような素朴な疑問について、楽しく問題を解きながら木の正しい知識を学べる100問を厳選して掲載。
〔ISBN978-4-86099-280-4／四六判／124頁／本体952円〕

木力検定② もっと木を学ぶ100問
井上雅文・東原貴志 編著

好評第1巻の続編。再生可能な資源である木材や木質バイオマスの生産と活用の促進が期待される持続可能な社会の構築に向けて、木の素晴らしさや不思議について"もっと"幅広く、やさしく学んで戴ける100の新たな問いを収録。
〔ISBN978-4-86099-288-0／四六判／124頁／本体952円〕

木力検定③ 森林・林業を学ぶ100問
立花 敏・久保山裕史・井上雅文・東原貴志 編著

あなたも木ムリエに！ 木力検定シリーズ好評第3弾！ 森林・林業についてこれだけは知っておきたい100問を厳選収録。「木造住宅を学ぶ」編（第4巻）近日刊行!!「木を学ぶ」編（第1巻・第2巻）も好評発売中!!
〔ISBN978-4-86099-302-3／四六判／124頁／本体1,000円〕

木材加工用語辞典
日本木材学会機械加工研究会 編

木材の切削加工に関する分野の用語はもとより、関係の研究者が扱ってきた当該分野に関連する木質材料・機械・建築・計測・生産・安全などの一般的な用語も収集し、4,700超の用語とその定義を収録。50頁の英語索引付き。
〔ISBN978-4-86099-229-3／A5判／326頁／本体3,200円〕

図説 世界の木工具事典
世界の木工具研究会 編

日本と世界各国で使われている大工道具、木工用手工具を使用目的ごとに収録し掲載。その使い方や製造法にも触れた。最終章では伝統的な木製工芸品の製作工程で使用する道具や技法も紹介した。
〔ISBN978-4-86099-230-9／B5判／209頁／本体2,685円〕

シロアリの事典
吉村 剛 他8名共編

日本のシロアリ研究における最新の成果を紹介。野外での調査方法から、生理・生態に関する最新の知見、建物の防除対策、セルラーゼの産業利用、食料としての利用、教育教材としての利用など、多岐にわたる項目を掲載。
〔ISBN978-4-86099-260-6／A5判／487頁／本体4,200円〕

カラー版 日本有用樹木誌
伊東隆夫・佐野雄三・安部 久・内海泰弘・山口和穂 著

"適材適所"を見て、読んで、楽しめる樹木誌。古来より受け継がれるわが国の「木の文化」を語る上で欠かすことのできない約100種の樹木について、その生態と、材の性質、用途をカラー写真とともに紹介。
〔ISBN978-4-86099-248-4／A5判／238頁／本体3,333円〕

＊表示価格は本体価格（税別）です。